D1720891

Dr. Anneliese Krause und Dr. Anfried Lange

Kunststoff-Bestimmungsmöglichkeiten

Eine Anleitung zur einfachen qualitativen und quantitativen chemischen Analyse

3., von Professor Dr. Hans Kelker durchgesehene
und mit einem Vorwort ergänzte Auflage

Carl Hanser Verlag München Wien 1979

CIP-Kurztitelaufnahme der Deutschen Bibliothek

Krause, Anneliese:
Kunststoff-Bestimmungsmöglichkeiten : e. Anleitung
zur einfachen qualitativen u. quantitativen chem. Analyse /
Anneliese Krause u. Anfried Lange. – 3., von Hans Kelker
durchges. u. mit e. Vorw. erg. Aufl. – München, Wien : Hanser, 1979.
ISBN 3-446-12917-0
NE: Lange, Anfried:

Gesamtherstellung: Julius Beltz, Weinheim
Printed in Germany

Vorwort zur 3. Auflage

Die Vorbereitung der 3. Auflage stand im Zeichen der grundsätzlichen und gewichtigen Frage, ob heute die „chemischen" Methoden zur qualitativen und quantitativen Analyse neben den „instrumentellen" Verfahren noch ihre Existenzberechtigung hätten. Diese Frage wurde mit Fachleuten diskutiert, insbesondere mit Kollegen, die über alle neuzeitlichen Mittel der physikalisch orientierten Trenn- und Bestimmungsmethoden verfügen, für die der „Hummel" zum täglichen Brot gehört und die in Fachausschüssen an der Normung und an Gutachten über das Gebiet seit Jahren tätig sind. Die herrschende Meinung ist: Der KRAUSE/LANGE erfüllt in der vorliegenden Form nach Inhalt und Umfang einen klar abgegrenzten Zweck, und es bedürfte einer grundlegenden Umgestaltung und Erneuerung, wenn man den Ehrgeiz hätte, ein Kompendium über „Kunststoff-Bestimmungsmöglichkeiten heute" zu verfassen. Was an Nützlichem in dem kleinen Buch zusammengestellt worden ist, wird noch auf lange Zeit wichtiger Bestandteil der praktischen Kunststoffanalyse bleiben, insbesondere in einer Zeit der Rückbesinnung auf chemische Sachverhalte dort, wo Sparsamkeit und Angemessenheit bei der Wahl der Mittel noch geschätzt sind. Selbstverständlich muß der Kunststoffanalytiker heute mit den Möglichkeiten der Chromatographie, der Pyrolysechromatographie, der Absorptionschromatographie im UV und IR, der Kernresonanz und der Massenspektrometrie vertraut sein, wenn er rationell arbeiten will. Sicherlich gibt es Probleme, die zweckmäßig nicht mehr ohne dieses Instrumentarium bearbeitet werden sollten bzw. können, wobei auch an die Methoden der anorganischen Analytik (Röntgen-Fluoreszenz, Atomabsorption) erinnert sei: Die Kenntnis der „klassischen" Verfahren zur Trennung und Identifizierung, Erfahrungen aus mehr als 30 Jahren Laborpraxis, bilden aber auch heute die Basis der Kunststoff-Analytik. Wenn wir dem Carl Hanser Verlag empfohlen haben, das Buch in nur geringfügig veränderter und erweiterter Form noch einmal aufzulegen, so geschah dies bewußt und im Hinblick auf diesen Sachverhalt.

Was die Form der Darstellung anbelangt, so könnte man, ja müßte man unter dem Druck des „chemiefeindlichen" internationalen Systems (S.I.) der neuen Grundeinheiten vieles ändern, und es wäre auch mehr als nur übertriebener Purismus, würde man auch in der Kunststoff-Analytik aus den zweifelhaften Zwitterwesen von Berechnungsformeln, die im Gewand mathematischer Gleichungen stets „Äpfel mit Birnen" (A = Einwaage, B = Verbrauch in ml) zusammenbringen, Größengleichungen konsequent einführen. Da jedoch in all diesen Fällen jeder (meist) weiß, was gemeint ist, sollte man es historisch sehen und lächelnd darüber hinweggehen, wenn z. B. Worte, Begriffe, Namen durch Zahlenwerte oder physikalische Größen dividiert werden.

Wie leichtfertig doch unsere „Väter" das Begriffsgebäude der physikalischen Größen gehandhabt haben! Jede Gleichung müßte im Grunde neu formuliert werden, wenn sich Verlag und Herausgeber um jeden Preis (im wahren Wortsinn) aktuell und normentreu verhalten wollten. Man hofft, daß bis zum Erscheinen einer geplanten aktualisierten nächsten Auflage sich die Diskussion um Größenkalkül, Normalität und Stoffmenge so weit abgeklärt haben möge, daß man in einem Laboratoriums-Hilfsbuch dem Praktiker die neuen Formeln mit gutem Gewissen vorsetzen kann.

Lassen wir also dem Büchlein seinen historischen Reiz und den Verfassern die Genugtuung, daß es noch immer ein brauchbares, ja, wichtiges Hilfsmittel für die tägliche Arbeit und - nicht zuletzt - für den Lernenden eine experimentelle Einführung von hohem praktischen Wert ist.

Frankfurt-Hoechst, im Mai 1979 *Hans Kelker*

Vorwort zur 1. Auflage

Einem von der Kunststoffindustrie, insbesondere von Verarbeiter- und Anwenderkreisen geäußerten Wunsch folgend wird mit diesem Buch versucht, eine Anleitung zur Identifizierung von Kunststoffen zu geben.
Hierzu werden in Kapitel 1 *Kennzahlen* und ihre Bestimmungsmöglichkeiten gebracht, ergänzt durch Tafeln, in denen diese Kennzahlen – geordnet nach steigenden Werten – für jeden Kunststoff zusammengestellt sind. Kapitel 2 gibt *Hinweise* zur qualitativen und quantitativen Bestimmung der Elemente und eine ausführliche Tabelle der *Summenformeln* und *Molekulargewichte* von Monomeren sowie des *prozentualen Anteils* der in den individuellen Kunststoffen vorhandenen Elemente. In Kapitel 4 wird eine Zusammenstellung von *Nachweismethoden* für jeden Kunststoff bzw. für Kunststoffgruppen gegeben, um eine genaue Idendifizierung zu ermöglichen, nachdem durch die in Kapitel 1 und 2 genannten Vorproben und Elementnachweise Hinweise über die Art des Kunststoffes erhalten wurden.
Nicht eingegangen wird auf den Chemismus, auf chemische Theorien und Formeln, da die hier dargebotenen Zusammenstellungen vorwiegend für den praktischen Gebrauch gedacht sind. Die Kenntnis der chemischen Natur und Struktur der Kunststoffe muß dabei ebenso vorausgesetzt werden wie eine gewisse Kenntnis analytischer Verfahren sowie die Praxis ihrer Durchführung. Absichtlich wurde auf die Aufnahme komplizierterer Methoden, wie der Spektralphotometrie im UV und IR, der Polarographie, Gaschromatographie und dgl. verzichtet.
Beim Zusammenstellen der Nachweismethoden, mit deren Hilfe die als Aufgabe gestellte Frage *„Welcher Kunststoff liegt vor?"* beantwortet werden kann, ergab es sich zwangsläufig, den Rahmen des ursprünglichen Vorhabens zu erweitern. Es zeigte sich nämlich, daß viele Nachweismethoden zugleich auch für die quantitative Analyse geeignet sind, durch die über die Identifizierung hinaus z. B. weitere Einblicke in die Zusammensetzungen von Kunststoffgemischen gewonnen werden können. Deshalb wurden *quantitative Bestimmungsmethoden* mit in das Kapitel 4 aufgenommen. Um die Identifizierung eines Kunststoffes weiterhin zu erleichtern, sind den Nachweismethoden eines jeden Kunststoffes bzw. einer jeden Kunststoffgruppe im Kapitel 4 bestimmte *Charakteristika* dieser Stoffe bzw. Stoffgruppen vorangestellt.

Da viele Kunststoffe nicht als reine individuelle Produkte vorliegen, sondern häufig mit Zusätzen verarbeitet werden, sind im Kapitel 5 Hinweise zum Nachweis und zur quantitativen Ermittlung solcher *Zusätze* wie z. B. Füllstoffe, Pigmente und Farbstoffe, Weichmacher, Stabilisatoren u. dgl. enthalten, wobei den Weichmachern ein breiterer Raum eingeräumt wurde.
In Kapitel 6 wird schließlich eine kurze Übersicht über einige wichtige *Abnahme- und Gütevorschriften* gegeben. Dabei konnten Gütevorschriften auf physikalischer Grundlage eine eingehende Behandlung nicht erfahren.
Die Verfasser sind sich darüber klar, daß die gebotenen Zusammenstellungen einen Anspruch auf Vollständigkeit nicht erheben können und dies auch nicht sollen. Ausführliche Darstellungen sämtlicher in Betracht kommender Analysenverfahren finden sich in den einschlägigen analytischen Werken. Andererseits wurde die von *Saechtling*

bearbeitete „Kunststoffbestimmungstafel“ für die Praxis nicht in allen Fällen als ausreichend angesehen, da sie nur eine geraffte Allgemeinübersicht bietet. Im vorliegenden Buch wurde hingegen versucht, die wichtigsten und in der Praxis gebräuchlichsten Methoden und Möglichkeiten einander gegenüberzustellen und sie aus der weitverstreuten Vielfalt von Einzelvorschriften in einem handlichen Büchlein weitmöglich tabellarischen Charakters zusammenzufassen.
An dieser Stelle sei allen denen gedankt, die durch Aussprachen oder Überlassung von Vorschriften, Ergebnissen und Berechnungen sowie durch anderweitige Anregungen geholfen haben, das z. T. recht unübersichtliche Material in der vorliegenden Form zusammenzustellen.

Troisdorf, im Januar 1965 *Die Verfasser*

Inhaltsverzeichnis

Vorwort 3

Vorbemerkungen zum Inhalt und zur Benutzung 11

1. Allgemeine Hinweise auf die Art eines Kunststoffes 14
  1.1. Verhalten beim Erhitzen und in der Flamme 14
  1.2. Dichte 20
    1.2.1. Bestimmung der Rohdichte an Formmassen und geformten Teilen 21
    1.2.2. Bestimmung der Dichte an flüssigen Stoffen 21
    1.2.3. Bestimmung der Schüttdichte von Formmassen (nach DIN 53468) 24
    1.2.4. Bestimmung der Stopfdichte von Formmassen (nach DIN 53467) 24
    1.2.5. Bestimmung der Rütteldichte (in Analogie zu DIN 53194) . . 24
  1.3. Löslichkeit 25
  1.4. Erweichungspunkt und Schmelzpunkt 32
  1.5. Brechungszahl 34
  1.6. Säurezahl und Verseifungszahl 36
  1.7. Jodzahl 38
  1.8. Hydroxylzahl 39
  1.9. Carbonylzahl 41

2. Nachweis und Bestimmung charakteristischer Elemente 51
  2.1. Qualitative Nachweise 51
    2.1.1. Kohlenstoff 51
    2.1.2. Wasserstoff 51
    2.1.3. Sauerstoff 51
    2.1.4. Stickstoff 52
    2.1.5. Schwefel 52
    2.1.6. Halogene 52
    2.1.7. Phosphor 53
    2.1.8. Silicium 53
    2.1.9. Bor 54
    2.1.10. Auswertung der qualitativen Analyse 54
  2.2. Quantitative Bestimmungen 56
    2.2.1. Kohlenstoff, Wasserstoff und Sauerstoff 56
    2.2.2. Stickstoff 56
    2.2.3. Schwefel 56
    2.2.4. Chlor 57
    2.2.5. Fluor 58
    2.2.6. Phosphor 58

2.2.7. Silicium . . . 59
2.2.8. Bor . . . 59
2.2.9. Auswertung der Elementaranalyse . . . 60

3. Trennungsgang für den qualitativen Nachweis von Kunststoff-Arten . . . 67

4. Qualitative und quantitative Bestimmungsmethoden für die einzelnen Kunststoff-Arten . . . 71
4.1. Phenolharze . . . 71
4.1.1. Qualitative Nachweise . . . 71
4.1.2. Quantitative Bestimmungen . . . 72
4.2. Cumaron- und Cumaron-Inden-Harze . . . 75
4.2.1. Qualitative Nachweise . . . 75
4.3. Furanharze . . . 76
4.3.1. Qualitative Nachweise . . . 76
4.3.2. Quantitative Bestimmungen . . . 76
4.4. Aminoplaste . . . 77
4.4.1. Harnstoffharze . . . 78
4.4.1.1. Qualitative Nachweise . . . 78
4.4.1.2. Quantitative Bestimmungen . . . 79
4.4.2. Thioharnstoffharze . . . 81
4.4.2.1. Qualitative Nachweise . . . 81
4.4.2.2. Quantitative Bestimmungen . . . 81
4.4.3. Melaminharze . . . 82
4.4.3.1. Qualitative Nachweise . . . 82
4.4.3.2. Quantitative Bestimmungen . . . 82
4.4.4. Anilinharze . . . 84
4.4.4.1. Qualitative Nachweise . . . 84
4.5. Polyolefine . . . 85
4.5.1. Qualitative Nachweise . . . 85
4.6. Polybutadien . . . 86
4.6.1. Qualitativer Nachweis . . . 86
4.6.2. Quantitative Bestimmung . . . 87
4.7. Polystyrol und Copolymerisate . . . 87
4.7.1. Polystyrol . . . 88
4.7.1.1. Qualitative Nachweise . . . 88
4.7.1.2. Quantitative Bestimmungen . . . 88
4.7.2. Styrol-Butadien-Copolymerisate . . . 89
4.7.2.1. Qualitativer Nachweis . . . 89
4.7.2.2. Quantitative Bestimmungen . . . 89
4.7.3. Acrylnitril-Butadien-Styrol-Copolymerisate . . . 90
4.7.3.1. Qualitativer Nachweis . . . 90
4.7.3.2. Quantitative Bestimmungen . . . 90
4.8. Polyacrylsäure-Derivate . . . 91

4.8.1. Polyacrylate und Polymethacrylate 92
4.8.1.1. Qualitative Nachweise 92
4.8.2. Polyacrylnitril 93
4.8.2.1. Qualitative Nachweise 93
4.8.2.2. Quantitative Bestimmung 94
4.9. Polyvinylalkohol 94
4.9.1. Qualitative Nachweise 94
4.9.2. Quantitative Bestimmung 95
4.10. Polyvinylacetat 95
4.10.1. Qualitative Nachweise 95
4.10.2. Quantitative Bestimmung 97
4.11. Polyvinyläther 99
4.11.1. Qualitative Nachweise 100
4.11.2. Quantitative Bestimmungen 100
4.12. Polyvinylacetate 101
4.12.1. Qualitative Nachweise 101
4.12.2. Quantitative Bestimmungen 102
4.13. Polyvinylcarbazol 104
4.13.1. Qualitative Nachweise 104
4.13.2. Quantitative Bestimmung 104
4.14. Polyvinylpyrrolidon 105
4.14.1. Qualitative Nachweise 105
4.14.2. Quantitative Bestimmungen 105
4.15. Chlorhaltige Polymere 106
4.15.1. Qualitative Nachweise 107
4.15.2. Quantitative Bestimmungen 109
4.16. Fluorhaltige Polymere 110
4.16.1. Qualitative Nachweise 111
4.16.2. Quantitative Bestimmung 111
4.17. Epoxydharze 112
4.17.1. Qualitative Nachweise 112
4.17.2. Quantitative Bestimmungen 113
4.18. Polyoxyalkene 116
4.18.1. Qualitative Nachweise 116
4.18.2. Quantitative Bestimmungen 117
4.19. Polyester 118
4.19.1. Hauptsächliche Komponenten 119
4.19.2. Verhalten der ausgehärteten Polyesterharze 119
4.19.3. Qualitative Nachweise 119
4.19.4. Quantitative Bestimmungen 121
4.20. Polycarbonate 124
4.20.1. Qualitative Nachweise 124
4.21. Polyamide 125
4.21.1. Qualitative Nachweise 125
4.21.2. Quantitative Bestimmungen 127

4.22. Polyurethane 128
4.22.1. Qualitative Nachweise 129
4.22.2. Quantitative Bestimmungen 132
4.23. Celluloseester (außer Nitrocellulose) 132
4.23.1. Qualitative Nachweise 133
4.23.2. Quantitative Bestimmungen 133
4.24. Cellulosenitrate (Nitrocellulosen) 136
4.24.1. Qualitative Nachweise 136
4.24.2. Quantitative Bestimmungen 137
4.25. Celluloseäther (Methyl-, Äthyl- und Benzylcellulose, Celluloseglykolat) 138
4.25.1. Qualitative Nachweise 139
4.25.2. Quantitative Bestimmungen 140
4.26. Silikone 141
4.26.1. Qualitative Nachweise 142
4.26.2. Quantitative Bestimmungen 142
4.27. Asphalte, Bitumina, Peche 144
4.27.1. Qualitative Nachweise 144

5. Zusatz- und Hilfsstoffe 145
5.1. Weichmacher 147
5.2. Füllstoffe 165
5.3. Farbstoffe und Pigmente 166
5.4. Stabilisatoren und sonstige Zusätze 166

6. Güte- und Abnahmekontrolle 170
6.1. Normen zur analytischen Prüfung von Kunststoffen 170
6.2. Empfehlungen der Kommission für die gesundheitliche Beurteilung von Kunststoffen im Rahmen des Lebensmittelgesetzes 175

Hinweis auf allgemeine Literatur 181

Verzeichnis der Tafeln 182

Namenverzeichnis 183

Sachverzeichnis 185

Vorbemerkungen zum Inhalt und zur Benutzung

In den letzten Jahren ist die Zahl der Kunststoffe immer mehr angewachsen. Immer neue Produkte, neue Kombinationen von Kunststoffen begegnen uns, sei es im Haushalt, in technischen Geräten oder am Arbeitsplatz.
Vor dem „Kunststoffzeitalter" gab es nur wenige Werkstoffe wie Holz, Metalle, Stein, Keramik und Glas, die als solche leicht zu identifizieren waren. Heute ist die Frage „Welcher Werkstoff ist das?" immer schwerer zu beantworten. Eine Anleitung zur Beantwortung dieser so häufig gestellten Frage soll in den folgenden Gegenüberstellungen gegeben werden.
Zum Nachweis anorganischer Stoffe und Elemente bedient man sich eines Analysenganges. Man beginnt mit dem Lösen des Materials, scheidet durch Ausfällen Gruppen von Elementen aus und identifiziert diese durch charakteristische Nachweisreaktionen. Aus der Summe dieser Erkenntnisse ergibt sich schließlich die Zusammensetzung des untersuchten Stoffes bzw. Stoffgemisches.
Bei Kunststoffen, also bei hochpolymeren Stoffen ist das nicht oder nur sehr begrenzt möglich. Durch systematisches Vorgehen, wie Durchführung von Vorproben, Nachweis von Elementen, Ermitteln von Kennzahlen und anschließende Durchführung spezifischer Nachweise kommt man aber auch bei den Kunststoffen zu dem gewünschten Ziel.
Wichtig für die exakte Identifizierung von Kunststoffen ist, daß sie als reine Produkte – also ohne Zusätze wie Weichmacher, Füllstoffe, Pigmente usw. – vorliegen, da derartige Zusätze gewissermaßen als Verunreinigungen die Ergebnisse beeinflussen können. Vor dem endgültigen charakteristischen Kunststoff-Nachweis sollten derartige Zuschläge abgetrennt werden. Dies geschieht durch Löseverfahren; entweder wird der Kunststoff herausgelöst und durch Wiederausfällen oder durch Verdunsten des Lösungsmittels zurückgewonnen, oder es werden Zusatzstoffe herausgelöst und der reine Kunststoff als Rückstand erhalten. Die anzuwendenden Lösungsmittel sind von Fall zu Fall verschieden. Generelle und allgemeingültige Hinweise sind kaum möglich. Beispiele für Trennverfahren enthält Tafel 25, S. 146.
Bei vielen Stoffen und vor allem dann, wenn die Begleitstoffe nicht stören, und es zu wissen genügt, zu welcher Kunststoffgruppe ein zu untersuchender Stoff gehört, kann das Material im vorliegenden Zustand untersucht und speziellen qualitativen Vorproben unterworfen werden.
Im allgemeinen sollte folgende Reihenfolge der Untersuchungsmethoden zur Identifizierung eines unbekannten Kunststoffes eingehalten werden:

Vorproben

1. Verhalten beim Erhitzen im Glührohr und in der Flamme (Brennprobe) siehe S. 14
2. Bestimmung charakteristischer Merkmale und Kennzahlen wie
   äußere Merkmale (Aussehen, Oberfläche, Geruch, Sprödigkeit, Brüchigkeit, Biegsamkeit)
   Dichte siehe S. 20
   Schmelzpunkt bzw. Schmelzbereich siehe S. 32
   Brechungszahl siehe S. 34
3. Qualitativer Nachweis von Heteroelementen wie
   Stickstoff, Halogene, Schwefel nach Aufschluß mit Natrium siehe S. 52
   Fluor durch Benetzungsprobe nach Zersetzen mit konz. Schwefelsäure siehe S. 53
   Phosphor, Silicium, Bor usw. durch Einzelnachweise siehe S. 53
4. Asche- bzw. Sulfatasche-Bestimmung als Nachweis für das Vorhandensein bzw. das Fehlen anorganischer Zuschlagstoffe (Füllstoffe und Pigmente, Stabilisatoren) siehe S. 147
5. Bestimmung der Löslichkeit des Kunststoffes zur Identifizierung und gegebenenfalls zur Abtrennung von Begleitstoffen wie Weichmachern, Füllstoffen, Pigmenten, Stabilisatoren, Emulgatoren usw. siehe S. 25

Spezifische Nachweise

Nach Kombination aller Beobachtungen und Ergebnisse der Vorproben, wonach nur wenige Kunststoffe zur Auswahl übrig bleiben, kann eine eindeutige Identifizierung des vermuteten Kunststoffes durch die in Kapitel 4 gegebenen spezifischen Nachweise durchgeführt werden. siehe S. 71

Zusammensetzung eines Kunststoffproduktes

Um die genaue Zusammensetzung eines Kunststoffproduktes zu ermitteln, sollte man folgendermaßen vorgehen:

1. Abtrennen des Kunststoffes von Begleitstoffen. Beispiele siehe S. 146
2. Elementaranalyse des reinen Kunststoffes siehe S. 61
3. Qualitative und quantitative Bestimmung des Kunststoffes an Hand verschiedener spezifischer Bestimmungsmethoden siehe S. 71–144
4. Qualitative und quantitative Untersuchung der Kunststoff-Begleitstoffe wie Weichmacher, Füllstoffe, Pigmente, Stabilisatoren, Emulgatoren, Gleitmittel, Lichtschutzmittel usw. siehe S. 145

Der so aufgezeigte „Analysengang“ stellt lediglich ein Gerippe dar. Man wird immer wieder beobachten und beachten müssen, daß man diese oder jene Prüfung bzw. den einen oder anderen Nachweis übergehen kann oder einen weiteren einbauen muß, um zum Ziel – der Identifizierung eines unbekannten Stoffes – zu gelangen. In einigen Fällen gelingt es auf Grund der außerordentlichen Spezifität gewisser Reaktionen, lediglich mit einem direkten qualitativen Nachweis den Kunststoff zu bestimmen.

In Kapitel 3 wird außerdem die Möglichkeit eines Analysengangs an Hand von Löslichkeitsunterschieden sowie spezielleren Nachweismethoden unter Hinzuziehung der Dünnschicht-Chromatographie aufgezeigt.

Um die Identifizierung eines Produktes zu erleichtern, sind den Bestimmungsmethoden – insbesondere in den Kapiteln 1, 2 und 5 – ausführliche Tafeln mit den den Kunststoffen bzw. Zusätzen entsprechenden Eigenschaftswerten beigegeben, wobei jeweils die zu den einzelnen Kunststoffen gehörigen Werte zusammengefaßt und umgekehrt die zu den nach der Größe geordneten Werten einer Eigenschaft gehörigen Kunststoffe angegeben sind. (Verzeichnis der Tafeln siehe S. 182).

Auf ein Eingehen des Chemismus und auf chemische Theorien und Formeln wurde bewußt verzichtet, um den Umfang des Buches seinem Zweck entsprechend nicht zu vergrößern. Die Kenntnis der chemischen Natur und Struktur der Kunststoffe sowie Kenntnis analytischer Arbeitsweisen müssen vorausgesetzt werden, da ohne diese die Durchführung von Analysen ohnehin nicht möglich ist.

Da neben der Identifizierung der Kunststoffe häufig die Untersuchung des Reinheitsgrades, der Polymerisationsstufe, der Zusammensetzung von Copolymeren oder von Mischungen interessieren, wurden in Kapitel 4 auch quantitative Bestimmungsmethoden und in Kapitel 6 Hinweise auf genormte Methoden und Zusammenstellungen solcher aufgenommen.

Nicht eingegangen wurde auf einige neuere Stoffe, die bisher technisch sehr begrenzt eingesetzt wurden und für die bis jetzt typische Nachweise nicht bekannt sind, z. B. Chlorierte Polyäther, Polyimide, Polymethylpenten u. a..

In den meisten Fällen kann man mit den hier angeführten Verfahren ein brauchbares Analysenergebnis erzielen. In Spezialfällen kommt man allerdings auf Grund der Aufgabenstellung nicht umhin, kompliziertere, vor allem physikalische Untersuchungsmethoden heranzuziehen, da z. B. verschiedene Strukturprobleme nur mit Hilfe der Infrarot- bzw. UV-Spektroskopie, der Gaschromatographie, der Polarographie o. dgl. überhaupt oder unter erträglichem Zeitaufwand gelöst werden können. Derartige Methoden zu beschreiben und mit zu erfassen, sollte aber nicht Aufgabe dieses Buches sein.

1. Allgemeine Hinweise auf die Art eines Kunststoffes

Materialeigenschaften wie Dichte, Löslichkeit, Schmelzpunkt und Brechungszahl, außerdem Kennzahlen wie Verseifungszahl, Säurezahl, Jodzahl u. a. geben für die Art eines Kunststoffes häufig schon wertvolle Hinweise. Weiter können aus dem Verhalten beim Erhitzen und aus der Brennbarkeit wichtige Schlüsse gezogen werden; in vielen Fällen kann der Kunststoff allein aufgrund dieses Verhaltens identifiziert werden.
Im folgenden werden die Prüfmethoden für das Erhitzen und für die Brennbarkeit sowie die Bestimmungsmethoden für die Materialeigenschaften und deren Werte und Kennzahlen aufgeführt und Hinweise darüber gegeben, was diese Daten aussagen bzw. wie sie zur Identifizierung eines unbekannten Stoffes herangezogen werden können. Behandelt werden im einzelnen:

Verhalten beim Erhitzen und in der Flamme — Seite 14
Dichte — Seite 20
Löslichkeit — Seite 25
Erweichungspunkt und Schmelzpunkt — Seite 32
Brechungszahl — Seite 34
Verseifungszahl — Seite 36
Säurezahl — Seite 36
Jodzahl — Seite 38
Hydroxylzahl — Seite 39
Carbonylzahl — Seite 41

In Tafel 12 sind die charakterisierenden Kennzahlen der einzelnen Kunststoffe nochmals zusammengefaßt. (S. 42)

1.1. Verhalten beim Erhitzen und in der Flamme

Aus ihrem Verhalten beim vorsichtigen Erhitzen und Entzünden lassen sich viele Kunststoffe bereits weitgehend identifizieren.
Die Prüfung muß mit kleinen Substanzmengen und vorsichtig vorgenommen werden, da bei zu raschem und zu starkem Erhitzen die Zersetzung zu weit geht, um die charakteristischen Erscheinungen wahrnehmen zu können, und da bei Verwendung größerer Mengen unangenehme Verpuffungen auftreten können. Nitrocellulose und diese enthaltende Kunststoffe wie z.B. Celluloid brennen mit explosiver Heftigkeit, andere Werkstoffe wie Polyvinylchlorid oder Fluorkohlenwasserstoffe zersetzen sich unter Entwicklung schädlicher oder beißender Dämpfe.

Verhalten beim Erhitzen
Wenige Milligramm der zu untersuchenden Probe werden in einem Glühröhrchen langsam und mit sehr kleiner Flamme (Sparflamme) erhitzt. Dabei wird in die Öffnung des Röhrchens ein kleiner Streifen Universalindikatorpapier (pH 1—10) oder je ein kleiner Streifen Lackmuspapier und Kongopapier geklemmt. Das Glühröhrchen wird von oben her gegen die Probe erhitzt.

Dabei wird das Verhalten der Probe (Schmelzen, Zersetzung, Gasbildung, Destillat, Schwaden) und die Reaktion der Dämpfe mit den Indikatorpapieren beobachtet. Organische Säuren werden durch schwach saure Reaktion (pH 4–5; Rotfärbung von Lackmuspapier) angezeigt, Mineralsäuren durch stark saure Reaktion (pH 1–2; Blaufärbung von Kongopapier) erkannt, alkalische Dämpfe ergeben im allgemeinen einen pH-Wert von 8–10 (Blaufärbung von rotem Lackmuspapier).
Während des allmählichen Erhitzens wird innerhalb kurzer Zeiträume der Geruch der Probe bzw. der auftretenden Gase geprüft.
Schließlich läßt man das Röhrchen mit einem kleinen Korkstopfen verschlossen in horizontaler Lage abkühlen. Nach einiger Zeit überprüft man nochmals den Geruch und kann aus dem eventuellen Auftreten von Kristallen an der Glaswand auf das Vorhandensein bestimmter Stoffe (z. B. Phthalsäure) schließen, die durch Schmelzpunktbestimmung näher identifiziert werden können.

Verhalten in der Flamme

Zur Prüfung des Brennverhaltens hält man ein kleines Stück des zu untersuchenden Stoffes auf einem Nickelspatel oder mit der Pinzette in eine kleine Flamme (Sparflamme, evtl. genügt auch ein brennendes Streichholz) und beobachtet die Entzündbarkeit, das Brennen, ein Verlöschen oder Weiterbrennen außerhalb der Flamme, die Farbe der Flamme, ein eventuelles Abtropfen während des Brennens, auftretende Dämpfe, Rußbildung usw.
Auch die Geschwindigkeit des Abbrennens kann gelegentlich Aufschlüsse geben (z. B. bei Nitrocellulose).
Schließlich bläst man die Flamme aus und bestimmt am Geruch die Art der entstehenden Crackprodukte, die einen weiteren Hinweis auf den vorliegenden Kunststofftyp geben können.
Tafel 1 zeigt das Verhalten der einzelnen Kunststoffe, geordnet nach der Brennbarkeit bzw. Entzündbarkeit, dem Weiterbrennen oder Erlöschen nach Entfernen aus der Flamme und nach der Veränderung der Proben selbst z. B. durch Erweichen und Zersetzen.
In den weiteren Spalten werden besondere Merkmale wie die Reaktion der Dämpfe oder der Geruch und das Aussehen der Flamme beschrieben.
Bei der Behandlung der einzelnen Kunststoffe im Kapitel 4 wird das Brennverhalten eines jeden Kunststoffes kurz beschrieben.

Tafel 1. Verhalten der Kunststoffe beim Verbrennen

Verhalten der Probe		Aussehen der Flamme	Kunststoff-Typ	Merkmale	
Brennbarkeit	Proben-veränderung			Reaktion der Dämpfe	Geruch der Dämpfe
brennt nicht	keine Veränderung	– –	Polytetrafluoräthylen	stark sauer	Bei Rotglut Verdampfen und stechender Geruch nach Flußsäure
	erweicht	– –	Polytrifluorchloräthylen	stark sauer	Bei Rotglut Verdampfen und stechender Geruch nach Flußsäure und Salzsäure
brennt sehr schwer, erlischt außerhalb der Flamme	eventl. Aufblähung bei starker Flamme SiO_2-Gerüstbildung, weiße Schwaden	– –	Silicone	– –	– –
	behält seine Form bei, springt und zersetzt sich, verkohlt	hell, rußend	Phenoplaste	neutral	Phenol und Formaldehyd
		leicht gelb (weiße Kanten)	Aminoplaste (Melamin- und Harnstoffharze)	alkalisch	Ammoniak, Amine (fischartig) und Formaldehyd
brennt in der Flamme, erlischt außerhalb, schwer entzündbar	zersetzt sich	grün gesäumt	Chlorkautschuk	stark sauer	Salzsäure und Beigeruch
	erweicht erst, zersetzt sich unter Braun- bis Schwarzfärbung	gelborange, grün gesäumt	Polyvinylchlorid	stark sauer	Salzsäure und Beigeruch
		gelborange, grün gesäumt	Polyvinylidenchlorid	stark sauer	Salzsäure
	erweicht, tropft nicht	grün mit gelber Spitze, stark rußend	Chlorierte Polyäther	neutral	
	schrumpft, erweicht und schmilzt	gelborange, grünblauer Rand	Vinylchlorid/Acrylnitril-Copolymere	sauer	Salzsäure

Verhalten der Probe		Aussehen der Flamme	Kunststoff-Typ	Merkmale	
Brennbarkeit	Proben-veränderung			Reaktion der Dämpfe	Geruch der Dämpfe
	erweicht	gelb mit grünem Rand	Vinylchlorid/Vinylacetat-Copolymere	sauer	Salzsäure
	schmilzt, zersetzt sich und verkohlt	leuchtend, rußend	Polycarbonat	neutral, anfangs schwach sauer	phenolartig
brennt in der Flamme, erlischt außerhalb; mittelschwer entzündbar	schmilzt und tropft, später Zersetzung	gelborange mit blauem Rand	Polyamide	alkalisch	nach verbranntem Horn
	zersetzt sich und verkohlt	gelb, leuchtend	Casein	alkalisch	verbranntes Horn
brennt in der Flamme, erlischt außerhalb; leicht entzündbar	schmilzt und tropft	dunkelgelb, rußend	Cellulose-triacetat	sauer	Essigsäure
	bläht auf, erweicht und zersetzt sich	gelb, rauchend	Anilinharz	neutral	Anilin, Formaldehyd
brennt in der Flamme, erlischt außerhalb langsam	meist Verkohlung	gelb	Phenolharz-Schichtstoffe	neutral	Phenol und verbranntes Papier
	schmilzt und verkohlt	leuchtend, rußend	Benzylcellulose	neutral	Bittermandel
	schmilzt, erweicht; wird braun und zersetzt sich	leuchtend	Polyvinylalkohol	neutral	kratzend
brennt in der Flamme, brennt außerhalb weiter; schwer entzündbar	erweicht, schmilzt und tropft ab	gelborange, rußend	Polyäthylenterephthalat		süßlich, aromatisch
brennt in der Flamme, brennt außerhalb weiter; leicht bis schwer entzündbar	schmilzt und zersetzt sich	leuchtend	Alkydharze	neutral	kratzend (Acrolein)
	schmilzt und tropft	bläulich mit gelbem Rand	Polyvinylbutyral	sauer	nach ranziger Butter

Verhalten der Probe		Aussehen der Flamme	Kunststoff-Typ	Merkmale	
Brennbarkeit	Proben-veränderung			Reaktion der Dämpfe	Geruch der Dämpfe
	kein Tropfen wie bei Polyvinylbutyral	purpur umsäumt	Polyvinylacetal	sauer	Essigsäure
		gelblich-weiß	Polyvinylformal	sauer	leicht süß
	Tropfen brennen im Fallen weiter	leuchtend mit blauem Kern	Polyäthylen	neutral	nach erhitztem Paraffin (gelöschte Kerze)
		leuchtend mit blauem Kern	Polypropylen	neutral	nach erhitztem Paraffin (gelöschte Kerze)
	brennt ohne zu schmelzen, ungefüllte Polyester erweichen und brennen gleichmäßig	gelb, leuchtend, rußend	Polyester (glasgefüllt)	neutral	scharfer Geruch, Styrol
		gelb mit blauem Rand	Allylester		esterähnlich
brennt in der Flamme, brennt außerhalb weiter; leicht entzündbar	erweicht	leuchtend, rußend	Polystyrol	neutral	süßlich (Styrol)
		leuchtend, rußend	Polymethylstyrol	neutral	süßlich
		dunkelgelb, leuchtend, etwas rußend	Polyvinylacetat	sauer	Essigsäure
	erweicht, verbrannte Zone klebrig	dunkelgelb, rußend	Naturkautschuk	neutral	nach verbranntem Gummi
	erweicht, leichtes Verkohlen	leuchtend, knisternd, gelb mit blauem Kern, wenig rußend	Polymethylmethacrylat	neutral	süßlich fruchtartig

Verhalten der Probe		Aussehen der Flamme	Kunststoff-Typ	Merkmale	
Brennbarkeit	Proben-veränderung			Reaktion der Dämpfe	Geruch der Dämpfe
	erweicht	gelb, rußend	Butylkautschuk und Buna, vulkanisiert	neutral	nach verbranntem Gummi
		gelb mit blauem Rand	Schellack	neutral	wachsähnlich
	schmilzt und zersetzt sich	leuchtend, etwas rußend	Polyacrylat	neutral	typisch stechend
		leuchtend	Cumaron-Inden-Harz	neutral	Steinkohlenteer
		bläulich	Polyoxymethylen (Polyformaldehyd)	neutral	Formaldehyd
		leuchtend	Polyisobutylen	neutral	schwach nach verbranntem Gummi
	schmilzt und tropft, abtropfende Teile brennen weiter	dunkelgelb, etwas rußend mit Funken	Cellulosepropionat	sauer	Propionsäure, verbranntes Papier
		dunkelgelb, etwas rußend mit Funken	Celluloseacetopropionat	sauer	Essig- und Propionsäure, verbranntes Papier
		dunkelgelb, Ränder leicht blau, etwas rußend mit Funken	Celluloseacetobutyrat	sauer	Essig- und Buttersäure, verbranntes Papier
	schmilzt und verkohlt	gelblich-grün	Methylcellulose	neutral	leicht süßlich, verbranntes Papier
	schmilzt und tropft, brennt schnell unter Verkohlung	gelbgrün mit Funken	Celluloseacetat	sauer	Essigsäure, verbranntes Papier

Verhalten der Probe		Aussehen der Flamme	Kunststoff-Typ	Merkmale	
Brennbarkeit	Proben-veränderung			Reaktion der Dämpfe	Geruch der Dämpfe
		gelborange, grauer Rauch	Polyurethan		scharf, stechend
	verbrennt schnell und vollständig unter Zersetzung und Verkohlung	hell wie Papier	Zellglas	neutral	verbranntes Papier
		hell, langsam brennend	Vulkanfiber	neutral	verbranntes Papier
brennt in der Flamme, brennt außerhalb weiter; sehr leicht entzündbar	verbrennt heftig und vollständig	hell, braune Dämpfe	Nitrocellulose und Celluloid	stark sauer	Stickoxide (bei Celluloid zusätzl. nach Campher)

1.2. Dichte

Man unterscheidet zwischen Reindichte und Rohdichte. Die *Reindichte* wird auf das Volumen eines Feststoffes allein, die *Rohdichte* auf das Volumen eines Erzeugnisses bezogen. Bei den Kunststoffen (Massen und Erzeugnissen daraus) interessiert im allgemeinen nur die Rohdichte.

Bei der Verarbeitung von Formmassen sind weiter die Schüttdichte, die Stopfdichte und der Füllfaktor, gegebenenfalls auch die Rütteldichte von Wichtigkeit.

Die *Schüttdichte* einer Formmasse ist nach DIN 53 468 der Quotient aus der Masse und dem Volumen, das die in bestimmter Weise geschüttete Formmasse einnimmt, ausgedrückt in g/ml.

Die *Stopfdichte* einer Formmasse ist nach DIN 53 467 der Quotient aus der Masse und dem Volumen, das die in bestimmter Weise verdichtete Masse einnimmt, ausgedrückt in g/ml.

Der *Füllfaktor* einer Formmasse ist nach DIN 53 466 das Verhältnis des Volumens der Formmasse (in geschüttetem bzw. gestopftem Zustand) zum Volumen des aus dieser Masse hergestellten Formstoffes. Damit ist der Füllfaktor gleichzeitig das Verhältnis der Rohdichte des Formstoffes zur Schüttdichte bzw. Stopfdichte der Formmasse.

Die *Rütteldichte* dient als Anhaltspunkt für die Rohdichte von schlecht rieselfähigen Substanzen. Sie wird bestimmt nach DIN 53 194 „Prüfung von Pigmenten. Bestimmung des Stampfvolumens mit dem Stampfvolumeter“ und stellt den Quotienten aus der Masse des zu untersuchenden Pulvers und dem Volumen des gestampften Pulvers (Stampfvolumen) dar.

1.2.1. Bestimmung der Dichte an Formmassen und geformten Teilen

Mit Pyknometer (nach DIN 53479)
Durch Wägung wird die Masse des Pyknometers *(A)* bestimmt, ferner die des Pyknometers gefüllt mit einer Prüfflüssigkeit *(B)*, gefüllt mit der Probe *(C)* und gefüllt mit Probe und Prüfflüssigkeit *(E)*.
Die Dichte der Probe bei einer Dichte der Prüfflüssigkeit d_F ist

$$d_R = \frac{(C-A) \cdot d_F}{(B-A)-(E-C)}$$

Die Prüfflüssigkeit darf die Probe nicht anquellen oder lösen und darf sich im Laufe der Prüfung nicht verflüchtigen. Empfohlen wird u. a. Petroleum.

Weitere Bestimmungsverfahren der Dichte (nach DIN 53479)
Genannt seien hier die Bestimmung der Dichte nach dem *Auftriebsverfahren*, dem *Schwebeverfahren* und dem *Dichtegradienten-Verfahren*.
Die Wahl des Prüfverfahrens richtet sich nach Werkstoffart, Form und Größe der Probe.

Bestimmung der Rohdichte an Schaumstoffen (nach DIN 53420)
Gesamtes Probestück (gegebenenfalls mit der durch die Herstellung bedingten Haut) oder Probekörper daraus (Würfel, Quader oder Zylinder) ausmessen und wägen.

1.2.2. Bestimmung der Dichte an flüssigen Stoffen

Mit Aräometer (nach DIN 51757)
Dichte z. B. im Standzylinder mit Aräometer (Spindel) entsprechenden Meßbereiches bestimmen. Temperaturen beachten (meist 15 oder 20° C). Anhaften von Luftblasen vermeiden. Dichte an der Höhe des Flüssigkeitsspiegels ablesen; für undurchsichtige Flüssigkeiten gegebenenfalls Spindel mit Aufschrift „Ablesung am oberen Wulstrand“ benutzen.

Mit Pyknometer (nach DIN 51757)
Leeres sauberes Pyknometer auswägen (G_0), Flüssigkeit unter Vermeiden von Luftblasen einfüllen (Temperatur soll möglichst gleich der Prüftemperatur sein) und im Wasserbad auf Prüftemperatur bringen. Überschuß der zu prüfenden Flüssigkeit mit Fließpapier beseitigen, Pyknometer mit Lederlappen rasch trocknen und mit Flüssigkeit wägen (G).

Dichte d bei t°C $= \frac{G - G_0}{V_t}$. Dabei ist V_t das Volumen des Pyknometers bei t°C.

Mit Krutzschmeter
Nur für Stoffe mit einer größtmöglichen bestimmbaren Dichte von 1,3 g/ml geeignet. Die erforderliche Mindestmenge beträgt 0,3 ml. Man füllt die zu untersuchende Flüs-

sigkeit in ein vertikales Kapillarsystem und vergleicht den Stand der Flüssigkeit mit dem einer Vergleichsflüssigkeit.
Nähere Einzelheiten sind den entsprechenden Gebrauchsanweisungen zu entnehmen.

Tafel 2. Dichte von Kunststoffen

Die Dichteangaben gelten im allgemeinen für reine Kunststoffprodukte. In einigen Fällen sind weitere Grenzen angegeben, die durch Zusätze – insbesondere Füllstoffe – hervorgerufen werden.

Dichte g/ml		Dichte g/ml	
0,01–0,02	Harnstoff-Formaldehyd-Harz (Schaumstoff)	1,07–1,09	6,10-Polyamid
0,01–0,40	Polyurethane (Schaumstoff)	1,07–1,10	Styrol/Acrylnitril-Copolymerisate
0,02–0,30	Polystyrol (Schaumstoff)	1,09	Polyacrylsäurebutylester
0,03–0,08	Polyvinylchlorid (Schaumstoff, hart)	1,09	Styrol/Acrylnitril/Carbazol-Copolymerisate
0,03–0,10	Polyacrylnitril (Schaumstoff)	1,09–1,14	6,6-Polyamid
0,03–0,35	Phenolharz (Schaumstoff)	1,09–1,18	Chloriertes Polyäthylen
0,05–0,32	Naturkautschuk (Schaumstoff)	1,09–1,2	Äthylcellulose
0,06–0,13	Celluloseacetat (Schaumstoff)	1,10	Cumaron- und Cumaron-Inden-Harze
0,07	Butadien/Styrol-Copolymerisate (Schaumstoff)	1,10	Polyinden
0,08–0,30	Polyvinylchlorid (Schaumstoff, weich)	1,10–1,18	Sulfochloriertes Polyäthylen
0,08–0,60	Epoxydharz (Schaumstoff)	1,1 –1,2	Polyester, ungesättigt
0,16–0,40	Butadien/Acrylnitril-Copolymerisate (Schaumstoff)	1,1 –1,2	Polyvinylbutyral
		1,1 –1,25	Polyvinylacetal
0,16–0,48	Polychlorbutadien (Schaumstoff)	1,1 –1,4	Polyester, nicht vernetzt
0,19–0,26	Silikonharz (Schaumstoff)	1,1 –2,4	Epoxyd-Gießharze
0,47	Polyäthylen (Schaumstoff)	1,11	Polymethacrylsäureäthylester
0,83	Polymethylpenten	1,120	Diallylphthalat
0,89–0,91	Polypropylen	1,12	Polyamid auf Terephthalsäure-Basis
0,89–0,98	Polyäthylen	1,12	Mischpolyamid aus 60% 6,6- und 40% 6-Polyamid
0,90	Butylkautschuk		
0,91–0,93	Polyisobutylen	1,12–1,15	Kautschukhydrochlorid
0,93	Naturkautschuk	1,12–1,16	6-Polyamid
0,93	Polyvinylisobutyläther	1,13	Polyvinylpropionat
0,94	Äthylen/Vinylacetat-Copolymerisat	1,13–1,14	Polyacrylsäureäthylester
0,94–1,08	Styrol/Butadien-Copolymerisate	1,13–1,20	Polyoxyäthylen (Polyäthylenglykol)
0,96–1,01	Polybutadien	1,14	Styrol/Methacrylat-Copolymerisate
0,97	Polyvinyläthyläther	1,15	Maleinsäuredimethylester
0,97–1,01	Polyisopren	1,15–1,19	Preßstoffe aus Phenol/Formaldehyd + Polyamidfaser
0,98–1,00	Acrylnitril/Butadien-Copolymerisate		
1,00	Maleinsäuredibutylester	1,15–1,25	Celluloseacetobutyrat
1,01–1,02	12-Polyamid	1,16–1,19	Polyacrylnitril
1,01–1,03	Polymethylstyrol	1,17–1,19	Polyvinylacetat
1,01–1,15	Acrylnitril/Butadien/Styrol-Copolymerisate (ABS)	1,17–1,20	Polymethacrylsäuremethylester
		1,17–1,22	Polyurethan, linear
1,04–1,07	Polystyrol	1,17–1,26	Polyvinylacetat, hoher Acetat-Gehalt
1,04–1,1	11-Polyamid	1,18–1,24	Cellulosetripropionat
1,05	Polymethacrylsäurebutylester	1,19–1,20	Polyvinylcarbazol
1,05	Polyvinylmethyläther	1,2	Benzylcellulose
1,06	Styrol/Methylstyrol-Copolymerisate	1,20	Polycarbonate (Bisphenol A-Typ)
1,07	Maleinsäurediäthylester	1,20–1,25	Polyester (Alkydharz + Styrol)

Dichte g/ml	
1,20–1,26	Polyurethan, vernetzt
1,2 –1,4	Polyvinylformal
1,2 –1,45	Vulkanfiber
1,20–1,68	Vinylidenchlorid/Vinylchlorid-Copolymerisate
1,21–1,25	Anilinharze
1,21–1,32	Polyvinylalkohol
1,22–1,23	Polyacrylsäuremethylester
1,25	Polychlorbutadien
1,25–1,35	Celluloseacetat
1,25–1,9	Silikonharze
1,26–1,27	Phenol-Formaldehyd-Harze
1,27	Polydiallylbenzolphosphonat
1,27–1,29	Cellulosetriacetat
1,28–1,31	Polyvinylacetat, mittlerer Acetat-Gehalt
1,29	Celluloseacetopropionat
1,29–1,32	Cellulose-Sekundäracetat (2,5-Acetat)
1,3	Preßstoffe aus Epoxydharz + Zellstoff
1,30–1,35	Casein-Formaldehyd-Harz
1,3 –1,4	Hartgewebe
1,3 –1,4	Hartpapier
1,3 –1,4	Preßstoffe aus Phenol-Furfurol-Harz + Holzmehl
1,3 –1,4	Polyester (Alkydharze + Diallylphthalat)
1,30–1,45	Allyl-Gießharze
1,3 –1,5	Preßstoffe aus Phenol/Formaldehyd + Zellstoff
1,3 –1,55	Preßstoffe aus Phenol/Formaldehyd + Textilfaser oder -gewebe
1,30–1,59	Vinylchlorid/Vinylacetat-Copolymerisate
1,31–1,32	Polyallyldiglykolcarbonat
1,31–1,33	Polyvinylacetat, niederer Acetat-Gehalt
1,31–1,34	Preßstoffe aus Polyester + Polyacrylnitril
1,32	Alkydharze, rein
1,32–1,45	Preßstoffe aus Phenol/Formaldehyd + Holzmehl
1,33–1,35	Polyester (Alkydharze + Triallylcyanurat)
1,34–1,36	Vinylchlorid/Vinylacetat-Copolymerisate (90/10)
1,35	Polysulfide (Thiokol)
1,35–1,40	Celluloid
1,35–1,5	Preßstoffe aus Melamin/Formaldehyd + Textilfaser
1,362	Methylcellulose
1,38–1,41	Terephthalsäureglykolester (Polyäthylenterephthalat)
1,38–1,41	Polyvinylchlorid
1,4	Chlorierte Polyäther
1,4	Preßstoffe aus Polyester + Cellulose
1,4	Kautschukhydrochlorid
1,40–1,50	Cellulose-Regenerat
1,4 –1,5	Preßstoffe aus Melamin-Phenol/Formaldehyd + Cellulose
1,4 –1,95	Preßstoffe aus Phenol/Formaldehyd + Glasfaser
1,4 –2,3	Preßstoffe aus Polyester + Glasfaser oder -gewebe
1,41–1,42	Polyvinylchloracetat
1,42	Polyimid
1,425	Polyoxymethylen (Polyformaldehyd)
1,43–1,52	Preßstoffe aus Melamin/Formaldehyd + Cellulose
1,44	Polyvinylfluorid
1,44–1,47	Polyvinylchlorid, nachchloriert
1,45–1,50	Preßstoffe aus Harnstoff/Formaldehyd + Holzmehl
1,45–2,0	Preßstoffe aus Phenol/Formaldehyd + Asbest
1,47–1,52	Harnstoff-Formaldehyd-Harze
1,47–1,52	Preßstoffe aus Harnstoff/Formaldehyd + Cellulose
1,5	Dicyandiamid-Formaldehyd-Harze
1,5	Melamin-Formaldehyd-Harze
1,5	Preßstoffe aus Melamin/Formaldehyd + Holzmehl
1,5	Polyvinyldichlorid
1,58–1,62	Cellulose
1,58–1,66	Cellulosenitrat (Nitrocellulose)
1,59–1,69	Chlorkautschuk
1,6 –1,9	Preßstoffe aus Silikonharz + Asbest
1,6 –2,0	Preßstoffe aus Epoxydharzen + Gesteinsmehl
1,6 –2,0	Preßstoffe aus Silikonharzen + Glasfaser oder -gewebe
1,65–1,70	Preßstoffe aus Polyester + Asbest
1,65–1,75	Polyvinylidenchlorid
1,66–1,68	Vinylidenchlorid/Vinylchlorid-Copolymerisate (90/10)
1,7	Preßstoffe aus Melamin/Formaldehyd + Asbest/Holzmehl
1,7 –2,0	Preßstoffe aus Melamin/Formaldehyd + Asbest
1,7 –2,0	Preßstoffe aus Melamin/Formaldehyd + Gesteinsmehl

Dichte g/ml	
1,7 –2,0	Preßstoffe aus Phenol/Formaldehyd + Gesteinsmehl
1,76–1,77	Polyvinylidenfluorid
1,8 –2,0	Preßstoffe aus Epoxydharzen + Glasgewebe
1,8 –2,0	Preßstoffe aus Melamin/Formaldehyd + Glasfaser
1,86–1,88	Polyvinylidenchlorid

Dichte g/ml	
1,8 –2,8	Preßstoffe aus Silikonharzen + Gesteinsmehl
1,9	Preßstoffe aus Phenol/Formaldehyd + Glimmer
2,1 –2,2	Polytrifluormonochloräthylen
2,1 –2,3	Polytetrafluoräthylen
2,15–2,20	Preßstoffe aus Polyester + Tonerde

1.2.3. Bestimmung der Schüttdichte von Formmassen (nach DIN 53468)

Eine Probe wird in einen Fülltrichter (Maße siehe DIN 53 468) lose eingefüllt. Ein genau gewogener Meßbecher (G_o) wird senkrecht unter den Fülltrichter gestellt, die Bodenklappe des Fülltrichters geöffnet, so daß die Probe in den Meßbecher fällt, und der mit der Formmasse gefüllte Meßbecher anschließend gewogen (G_1).

$$\text{Schüttdichte in g/ml} = \frac{G_1 - G_o}{100}$$

Einzelheiten der Prüfung sind dem DIN-Blatt zu entnehmen.

1.2.4. Bestimmung der Stopfdichte von Formmassen (nach DIN 53467)

In einem Meßzylinder wird eine Probe locker und gleichmäßig verteilt eingefüllt, dann wird ein Kolben in den Meßzylinder bis auf die Probe hinabgelassen und nach 1 min die Höhe der Probe unter dem Kolben abgelesen.

Die Stopfdichte ist $\frac{G}{A \cdot H}$ in g/ml, wobei G die eingefüllte Probenmasse in g, A die Querschnittsfläche des Meßzylinders in cm^2 und H die Höhe der verdichteten Formmasseschicht im Meßzylinder in cm bedeuten.
In diesem Fall ist – um einen Vergleich mit DIN 53 468 zu ermöglichen – ml für cm eingesetzt, da der Fehler vernachlässigbar klein ist.

1.2.5. Bestimmung der Rütteldichte (in Analogie zu DIN 53194*))

50 g des zu untersuchenden Pulvers in 250-ml-Meßzylinder einfüllen. Durch Schräghalten und Drehen Bildung von Hohlräumen vermeiden. Pulveroberfläche waagerecht einstellen.
Meßzylinder mit Probe in den Halter eines Stampfvolumeters nach DIN 53 194 fest einsetzen und nach entsprechender Einstellung eines Zählwerkes 250mal stampfen.
Volumen des gestampften Pulvers an der Skala des Meßzylinders ablesen.

$$\text{Rütteldichte in g/ml} = \frac{50}{\text{ml gestampftes Pulver}}$$

*) DIN 53 194 Prüfung von Pigmenten. Bestimmung des Stampfvolumens mit dem Stampfvolumeter.

1.3. Löslichkeit

Eine einfache Identifizierung der Kunststoffe basiert auf der Löslichkeit bzw. Unlöslichkeit der verschiedenen Stoffe. Zum Nachweis bestimmter Kunststoffe können durch Lösungsversuche in verschiedenen Lösungsmitteln Kunststoffgruppen und auch spezielle Produkte identifiziert oder ausgeschaltet werden. Selbstverständlich sind weitere Prüfungen und Nachweise, vor allem Nachweise von Elementen zur vollständigen Erkennung der Kunststoffe notwendig.
Die Tafeln 3 und 4 zeigen, in welchen Lösungsmitteln die Kunststoffe löslich oder unlöslich sind und umgekehrt, welche Kunststoffe von bestimmten Lösungsmitteln gelöst werden. Siehe hierzu auch Löslichkeitsangaben bei den einzelnen Kunststoffen in Kapitel 5.
Duroplaste sind im ausgehärteten Zustand in den gebräuchlichsten Lösungsmitteln unlöslich; es müssen Speziallösungsmittel verwendet und die Stoffe durch andere Verfahren identifiziert werden. Thermoplaste hingegen sind meist in irgendeinem Lösungsmittel löslich.
An Hand der Tafeln 3 und 4 lassen sich Analysengänge aufstellen, indem man mit einem Lösungsmittel beginnt und sieht, ob ein Werkstoff löslich oder unlöslich ist. Z.B. zeigen nach Tafel 4 eine ganze Reihe von Stoffen Löslichkeit, andere dagegen Unlöslichkeit in Alkoholen. Stellt man als nächstes eine Lösung in Benzol her, so werden wieder eine Anzahl Stoffe ausgeschieden. Auf diese Weise engt man die Identifizierung immer mehr auf einen oder auf einige wenige Stoffe ein und kann letztlich durch Hinzuziehen anderer Nachweise eine restlose Klärung schaffen, um welchen Stoff es sich im gegebenen Falle handelt.
Das unterschiedliche Verhalten von Kunststoffen gegenüber Lösungsmitteln ermöglicht auch das Trennen und Isolieren von verschiedenen Produkten aus Gemischen. Ein Spezialfall hierfür ist die Ätherextraktion von Weichmachern aus weichmacherhaltigen Mischungen, z.B. weichgemachtem PVC (siehe Zusatz- und Hilfsstoffe S. 145). Auch Stabilisatoren lassen sich z.T. durch Extraktion abtrennen.

Durchführung

Die Bestimmung der Löslichkeit wird zweckmäßigerweise im Reagensglas durchgeführt.
Etwa 100 mg der fein zerkleinerten Probe (grobe Stücke führen zu Lösungsverzögerung!) mit 10 ml des entsprechenden Lösungsmittels versetzen, von Zeit zu Zeit durchschütteln und mehrere Stdn. beobachten. Oft tritt vor der eigentlichen Lösung ein z.T. recht starkes Quellen auf, das meist ein nur langsames Lösen zur Folge hat.
In Zweifelsfällen ist die Lösung auf ein Uhrglas zu geben und das Lösungsmittel zu verdampfen, um festzustellen, ob gelöste Substanz zurückbleibt.

Tafel 3. Löslichkeit von Kunststoffen

Kunststoff	löslich in	unlöslich in
Alkydharze	Ester, Halogenkohlenwasserstoffe, niedere Alkohole	Kohlenwasserstoffe
Aminoplast-Preßstoffe	Benzylamin (bei 160°C), Ammoniak	
Cellulose, regeneriert	Schweizers Reagens	organische Lösungsmittel
Vulkanfiber	Schweizers Reagens	organische Lösungsmittel
Celluloseäther		
Methylcellulose	Wasser, verd. Natronlauge, Äthylenchlorhydrin, Chlorkohlenwasserstoffe, Pyridin	
Äthylcellulose	Methanol, Methylenchlorid, Ameisensäure, Essigsäure, Pyridin, Isophoron	aliphat. und aromat. Kohlenwasserstoffe, Wasser
Benzylcellulose	Aceton, Äthylacetat, Benzol, Butanol	aliphat. Kohlenwasserstoffe, niedere Alkohole, Wasser
Celluloseester		
Celluloseacetate	Ameisensäure, Eisessig, Methylenchlorid/Methanol 9 : 1	
Cellulosetriacetat	Chloroform, weniger in Aceton,	
Cellulose-2,5-acetat	wenig in Chloroform, gut in Aceton	
Celluloseacetobutyrat	Aceton/Benzol, Methylenchlorid	
Cellulosetripropionat	Benzol, Methylenchlorid, Chloroform, Ester und Ketone	
Celluloseacetopropionat und -butyrat		
Propionyl-/Butyryl-Gehalt		
< 35 %	Aceton oder Dimethylsulfoxid	
35–45 %	Aceton/Methanol 1 : 1 Vol.	
> 45 %	Pyridin/Methanol 1 : 1 Vol.	
Cellulosenitrat, alle	Hexamethylphosphorsäuretriamid	
Stickstoff-Gehalt < 12 %	Ketone, Alkohol/Äther	
Stickstoff-Gehalt > 12 %	Ketone, Ester, Alkohol/Äther	
Chlorhaltige Polymere		
Chlorkautschuk	Ester, Ketone, Leinöl (bei 80–100°C), Tetrachlorkohlenstoff, Tetrahydrofuran	aliphat. Kohlenwasserstoffe
Kautschukhydrochlorid	Ketone	aliphat. Kohlenwasserstoffe, Tetrachlorkohlenstoff
Polyäther, chloriert	Cyclohexanon	Äthylacetat, Dimethylformamid, Toluol

Kunststoff	löslich in	unlöslich in
Polychlorbutadien	Halogenkohlenwasserstoffe, Toluol, Dioxan, Pyridin, Cyclohexanon	Alkohole, Ester
Polytrifluormonochlor-äthylen	o-Chlorbenzotrifluorid (oberhalb 120° C)	alle Lösungsmittel
Polyvinylchlorid	Dimethylformamid, Tetrahydrofuran, Cyclohexanon, Chlorbenzol, Hexamethylphosphorsäuretriamid	Alkohole, Butylacetat, Kohlenwasserstoffe, Dioxan
„ ‚nachchloriert	Aceton, Äthylacetat, Benzol, Toluol, Methylenchlorid	
Polyvinylidenchlorid	Butylacetat, Dioxan, Ketone, Tetrahydrofuran, Dimethylformamid (heiß), Chlorbenzol (heiß), Hexamethylphosphorsäuretriamid	Alkohole, Kohlenwasserstoffe
Copolymerisate		
Acrylnitril/Butadien/Styrol	Methylenchlorid	Alkohole, Benzin, Wasser
Styrol/Butadien	Äthylacetat, Benzol, Methylenchlorid	Alkohole, Wasser
Vinylchlorid/Vinylacetat	Methylenchlorid, Tetrahydrofuran, Cyclohexanon	Alkohole, Kohlenwasserstoffe
Cumaron-Inden-Harze	Äther, Benzin, Benzol, Ester, Methylenchlorid, Isophoron	Alkohole, Wasser
Epoxydharze		
nicht gehärtet	Alkohole, Dioxan, Ester, Ketone	Kohlenwasserstoffe, Wasser
gehärtet	praktisch unlöslich	
Fluorhaltige Polymere		
Polytetrafluoräthylen		alle Lösungsmittel, kochende konz. Schwefelsäure
Polytrifluormonochloräthylen	o-Chlorbenzotrifluorid (oberhalb 120°C)	alle Lösungsmittel
Poly-tetrafluoräthylen-perfluorpropylen	ähnlich Polytrifluormonochloräthylen	
Polyvinylfluorid	oberhalb 110°: Cyclohexanon, Propylencarbonat, Dimethylsulfoxid, Dimethylformamid.	
Polyvinylidenfluorid	Dimethylsulfoxid, Dioxan	
Naturharze	Äther, Alkohole, Benzol, Ester, Halogenkohlenwasserstoffe	Benzin
Naturkautschuk	Halogenkohlenwasserstoffe, Benzol	Alkohole, Benzin, Ester, Ketone
Phenoplast-Preßstoffe	Benzylamin (bei 200°C)	
Polyacrylsäure-Derivate		
Polyacrylamid	Wasser	Alkohole, Ester, Kohlenwasserstoffe

Kunststoff	löslich in	unlöslich in
Polyacrylnitril	Dimethylformamid, Nitrophenol, Methylenchlorid, Butyrolacton, Mineralsäuren, Hexamethylphosphorsäuretriamid	Alkohole, Ester, Ketone, Kohlenwasserstoffe, Ameisensäure
Polyacrylsäureester	aromat. Kohlenwasserstoffe, Ester, Halogenkohlenwasserstoffe, Ketone, Tetrahydrofuran	Benzin
Polymethacrylsäureester	aromat. Kohlenwasserstoffe, Dioxan Halogenkohlenwasserstoffe, Ester, Ketone	Äther, Alkohole, aliphat. Kohlenwasserstoffe
Polyamide	Ameisensäure, Phenole, Trifluoräthanol, α-Cyanhydrin, Hexamethylphosphorsäuretriamid, Phenol/Tetrachloräthan 1 : 1	Alkohole, Ester, Kohlenwasserstoffe
Polybutadien	Benzol	Alkohole, Benzin, Ester, Ketone
Polycarbonate	Cyclohexanon, Dimethylformamid, Kresol, Methylenchlorid	Alkohole, Benzin, Wasser
Polyester	Benzylalkohol, nitrierte Kohlenwasserstoffe, Phenole, Hexamethylphosphorsäuretriamid	Alkohole, Ester, Kohlenwasserstoffe
Polyäthylenterephthalat	o-Chlorphenol, Phenol/Tetrachloräthan-Gemischen (z.B. 60/40 Gew.T.), Phenol/Dichlorbenzol-Gemischen (z.B. 50/50 Gew.T.), Dichloressigsäure	
Polyisopren	Benzol	Alkohole, Benzin, Ester, Ketone
Polyolefine		
Polyäthylen	Dekalin, Tetralin, 1-Chlornaphalin (alle oberhalb 130 °C)	Alkohole, Benzin, Ester, Cyclohexanon
Polypropylen (isotaktisch)	Dekalin, Tetralin, 1-Chlornaphthalin (alle oberhalb 130 °C)	Alkohole, Benzin, Ester, Cyclohexanon
Polyisobutylen	Äther, Benzin	Alkohole, Ester
Polymere Aldehyde und Ketone	Ester, Ketone	Alkohole, Benzin
Polyoxyalkene (Polyalkenoxide)		
Polyoxyäthylen (Polyäthylenglykol)	Alkohole, Halogenkohlenwasserstoffe, Wasser	Benzin
Polyoxymethylen	Dimethylsulfoxid, Dimethylformamid, (150°C), Butyrolacton (140°C)	Kohlenwasserstoffe, Alkohole
Polystyrole	Butylacetat, Benzol, Dimethylformamid, Chloroform, Methylenchlorid, Methyläthylketon, Pyridin	Alkohole, Wasser, Benzin

Kunststoff	löslich in	unlöslich in
Polymethylstyrol	Benzol, Toluol	
Polyurethane	Dimethylformamid, Tetrahydrofuran, Ameisensäure, Äthylacetat, Hexamethylphosphorsäuretriamid	Äther, Alkohole, Benzin, Benzol, Wasser, Salzsäure (6 n)
Polyvinylacetale	Ester, Ketone, Tetrahydrofuran (Butyrale in Chloroform/Methanol 9:1)	aliphatische Kohlenwasserstoffe, Methanol
Polyvinylacetat	aromat. Kohlenwasserstoffe, chlorierte Kohlenwasserstoffe, Ketone, Methanol, Ester	Benzin
Polyvinyläther		
Polyvinylmethyläther	Methanol, Wasser, Hexamethylphosphorsäuretriamid	Benzin
Polyvinyläthyläther	aromat. Kohlenwasserstoffe, Alkohole, Benzin, Ester, Halogenkohlenwasserstoffe, Ketone, Hexamethylphosphorsäuretriamid	Wasser
Polyvinylbutyläther	aromat. Kohlenwasserstoffe, Hexamethylphosphorsäuretriamid, Halogenkohlenwasserstoffe, Ketone	Alkohole
Polyvinylalkohol	Formamid, Wasser, Hexamethylphosphorsäuretriamid	Äther, Alkohole, Benzin, Benzol, Ester, Ketone
Polyvinylcarbazol	aromat. Kohlenwasserstoffe, chlorierte Kohlenwasserstoffe, Tetrahydrofuran	Äther, Alkohole, Ester, aliphat. Kohlenwasserstoffe, Ketone, Tetrachlorkohlenstoff

Tafel 4. Lösungsvermögen wichtiger Kunststoff-Lösungsmittel

Lösungsmittel	gelöst werden	ungelöst bleiben
Äther		
Diäthyläther	Cumaron-Inden-Harze	Polyurethane, Polyvinylalkohol, Polyvinylcarbazol
Dioxan	ungehärtete Polyester, Polyvinylidenchlorid	
Tetrahydrofuran	Chlorkautschuk, Polyacrylate, Polyvinylacetale, Polyvinylcarbazol, Polyvinylchlorid, nachchloriertes Polyvinylchlorid, Vinylchlorid/Vinylacetat-Copolymere	
Äthylenchlorhydrin	Cellulosemethyläther	
Alkohole		
allgemein	Alkydharze, Celluloseäthyläther, Epoxydharze (ungehärtet), Naturharze, Phenolharze und Phenolharzpreßmassen, Phthalatharze, Polyacry-	Acrylnitril/Butadien/Styrol-Copolymere, Cellulosebenzyläther, Cumaron-Inden-Harze, Naturkautschuk, Polyacrylnitril, Poly-

Lösungsmittel	gelöst werden	ungelöst bleiben
	late und -methacrylate, Polyglykole, Polyvinylacetat, Polyvinylbutyral, Polyvinylmethyläther	äthylen, Polyamide, Polyacrylamid, Polybutadien, Polycarbonate, Polyester, Polyisobutylen, Polymere Aldehyde und Ketone, Polypropylen, Polystyrol, Polyurethane, Polyvinylalkohol, Polyvinylbutyläther, Polyvinylcarbazol, Polyvinylchlorid, Polyvinylidenchlorid, Vinylchlorid/Vinylacetat-Copolymere
Methanol	Celluloseäthyläther, Polyvinylacetat, Polyvinylmethyläther	Polyvinylacetale
Butanol	Cellulosebenzyläther	
Benzylalkohol	Polyester	
Ameisensäure	Polyamide, Celluloseacetate	Polyacrylnitril
Benzylamin	Phenoplast-Formstoffe (bei 200 °C)	
Dimethylformamid	Polyacrylnitril, Polycarbonate, Polyurethane, Polyvinylchlorid, Polyvinylidenchlorid, Polyvinylfluorid, Polyoxymethylen	chlorierte Polyäther
Dimethylsulfoxid	Celluloseacetopropionat, Celluloseacetobutyrat, Polyvinylidenfluorid, Polyvinylfluorid, Polyoxymethylen	
Ester	Acrylnitril/Butadien/Styrol-Copolymere, Alkydharze, Celluloseäther, Celluloseester, Cumaron-Inden-Harze, Epoxydharze (nicht gehärtet), Polyacrylate und -methacrylate, polymere Aldehyde und Ketone, Polystyrole, Polyvinylacetale, Polyvinyläther	Naturkautschuk, Polyacrylamid, Polyacrylnitril, Polyäthylen, Polyamide, Polybutadien, Polyisobutylen, Polyisopren, Polychlorbutadien, Polyester, Polypropylen, Polyvinylalkohol, Polyvinylcarbazol
Halogenkohlenwasserstoffe allgemein	Acrylnitril/Butadien/Styrol-Copolymere, Alkydharze, Celluloseäther, Naturharze, Polyacrylate und -methacrylate, Polycarbonate, Polychlorbutadien, Polyglykole, Polystyrole, Polyvinylacetat, Polyvinyläther, Polyvinylcarbazol, Polyvinylidenchlorid	
Tetrachlorkohlenstoff	Chlorkautschuk	Kautschukhydrochlorid, Polyvinylcarbazol
Trichloräthylen	Polypropylen	
Hexamethylphosphorsäuretriamid	Cellulosenitrat, Polyvinylchlorid, Polyvinylidenchlorid, Polyacrylnitril, Polyamide, Polyvinyläther, Polyester, Polyurethane, Polyvinylalkohol, Polyoxyalkene.	

Lösungsmittel	gelöst werden	ungelöst bleiben
Ketone		
allgemein	Alkydharze, Cellulosebenzyläther, Celluloseester, Chlorkautschuk, Kautschukhydrochlorid, Epoxydharze (nicht gehärtet), Polyacrylate und -methacrylate, polymere Aldehyde und Ketone, Polyvinylacetale, Polyvinylacetat, Polyvinyläthyläther, Polyvinylbutyläther, nachchloriertes Polyvinylchlorid, Polyvinylidenchlorid	Naturkautschuk, Polyacrylnitril, Polybutadien, Polyisopren, Polyvinylalkohol, Polyvinylcarbazol
Cyclohexanon	Polycarbonate, chlorierte Polyäther	
Kohlenwasserstoffe		
aliphatisch		
allgemein		Alkydharze, Celluloseäther, Celluloseester, Kautschukhydrochlorid, Polyvinylchlorid
Dekalin	Polyäthylen und Polypropylen (über 120°C)	
aromatisch		
allgemein	Naturkautschuk, Polyacrylate und -methacrylate, Polystyrole, Polyvinylacetat, Polyvinyläther, Polyvinylcarbazol	Alkydharze, Celluloseäther, Epoxydharze, Polyacrylamid, Polyamide, Polyester, Polymethacrylate, Polyvinylacetale, Polyvinylalkohol, Polyvinylchlorid, Polyvinylidenchlorid, Vinylchlorid/Vinylacetat-Copolymere
Benzol	Cumaron-Inden-Harze, Cellulosebenzyläther, Naturharze, Polyacrylate, Polybutadien, Polyisopren, Polystyrole, Polymethylstyrol, Polyvinylcarbazol	Polyvinylalkohol
Toluol	Celluloseäthyläther, Polyacrylate und -methacrylate, Polyäthylen und Polypropylen (bei Siedetemp.), Polychlorbutadien, Polystyrole, Polyvinylbutyral, Polyvinylcarbazol	
Xylol	Polyäthylen, Polypropylen, Polyvinylcarbazol	
Tetralin	Polyäthylen und Polypropylen (bei Siedetemp.)	
Benzin	Cumaron-Inden-Harze, Polyisobutylen, Polyvinyläthyläther	Acrylnitril/Butadien/Styrol-Copolymere, Naturharze, Naturkautschuk, Polyacrylate, Polyäthylen, Polybutadien, Polycarbonate, Polyglykole, Polyisobutylen, Polyisopren, polymere Aldehyde und Ketone, Polypropylen, Polyvinylacetat, Polyvinylalkohol, Polyvinylmethyläther

Lösungsmittel	gelöst werden	ungelöst bleiben
Phenole		
allgemein	Polyamide, Polycarbonate, Polyester	
Nitrophenol	Polyacrylnitril	
Schweizers Reagens	Cellulose, regenerierte Cellulose, Vulkanfiber	
Wasser	Cellulosemethyläther, Polyacrylamid, Polyglykole, Polyvinylalkohol, Polyvinylmethyläther	Celluloseäthyläther, Polyvinyläthyläther

1.4. Erweichungspunkt und Schmelzpunkt

Erweichungsbereiche und Schmelzpunkte können ebenfalls zur Charakterisierung von Kunststoffen herangezogen werden. Die Bestimmung erfolgt mit bekannten Apparaten wie dem Schmelzpunktbestimmungsapparat, dem Kofler-Mikroskop, der Kofler-Heizbank usw. Mikroskopische Beobachtungen in polarisiertem Licht sind besonders zu empfehlen. Siehe auch: Bestimmung des Kristallitschmelzpunktes von Kunststoffen mit kristallinen Anteilen (*).
Tafel 5 gibt Auskunft über bekannte Erweichungs- und Schmelzpunkte von Kunststoffen.

Tafel 5. Erweichungstemperaturen und Schmelzbereiche von Kunststoffen

	Erweichungstemperatur °C	Schmelzbereich °C
Polyisobutylen	–50	
Polyacrylsäurebutylester	–35	
Polyacrylsäureäthylester	– 5	
Polyvinylisobutyläther	0	
Polyacrylsäuremethylester	25	
Polymethylacrylsäurebutylester	33	
Polyvinylacetate	35–86	
Polyadipinsäureäthylenglykolester		50–54
Polyvinylbutyral	50–60	
Polyphthalsäureäthylenglykolester	60	
Polymethacrylsäureäthylester	65	
Polyoxyäthylen		66
Polyphthalsäureglycerinester		70
Polyoxypropylen		ca. 73
Polystyrol	70–115	
Polyvinylchlorid	75–90	ca. 215
Polysebacinsäureäthylenglykolester		79
Vinylchlorid/Vinylacetat-Copolymerisate (90/10)	80–85	ca. 130

* Bundesgesundheitsblatt 10 (1967) Nr. 18, S. 281

	Erweichungs-temperatur °C	Schmelz-bereich °C
Polyvinylacetal	90–100	175
Polyäthylen (Dichte 0,92)		ca. 110
Polyäthylen (Dichte 0,94)		120
Polyäthylen (Dichte 0,96)		128
Polybutylen		124–135
Anilinharze	über 110	
Polyvinylidenchlorid	116–140	190–200
Polymethacrylsäuremethylester	120	160
Chlorkautschuk	120 (Zersetzung)	
Celluloseacetat	125–175	
Celluloseacetobutyrat	125–175	
Cellulosenitrat (Nitrocellulose)	130–135 (Zers.)	
Polyacrylnitril	130–150 über 230 Zers.	
Polydiallylphthalat	140	
Polyvinylmethyläther		144
Benzylcellulose		150–180 200–260 (Zers.)
Polyoxyäthylen (Polyacetal, Copolymer)		164–167
Polyurethan, linear		150–185
Vinylidenchlorid/Vinylchlorid-Copolymerisate (90/10)		160–170
Polypropylen		160–170
Äthylcellulose		170–180 220–270 (Zers.)
12-Polyamid		175–180
Copolymerisat aus 33 % 6,6- + 6-Polyamid und 67 % adipinsaurem p, p-Diaminobicyclohexylmethan		175–185
Polyoxymethylen (Polyformaldehyd)		175–185
Copolymerisat aus 60 % 6,6- und 40 % 6-Polyamid		180–185
Cellulose-Regenerat	180–190 (Zers.)	
Polyvinylcarbazol	180–210	
11-Polyamid		184–189
Polyvinylfluorid		über 200
Polyvinylchlorid, nachchloriert		200–210
Polytrifluormonochloräthylen		200–220
6,10-Polyamid		210–222
Polyvinylformal		210–220
6-Polyamid		215–225
Polyvinylalkohol		218–240
Polycarbonate (Bisphenol A-Typ)		220–230
Cellulosetripropionat		240
Poly-(4-methylpenten-1)		240
Cellulose-Sekundäracetat (2,5-Acetat)		240–260
6,6-Polyamid		250–264
Terephthalsäureäthylenglykolester (Polyäthylenterephthalat)		250–260
Cellulosetriacetat		ca. 310
Polytetrafluoräthylen		325–330

1.5. Brechungszahl

Als physikalische Konstante ist die Brechungszahl wertvoll für die Unterscheidung von Kunststoffen. Sie gibt wesentliche Anhaltspunkte über die Zusammensetzung des Kunststoffes, insbesondere wenn die Prüfung am polymeren und am gekrackten bzw. depolymerisierten Material vorgenommen wird. Sie interessiert auch für die Verwendung von organischen Gläsern in der Optik, für Fabrikationskontrollen und zur Überprüfung der Polymerisation.
Durch Messung des Temperaturkoeffizienten der Brechungszahl ist es auch möglich, das Erweichungsintervall festzulegen.
Die Bestimmung der Brechungszahl kann nach verschiedenen Methoden durchgeführt werden. Erwähnt seien hier die Refraktometer-Methode z.B. mit dem besonders geeigneten Abbe-Refraktometer (siehe auch DIN 53491), die Immersionsmethoden z.B. unter Zuhilfenahme des Becke-Phänomens und mikroskopische Methoden durch Messung der wirklichen und scheinbaren Dicke.
In den Tafeln 6 und 7 sind die Brechungszahlen der wichtigsten Kunststoffe sowie geeignete Kontaktmittel zusammengestellt.

Tafel 6. Brechungszahlen von Kunststoffen (n_D^{20})

1,35 – 1,38	Polytetrafluoräthylen
1,42	Polyvinylidenfluorid
1,42 – 1,45	Polyvinyläthyläther
1,43	Polytrifluormonochloräthylen
1,45 – 1,46	Polyvinylacetal
1,452	Polyvinylisobutyläther
1,46 – 1,47	Polyacrylsäurebutylester
1,46 – 1,49	Cellulosetripropionat
1,46 – 1,50	Celluloseacetobutyrat
1,46 – 1,54	Celluloseacetat
1,46 – 1,54	Polyoxyäthylen (Polyäthylenglykol)
1,467	Polyvinylmethyläther
1,47	Celluloseacetopropionat
1,47 – 1,48	Cellulosetriacetat
1,47 – 1.48	Polyacrylsäureäthylester
1,47 – 1,48	Äthylcellulose
1,47 – 1,49	Polyacrylsäuremethylester
1,47 – 1,49	Polyvinylacetat
1,47 – 1,51	Polyvinylacetat, hoher Acetat-Gehalt
1,47 – 1,56	Vinylchlorid/Vinylacetat-Copolymerisate
1,48	Cellulose-Sekundäracetat (2,5-Acetat)
1,48 – 1,49	Polyvinylbutyral
1,48 – 1,49	Polymethacrylsäureäthylester
1,48 – 1,49	Polymethacrylsäurebutylester
1,484	Polymaleinsäure-äthylenglykolester
1,485–1,50	Polymethacrylsäuremethylester
1,49	Polypropylen
1,49 – 1,50	Polyvinylformal
1,49 – 1,51	Celluloid
1,49 – 1,53	Polyvinylalkohol
1,50	Methylcellulose
1,50 – 1,51	Cellulosenitrat (Nitrocellulose)
1,50 – 1,51	Polyallyldiglykolcarbonat
1,50 – 1,52	Polyacrylnitril
1,50 – 1,58	Allyl-Gießharze
1,50 – 1,58	Polyester, nicht vernetzt
1,5 – 1,7	Phenol-Formaldehyd-Harze
1,505–1,51	Polyisobutylen
1,51	Butylkautschuk
1,51 – 1,52	Polyvinylchloracetat
1,51 – 1,54	Polyäthylen
1,51 – 1,55	Polyvinylacetat, mittlerer Acetat-Gehalt
1,51 – 1,65	Terephthalsäureglykolester (Polyäthylenterephthalat)
1,514	Polyfumarsäure-äthylenglykolester
1,519	Diallylphthalat
1,52	Acrylnitril/Butadien-Copolymerisate
1,52	Naturkautschuk
1,52	Polybutadien
1,52 – 1,53	Vinylchlorid/Vinylacetat-Copolymerisate (90/10)
1,52 – 1,55	Cellulose-Regenerat
1,52 – 1,56	Polyvinylchlorid

Tafel 6. Brechungszahlen von Kunststoffen (n_D^{20}) (Fortsetzung)

1,522	Polyisopren
1,527	Polyacrylsäure
1,53	6,6-Polyamid
1,53	6,10-Polyamid
1,53	Styrol/Butadien-Copolymerisate
1,53 – 1,55	Kautschukhydrochlorid
1,53–1,56	Styrol/Methylmethacrylat-Copolymerisate
1,53 – 1,59	Polyvinylpyrrolidon
1,53 – 1,6	Polyester, ungesättigt
1,535	6-Polyamid
1,54	Alkydharze, phenol- und ölmodifiziert
1,54	Cyclohexanon-Formaldehyd-Harze
1,54 – 1,58	Polyester (Alkydharze + Diallylphthalat)
1,54 – 1,58	Polyester (Alkydharze + Styrol)
1,54 – 1,60	Harnstoff-Formaldehyd-Harze
1,545–1,555	Polyvinylacetat, niederer Acetat-Gehalt
1,55	Casein-Formaldehyd-Harze
1,55	Polychlorbutadien
1,55	Polyester (Alkydharze + Triallylcyanurat)
1,55–1,58	Styrol/Acrylnitril-Copolymerisate
1,56 – 1,57	Phthalsäure-äthylenglykolester
1,56 – 1,59	Chlorkautschuk
1,56 – 1,60	Sulfonamidharze
1,57	Alkydharze, rein
1,57	Polydiallylbenzolphosphonat
1,57 – 1,58	Benzylcellulose
1,57 – 1,60	Polystyrol
1,57 – 1,61	Epoxyd-Gießharze
1,575	Phthalsäureglycerinester
1,58	Polymethylstyrol
1,58 – 1,59	Polycarbonate (Bisphenol A-Typ)
1,58 – 1,60	Melamin-Formaldehyd-Harze
1,6 – 1,66	Cumaron- und Cumaron-Inden-Harze
1,6 – 1,66	Polyinden
1,60 – 1,62	Vinylidenchlorid/Vinylchlorid-Copolymerisate (90/10)
1,60 – 1,63	Polyvinylidenchlorid
1,60 – 1,70	Polysulfide (Thiokol)
1,66	Thioharnstoff-Formaldehyd-Harze
1,67 – 1,70	Polyvinylcarbazol

Tafel 7. Kontaktmittel für Kunststoffe

Kontaktmittel	für
α-Bromnaphthalin	Celluloseester
	Fluorhaltige Polymere
	Harnstoffharze
	Phenol-Formaldehyd-Harze
	Polyäthylen
	Polyamide
	Polyester
	Polyvinylacetat
	Polyvinylalkohol
	Polymethacrylat (bedingt brauchbar)
	Polyvinylchlorid (bedingt brauchbar)
Anisöl	Celluloseester
	Harnstoffharze
Gesättigte wäßrige Zinkchlorid-Lösung	Polyacrylate
	Polyisobutylen
	Polymethacrylate
Gesättigte Kaliumquecksilberjodid-Lösung	Polyisobutylen
	Polystyrol
	Polyvinylchlorid

1.6. Säurezahl und Verseifungszahl

Als charakteristische Daten für die Identifizierung unbekannter Kunststoffe, aber auch für die sachgemäße Verwendung von Kunststoffen dienen die Säure- und die Verseifungszahl. Auch ist ihre Stabilität gegenüber Verseifungsmitteln durch die Verseifungsgeschwindigkeit nach DIN 53 404 feststellbar.
Säure- und Verseifungszahl besitzen vor allem Interesse bei Kunststoffen, die als Ester vorliegen oder Zusätze von Estern z. B. als Weichmacher enthalten.
In den Tafeln 8 und 9 sind bekannte Säure- und Verseifungszahlen von Kunststoffen zusammengestellt.
Verseifungszahlen für Weichmacher siehe S. 161.

Bestimmung der Säurezahl (nach DIN 53402)
Je nach zu erwartendem Säuregehalt 10–50 g Substanz in 100 ml gegen Phenolphthalein neutralisiertem Äthanol bei Raumtemperatur lösen und mit 0,1 n Natronlauge gegen Phenolphthalein bis schwach rosa titrieren.
Bei farbigen Stoffen potentiometrisch titrieren. Als Lösungsmittel wird nicht ausschließlich Äthanol, sondern ein auf pH 7,0 eingestelltes Äthanol-Wasser-Gemisch (1 : 1 Vol.) verwendet. Titration dann ebenfalls bis pH 7,0. Äthanol kann auch durch Aceton ersetzt werden.
Produkte, die sich nicht in Äthanol oder Aceton lösen, werden vorteilhaft z. B. in Benzol gelöst und mit 0,1 n äthanolischer Kalilauge gegen Phenolphthalein bis schwach rosa titriert.

Säurezahl (SZ) = Anzahl mg KOH, die zur Neutralisation von 1 g Substanz verbraucht werden.

Liegt ein basisch reagierender Stoff vor, so ist die SZ negativ (= positive Basizitätszahl). Titration mit 0,1 n Säure ebenfalls gegen Phenolphthalein.

$$SZ = \frac{5{,}61 \cdot \text{ml } 0{,}1 \text{ n NaOH}}{\text{g Einwaage}}.$$

Tafel 8. Säurezahlen von Kunststoffen (mg KOH/1 g)

SZ	Kunststoff	SZ	Kunststoff
0	Anilinharze	0–200	Polyester, nicht vernetzt
	Harnstoff-Formaldehyd-Harze	2	Celluloseacetopropionat
	Melamin-Formaldehyd-Harze	unter 3	Methylcellulose
	Thioharnstoff-Formaldehyd-Harze		Benzylcellulose
	Cellulose-Regenerat		Polyoxyäthylen (Polyäthylenglykol)
	Celluloseacetat	4	Polymethacrylsäuremethylester
	Celluloseacetobutyrat	4–5	Vinylacetat/Fumarat (od. Maleinat)-Copolymerisat
	Cellulosenitrat (Nitrocellulose)		
	Polyvinylchlorid	unter 5	Cumaron- und Cumaron-Inden-Harze
	Maleinsäureester		
	Styrol/Butadien-Copolymerisate		Polystyrol
	Vinylchlorid/Vinylacetat-Copolymerisate		Polyvinylacetale
		5	Polyisobutylen
	Vinylidenchlorid/Vinylchlorid-Copolymerisate	7	Polyinden
		unter 10	Polyacrylsäureester

Tafel 8. (Fortsetzung)

	Polyvinylacetate	unter 20	Phenol-Formaldehyd-Harze
	Polyvinylalkohol	20–50	Alkydharze, rein
	Äthylcellulose	20–100	Alkydharze, ölmodifiziert
10–30	Alkydharze, phenol- und ölmodifiziert	unter 50	Polyester, ungesättigt

Bestimmung der Verseifungszahl (nach DIN 53401)

Etwa 1 g der Probe mit 50,0 ml 0,5 n äthanolischer Kalilauge 1 Std. am Rückflußkühler kochen. Laugenüberschuß in der Wärme gegen Thymolphthalein oder Alkaliblau 6 B mit 0,5 n Salzsäure bis zur bleibenden Entfärbung zurücktitrieren.
Blindwert ist erforderlich.
Schwer verseifbare Produkte wie Phosphorsäureester, Chlorparaffine usw. mit einer Lösung von KOH in Äthylenglykolmonoäthyläther unter Rückfluß umsetzen oder in äthanolischer KOH unter Verwendung einer verschlossenen Bombe bei höheren Temperaturen (etwa 160° C) und längere Zeit (bis zu 4 Std.) verseifen.

Verseifungszahl (VZ) = mg KOH, die zur Bindung der freien und der als Ester oder Anhydrid gebundenen Säuren in 1 g der Probe verbraucht werden.

$$VZ = 28{,}05 \cdot \frac{\text{ml 0,5 n HCl Blindwert} - \text{ml 0,5 n HCl Probe}}{\text{g Einwaage}}$$

Tafel 9. Verseifungszahlen von Kunststoffen (mg KOH/1 g)

0	Polytetrafluoräthylen	unter 20	Cyclohexanon-Formaldehyd-Harze
unter 20	Anilinharze		Epoxyd-Gießharze und -Preßstoffe
	Casein-Formaldehyd-Harze		Furanharze
	Harnstoff-Formaldehyd-Harze		Acrylnitril/Butadien-Copolymerisate
	Malein-Formaldehyd-Harze		Acrylnitril/Butadien/Styrol-Copolymerisate
	Preßstoffe aus Harnstoff/Formaldehyd und Cellulose oder Holzmehl		Styrol/Butadien-Copolymerisate
	Preßstoffe aus Melamin/Formaldehyd und Asbest, Asbest/Holzmehl, Cellulose, Gesteinsmehl, Glasfaser, Holzmehl oder Textilfaser		Styrol/Acrylnitril-Copolymerisate
	Preßstoffe aus Melamin-Phenol/Formaldehyd und Cellulose		Styrol/Acrylnitril/Carbazol-Copolymerisate
	Thioharnstoff-Formaldehyd-Harze		Naturkautschuk
	Butylkautschuk		Phenol-Formaldehyd-Harze
	Cellulose		Preßstoffe aus Phenol/Formaldehyd und Asbest, Gesteinsmehl, Glasfaser, Glimmer, Holzmehl, Polyamidfaser, Textilfaser od. -gewebe, Zellstoff
	Celluloseäther (Methyl-, Äthyl-, Benzylcellulose)		Preßstoff aus Phenol-Furfurol-Harz und Holzmehl
	Chlorkautschuk		Polyacrylnitril
	Polytrifluormonochloräthylen		Polymethacrylsäuremethylester
	Polyvinylchlorid		Polyamide
	Polyvinylchlorid, nachchloriert		Polybutadien
	Cumaron- und Cumaron-Inden-Harze		Polyinden

Tafel 9. (Fortsetzung)

unter 20	Polyisopren
	Polyäthylen
	Polypropylen
	Polyisobutylen
	Polyoxyäthylen (Polyäthylenglykol)
	Polystyrol
	Polymethylstyrol
	Polyvinyläther
	Polyvinylalkohol
	Polyvinylcarbazol
	Polyvinylpyrrolidon
	Silikonharze
	Preßstoffe aus Silikonharz und Asbest, Gesteinsmehl, Glasfaser od. -gewebe
10–200	Polyvinylacetale
20–200	Phenol-Formaldehyd-Harz, modifiziert
	Phenol-Furfurol-Harz, modifiziert
unter 100	Polymethacrylsäurebutylester
	Vinylchlorid/Vinylacetat-Copolymerisate
	Polyvinylchlorid, Pulver
über 100	Polyäthylen, chloriert, Pulver
	Preßstoffe aus Polyester und Asbest, Cellulose, Glasfaser od. -gewebe, Polyacrylnitril, Tonerde
	Polyoxymethylen (Polyformaldehyd)
100–650	Polyvinylacetate
ca. 120	Polyvinylacetate, niederer Acetat-Gehalt
120–325	Polyvinylacetate, mittlerer Acetat-Gehalt
140–225	Alkydharze, ölmodifiziert
150–250	Alkydharze, phenol- und ölmodifiziert
150–375	Alkydharze, rein
über 200	Celluloid
	Celluloseacetate
	Celluloseacetobutyrat
	Celluloseacetopropionat
	Cellulosetriacetat
	Cellulosetributyrat
	Cellulosetripropionat
	Cellulosenitrat (Nitrocellulose)
	Polyvinylidenchlorid, Pulver
	Maleinsäureester
	Vinylacetat/Fumarat (od. Maleinat)-Copolymerisate
	Vinylchlorid/Vinylacetat-Copolymerisate, Pulver
	Polyacrylsäureester
	Polycarbonate (Bisphenol A-Typ)
	Polyester, gesättigt und ungesättigt
	Polyester aus Alkydharz und Diallylphthalat, Styrol oder Triallylcyanurat
	Polyallyldiglykolcarbonat
	Polysulfide (Thiokol)
300–660	Polyacrylsäuremethylester
325–540	Polyvinylacetate, hoher Acetat-Gehalt
über 500	Polyacrylsäure
	Polyurethan, vernetzt

1.7. Jodzahl

Die Jodzahl stellt ein Maß für die Ungesättigtheit eines Stoffes dar. Die Addition von Jod oder Jodchlorid dient zum Nachweis ungesättigter Bindungen, besonders von C=C-Doppel- und Dreifachbindungen.
In den Kunststoffen werden sowohl die strukturell vorhandenen olefinischen Doppelbindungen (wie z. B. im Polybutadien) wie auch diejenigen Doppelbindungen erfaßt, die von restlichen Monomeren oder Oligomeren oder von olefinischen Kettenenden (wie z. B. Styrol in Polystyrol) herrühren.
In der Kunststoff-Analytik hat sich neben der *Wijs*'schen Methode die vor allem bei Naturstoffen wie bei Fetten und Ölen angewandte *Kaufmann*'sche Methode der Jodzahl-Bestimmung bewährt.

Bestimmung der Jodzahl nach Wijs
Je nach dem zu erwartenden Jodverbrauch 0,2–1 g der Probe im 300-ml-Erlenmeyer-Kolben in 20–50 ml Chloroform oder Tetrachlorkohlenstoff oder auch Benzol lösen

und 25,0 ml käuflicher *Wijs*-Lösung (Jodtrichlorid + Jod + Eisessig) zugeben. Gleichzeitig eine Blindprobe ansetzen.
30 min. luftdicht verschlossen im Dunkeln stehen lassen. Dann 10 ml einer 20 %igen wäßrigen Kaliumjodidlösung und 100 ml dest. Wasser zugeben und mit 0,1 n Natriumthiosulfat-Lösung und Stärke als Indikator das überschüssige Jod zurücktitrieren.

Jodzahl (JZ) = g Jod, die an 100 g Substanz gebunden werden.

$$JZ = 1{,}269 \cdot \frac{\text{ml } 0{,}1 \text{ n } Na_2S_2O_3 \text{ Blindprobe} - \text{ml } 0{,}1 \text{ n } Na_2S_2O_3 \text{ Probe}}{\text{g Einwaage}}\ .$$

Bestimmung der Jodzahl nach Kaufmann (1)
Je nach dem zu erwartenden Brom-Verbrauch (ca. 50 % Brom im Überschuß) 0,1–0,5 g der Probe im 300-ml-Erlenmeyer-Kolben mit 20 ml Chloroform versetzen, lösen und 25,0 ml Jodzahl-Lösung (s. u.) zugeben.
Gleichzeitig Blindprobe ansetzen.
5 Stdn. im Dunkeln stehen lassen. Dann 10 ml einer 20 %igen wäßrigen Kaliumjodid-Lösung zugeben und mit 0,1 n Natriumthiosulfat-Lösung und Stärke als Indikator das durch überschüssiges Brom in Freiheit gesetzte Jod zurücktitrieren.

Jodzahl (JZ) = g Jod, die an 100 g Substanz gebunden werden.

$$JZ = 1{,}269 \cdot \frac{\text{ml } 0{,}1 \text{ n } Na_2S_2O_3 \text{ Blindprobe} - \text{ml } 0{,}1 \text{ n } Na_2S_2O_3 \text{ Probe}}{\text{g Einwaage}}$$

Jodzahl-Lösung: 750 ml Methanol mit 75 g bei 130° C getrocknetem Natriumbromid versetzen, Lösung dekantieren und mit 3,1 ml Brom versetzen.

Tafel 10. Jodzahlen von Kunststoffen

unter 1	Polyisobutylen
unter 5	Butylkautschuk
ca. 140	Styrol/Butadien-Copolymerisate (66/34)
ca. 290	Styrol/Butadien-Copolymerisate (36/64)
340–360	Styrol/Butadien-Copolymerisate (21/79)
345–375	Naturkautschuk
385–440	Polybutadien

1.8. Hydroxylzahl

Mit Hilfe der OH-Zahl lassen sich frei vorliegende Hydroxylgruppen (Alkohole und Phenole) ermitteln. Die Bestimmung erfolgt durch Acetylierung mit Essigsäureanhydrid in Pyridin. Aldehyde sowie primäre und sekundäre Amine stören. Vermieden werden kann diese Störung durch Verwenden des sehr viel langsamer und

(1) DGF-Einheitsmethoden 1950–1961, Vorschrift C–V 11b (53), Wiss. Verlagsgesellschaft m. b. H., Stuttgart; *Houben-Weyl:* Methoden der org. Chemie, 4. Aufl., Bd. 2 „Analytische Methoden", S. 305, G. Thieme Verlag, Stuttgart 1953.

nur mit Alkoholen reagierenden Phthalsäureanhydrids anstelle von Essigsäureanhydrid.
Saure Bestandteile ergeben einen Mehrverbrauch an Alkali, der über die gesondert zu bestimmende Säurezahl entsprechend korrigiert wird.

Bestimmung der Hydroxylzahl (3)
Großer Überschuß an Essigsäureanhydrid ist erforderlich. Die Einwaage beträgt:

ca.	3 g bei zu erwartender OH-Zahl	< 100
	2 g „ „ „ „	100–200
	1 g „ „ „ „	200–300
	0,5 g „ „ „ „	> 300.

Einwaage in 200-ml-Erlenmeyer-Kolben, genau 20,0 ml Acetylierungsgemisch (1 Vol. Essigsäureanhydrid + 3 Vol. Pyridin) zugeben und auf kleiner Flamme 30 min. am Rückfluß zum Sieden erhitzen. Substanzen, die sich nicht lösen, vorher in z. B. bis zu 20 ml Benzol oder Äthylenchlorid lösen.
Gleichzeitig Blindversuch ansetzen.
Auf Raumtemperatur abkühlen, 50 ml gekühltes destilliertes Wasser langsam durch Rückflußkühler zugeben, erneut abkühlen lassen und anschließend unter kräftigem Schütteln freie Essigsäure mit 1 n Natronlauge gegen Phenolphthalein titrieren.
Die rote Farbe des Phenolphthaleins am Ende der Titration soll wenigstens 1 min. erhalten bleiben.
Bestimmung der Säurezahl ist erforderlich.

Hydroxylzahl (OHZ) = mg KOH, die derjenigen Menge Essigsäure äquivalent sind, die bei der Acetylierung von 1 g hydroxylhaltiger Substanz gebunden wird.

$$\text{OHZ} = \frac{56{,}1 \cdot (\text{ml 1 n NaOH Blindwert} - \text{ml 1 n NaOH Probe})}{\text{g Einwaage}} + \text{SZ}$$

wobei SZ = Säurezahl in mg KOH/1 g.

Die Hydroxylzahlen von Kunststoffen sind in Tafel 11 zusammengestellt.

Tafel 11. Hydroxylzahlen von Kunststoffen (mg KOH/1 g)

0	Harnstoff-Formaldehyd-Harze	0	Cumaron- und Cumaron-Inden-Harze
	Melamin-Formaldehyd-Harze		Maleinsäureester
	Thioharnstoff-Formaldehyd-Harze		Styrol/Butadien-Copolymerisate
*)	Cellulosetriacetat		Vinylchlorid/Vinylacetat-Copolymerisate
*)	Cellulosetributyrat		Vinylidenchlorid/Vinylchlorid-Copolymerisate
*)	Cellulosetripropionat		
*)	Cellulosetrinitrat		
	Polyvinylchlorid		

(3) DGF-Einheitsmethoden 1950–1961, Vorschrift C–V 17a (53) Wiss. Verlagsgesellschaft m.b.H., Stuttgart; *Houben-Weyl:* Methoden der org. Chemie, 4. Aufl., Bd. 2 „Analytische Methoden", S. 356, G. Thieme Verlag, Stuttgart 1953.

0	Polymethacrylsäuremethylester	65–250		Polyvinylacetale
	Polyinden	100		Benzylcellulose
	Polyisobutylen	105	*)	Cellulose-Sekundäracetat (2,5-Acetat)
	Polystyrol			
	Polyvinylacetat	120		Methylcellulose
0 –350	Polyester	125–450		Phenol-Formaldehyd-Harze
10– 70	Alkydharze, ölmodifiziert	200–300		Cellulose-Regenerat (alkalilöslich)
20–100	Alkydharze, rein	1000–1270		Polyvinylalkohol
20–250	Cellulosenitrat (Nitrocellulose)	1038	*)	Cellulose
40–215	Polyoxyäthylen (Polyäthylenglykol)	1080–1270		Polyvinylacetat, niederer Acetat-Gehalt
65–250	Äthylcellulose			

*) theoretisch

1.9. Carbonylzahl (CO-Zahl)

Bestimmung der Carbonylzahl (4)

Je nach dem zu erwartenden Carbonylgehalt 0,2–2 g der Probe in 200-ml-Erlenmeyer-Kolben einwägen, ggf. in wenig Äthanol oder einem anderen wasserlöslichen, aber carbonylfreien Lösungsmittel lösen und mit 50,0 ml Hydroxylamin-Lösung (s. u.) sowie mit 1 ml Indikator-Lösung (s. u.) versetzen.
1 Std. auf dem Wasserbad erhitzen.
Nach Abkühlen Rücktitration des überschüssigen KOH mit 0,2 n Salzsäure bis zum Farbumschlag von Purpur nach Gelb oder besser elektrometrisch bis pH 4,5.
Blindwert ist unbedingt erforderlich.
Säurezahl muß berücksichtigt werden.

Carbonylzahl = Anzahl mg KOH, die der zur Oximierung von 1 g Substanz notwendigen Menge Hydroxylamin äquivalent ist.

$$\mathrm{COZ} = \frac{11{,}22 \cdot (\text{ml } 0{,}2 \text{ n HCl Blindwert} - \text{ml } 0{,}2 \text{ n HCl Probe})}{\text{g Einwaage}} - \mathrm{SZ}$$

wobei COZ = Carbonylzahl
SZ = Säurezahl in mg KOH/1 g
(bei basischen Stoffen negativ!)

Hydroxylamin-Lösung: 4,0 g Hydroxylammoniumchlorid in 8,0 ml dest. Wasser lösen, dann mit 80 ml Äthanol verdünnen und unter Rühren 60 ml 0,5 n äthanolische Kalilauge zugeben.

Indikator-Lösung: 0,4 g Bromphenolblau mit 12 ml 0,05 n Natronlauge verreiben und mit dest. Wasser auf 100 ml auffüllen.

---

(4) *Stillmann, R. C.,* und R. M. *Ried,* Z. analyt. Chem. Bd. 97, (1934) S. 50; DGF-Einheitsmethoden 1950–1961, Vorschrift C–V 18 (53), Wiss. Verlagsgesellschaft m.b.H., Stuttgart (hier aber andere Definition: COZ = mg CO/1 g Substanz).

Tafel 12. Kennzahlen von Kunststoffen

	Verseifungszahl		Hydroxyl-zahl	Säure-zahl	Rohdichte bei 20°C	Brechungs-zahl n_D^{20}	Bemerkungen *
	prakt.	theor.					
Alkydharze siehe Polyester, vernetzt							
Allyl-Polymere							
Allyl-Gießharze					1,30–1,45	1,50–1,58	
Polydiallylglykolcarbonat	200	974			1,31–1,32	1,50–1,51	
Polydiallylphthalat		456			1,120	1,519	Et 140°C
Triallylcyanurat		675					
Aminoplaste							
Anilinharze	< 20	0		0	1,21–1,25		Et >110°C
Casein-Formaldehyd-Harze	< 20	0			1,30–1,35	1,55	
Dicyandiamid-Formaldehyd-Harze		0			1,5		
Harnstoff-Formaldehyd-Harze	< 20	0	0	0	1,47–1,52	1,54–1,60	
Melamin-Formaldehyd-Harze	< 20	0	0	0	1,5	1,58–1,60	
Preßstoffe							
Harnstoff/Formald. + Cellulose	< 20				1,47–1,52		
,, + Holzmehl	< 20				1,45–1,50		
Melamin/Formald. + Asbest	< 20				1,7–2,0		
,, + Asbest/Holzmehl	< 20				1,7		
,, + Cellulose	< 20				1,43–1,52		
,, + Gesteinsmehl	< 20				1,7–2,0		
,, + Glasfaser	< 20				1,8–2,0		
,, + Holzmehl	< 20				1,5		
,, + Textilfaser	< 20				1,35–1,5		
Melamin-Phenol/Formald. + Cellulose	< 20				1,4–1,5		
Thioharnstoff-Formaldehyd-Harze	< 20		0	0		1,66	
Butylkautschuk	< 20				0,90	1,51	JZ<5
Celluloid	> 200				1,35–1,40	1,49–1,51	

* *Abkürzungen:* Es bedeuten Et Erweichungstemperatur, JZ Jodzahl, Sb Schmelzbereich und theor. eine theoretische Berechnung.

Cellulose							
Regenerat	< 20	0	200–300 [1] 1038 theor.	0	1,40–1,50	1,52–1,55	180–190°C Zers.
Vulkanfiber					1,2–1,45		
Celluloseäther							
Methylcellulose	< 20	0	120	< 3	1,362	1,50	
0,5 freies OH / C_6-Grundmolekül			142 theor.				
1,0 freies OH / ,,			295 theor.				
Äthylcellulose	< 20	0	65–250	< 10	1,09–1,2	1,47–1,48	Sb 170–180°C 220–270°C Zers.
0,5 freies OH / C_6-Grundmolekül			121 theor.				
1,0 freies OH / ,,			257 theor.				
Benzylcellulose	< 20	0	100	< 3	1,2	1,57–1,58	Sb 150–180°C 200–260°C Zers.
0,5 freies OH / C_6-Grundmolekül			72 theor.				
1,0 freies OH / ,,			130 theor.				
Celluloseester							
Celluloseacetat (Acetylcellulose)	> 200			0	1,25–1,35	1,46–1,54	Et 125–175°C
1 CH_3CO / C_6-Grundmolekül		275	549 theor.				
2 ,, ,,		456	238 theor.				
2,5 ,, ,,		525	105 theor.		1,29–1,32	1,48	Sb 240–260°C
3 ,, ,,		584	0 theor.		1,27–1,29	1,47–1,48	Sb ca. 310°C
Celluloseacetobutyrat	> 200			0	1,15–1,25	1,46–1,50	Et 125–175°C
0,5 freies OH / C_6-Grundmolekül							
nur CH_3CO, kein C_3H_7CO		525	105 theor.				
2 ,, auf 1 ,,		483	105 theor.				
1 ,, auf 2 ,,		447	105 theor.				
kein ,, , nur ,,		416	105 theor.				
kein freies OH / C_6-Grundmolekül (Triester)							
nur CH_3CO, kein C_3H_7CO		584	0 theor.				
2 ,, auf 1 ,,		532	0 theor.				
1 ,, auf 2 ,,		489	0 theor.				
kein ,, , nur ,,		452	0 theor.				

[1]) alkalilösliche Cellulose

	Verseifungszahl prakt.	Verseifungszahl theor.	Hydroxylzahl	Säurezahl	Rohdichte bei 20°C	Brechungszahl n_D^{20}	Bemerkungen *
Celluloseacetopropionat	> 200			2	1,29	1,47	
Cellulosetriacetat	> 200	584	0 theor.		1,27–1,29	1,47–1,48	Sb ca. 310°C
Cellulosetributyrat	> 200	452	0 theor.				
Cellulosetripropionat	> 200	509	0 theor.		1,18–1,24	1,46–1,49	Sb 240°C
Cellulosenitrat (Nitrocellulose)	> 200		20–250	0	1,58–1,66	1,50–1,51	130–135°C Zers.
1,75 NO_2/C_6-Grundmolekül		408	291 theor.				
2,0 ,, ,,		445	222 theor.				
2,25 ,, ,,		479	160 theor.				
2,5 ,, ,,		511	102 theor.				
2,75 ,, ,,		540	49 theor.				
3,0 ,, ,,		566	0 theor.				
Chlorhaltige Polymere							
Chlorkautschuk	< 20				1,59–1,69	1,56–1,59	120°C Zers.
Kautschukhydrochlorid					1,12–1,15	1,53–1,55	
Polyäthylen, chloriert	> 100						
,, sulfochloriert					1,18		
Polychlorbutadien		634			1,25	1,55	
Polytrifluormonochloräthylen	< 20				2,1–2,2	1,43	Sb 200–220°C
Polyvinylchlorid	< 20 (Pulver <100)	898	0	0	1,38–1,41	1,52–1,56	Sb ca. 215°C Et 75–90°C
,, , nachchloriert	< 20	–			1,44–1,47		Sb 200–210°C
Polyvinylidenchlorid	> 200 (Pulver)	1158			1,86–1,88	1,60–1,63	Sb 190–200°C Et 116–140°C
Copolymerisate							
Acrylnitril/Butadien	< 20				0,98–1,00	1,52	
Acrylnitril/Butadien/Styrol	< 20				1,01–1,15		
Styrol/Butadien	< 20	0	0	0	0,94–1,08	1,53	
Styrol/Acrylnitril	< 20				1,07–1,10	1,57	
Styrol/Acrylnitril/Carbazol	< 20	0			1,09		
Vinylacetat/Fumarat oder Maleinat	> 200			4–5			

Vinylchlorid / Vinylacetat	< 100 (Pulver >200)		0	0	1,30–1,59	1,47–1,56	
100 %		898(0) [1]	0	0	1,38–1,41	1,52–1,56	
97 % 3 %		891(20) [1]					
90 % 10 %		873(65) [1]			1.34–1,36	1,52–1,53	Sb ca. 130°C Et 80–85°C
87 % 13 %		866(85) [1]					
82 % 18 %		853(117) [1]					
60 % 40 %		801(262) [1]					
100 %		652(652) [1]			1,17–1,19	1,47–1,49	
Vinylidenchlorid / Vinylchlorid			0	0	1,20–1,68		
100 %		1158			1,86–1,88	1,60–1,63	
90 % 10 %		1132			1,66–1,68	1,60–1,62	Sb 160–170°C
100 %		898			1,38–1,41	1,52–1,56	
Cumaron- und Cumaron-Inden-Harze	< 20		0	< 5	1,10	1,6–1,66	
Cyclohexanon-Formaldehyd-Harze	< 20					1,54	
Epoxydharze							
Gießharze	< 20				1,1–2,4	1,57–1,61	
Preßstoffe							
Epoxydharze + Gesteinsmehl	< 20				1,6–2,0		
„ + Glasgewebe	< 20				1,8–2,0		
„ + Zellstoff	< 20				1,3		
Fluorhaltige Polymere							
Polytetrafluoräthylen	0	0			2,1–2,3	1,35–1,38	Sb 325–330°C
Polytrifluormonochloräthylen	< 20				2,1–2,2	1,43	Sb 200–220°C
Polyvinylfluorid		0					Sb über 200°C
Polyvinylidenfluorid		0			1,76–1,77	1,42	
Furanharze (s. a. Phenol-Furfurol-Harze)	< 20						
Maleinsäureester	> 200	–	0	0			
Dimethylester		778			1,15		
Diäthylester		652			1,07		
Dibutylester		491			1,00		
Dihexylester		394					
Dioctylester		329					
(s. a. Polyester, ungesättigt)							

[1]) Vinylacetat-Anteil in Klammern

	Verseifungszahl prakt.	Verseifungszahl theor.	Hydroxyl-zahl	Säure-zahl	Rohdichte bei 20°C	Brechungs-zahl n_D^{20}	Bemerkungen *
Naturkautschuk	< 20				0,93	1,52	JZ 345–375
Phenoplaste							
Phenol-Formaldehyd-Harze	< 20		125–450	< 20	1,26–1,27	1,5–1,7	
Phenol-Formaldehyd-Harz, modifiziert	20–200						
Phenol-Furfurol-Harz, modifiziert	20–200						
Preßstoffe							
Phenol/Formald. + Asbest	< 20				1,45–2,0		
,, + Gesteinsmehl	< 20				1,7–2,0		
,, + Glasfaser	< 20				1,4–1,95		
,, + Glimmer	< 20				1,9		
,, + Holzmehl	< 20				1,32–1,45		
,, + Polyamidfaser	< 20				1,15–1,19		
,, + Textilfaser od. -gewebe	< 20				1,3–1,55		
,, + Zellstoff	< 20				1,3–1,5		
Phenol-Furfurol-Harz + Holzmehl	< 20				1,3–1,4		
Polyacrylsäure-Derivate							
Polyacrylnitril	< 20	0			1,16–1,19	1,50–1,52	Et 130–150°C über 230°C Zers.
Polyacrylsäure	> 500	779				1,527	
Polyacrylsäureester	> 200			< 10			
Methylester	300–660	652			1,22–1,23	1,47–1,49	Et +25°C
Äthylester		561			1,13–1,14	1,47–1,48	Et –5°C
Butylester		438			1,09	1,46–1,47	Et –35°C
Polymethacrylsäureester							
Methylester	< 20		0	4	1,17–1,20	1,485–1,50	Et 120°C
Äthylester					1,11	1,48–1,49	Et 65°C
Butylester	< 100				1,05	1,48–1,49	Et 33°C
Polyamide							
6-Polyamid	< 20				1,12–1,16	1,535	Sb 215–220°C
11-Polyamid	< 20				1,04–1,1		Sb 184–186°C
6,6-Polyamid	< 20				1,09–1,14	1,53	Sb 250–260°C
6,10-Polyamid	< 20				1,07–1,09	1,53	Sb 210–215°C
12-Polyamid	< 20				1,01–1,02		Sb 175–180°C

Copolymerisate aus							
60% 6,6– + 40% 6-Polyamid					1,12		Sb 180–185°C
33% 6,6– + 6-Polyamid + 67% adipinsaures							
p,p'-Diamino-bicyclohexylmethan							Sb 175–185°C
Polybutadien	< 20	0				1,52	JZ 385–440 (theor. 469)
Polycarbonate (Bisphenol A-Typ)	> 200	441			1,20	1,58–1,59	Sb 220–230°C
Polyester, nicht vernetzt techn.	> 200		0–350	0–200	1,1–1,4	1,50–1,58	
Adipinsäure-äthylenglykolester		652					Sb 50–54°C
Adipinsäure-diäthylenglykolester		519					
Adipinsäure-propylenglykolester		603					
Adipinsäure-glycerinester		654					
Bernsteinsäure-äthylenglykolester		778					
Phthalsäure-äthylenglykolester		584				1,56–1,57	Et 60°C
Phthalsäure-diäthylenglykolester		475					
Phthalsäure-propylenglykolester		544					
Phthalsäure-glycerinester		586				1,575	Sb 70°C
Sebacinsäure-äthylenglykolester		491					Sb 79°C
Sebacinsäure-glycerinester		493					
Terephthalsäure-äthylenglykolester (Polyäthylenterephthalat)		584			1,38–1,41	1,51–1,65	Sb 250–260°C
Polyester, ungesättigt techn.	> 200			< 50	1,1–1,2	1,53–1,6	
Fumarsäure-äthylenglykolester	> 500	789				1,514	
Maleinsäure-äthylenglykolester	> 200	789				1,484	
Maleinsäure-propylenglykolester		718					
Maleinsäure-butylenglykolester		659					
Maleinsäure-hexandiolester		566					
Maleinsäure-diäthylenglykolester		603					
Maleinsäure-glycerinester		794					
Polyester, vernetzt							
Alkydharze, rein	150–375		20–100	20–50	1,32	1,57	
„ ölmodifiziert	140–225		10–70	20–100			
„ phenol- und ölmodifiziert	150–250			10–30		1,54	
„ + Diallylphthalat	> 200				1,3–1,4	1,54–1,58	
„ + Styrol	> 200				1,20–1,25	1,54–1,58	
„ + Triallylcyanurat	> 200				1,33–1,35	1,55	

	Verseifungszahl prakt.	theor.	Hydroxyl-zahl	Säure-zahl	Rohdichte bei 20°C	Brechungs-zahl n_D^{20}	Bemerkungen*
Allyl-Gießharze					1,30–1,45	1,50–1,58	
Polyallyldiglykolcarbonat	> 200				1,31–1,32	1,50–1,51	
Polydiallylbenzolphosphonat					1,27	1,57	
Preßstoffe							
Polyester + Asbest	> 100				1,65–1,70		
„ + Cellulose	> 100				1,4		
„ + Glasfaser oder -gewebe	> 100				1,4–2,3		
„ + Polyacrylnitril	> 100				1,31–1,34		
„ + Tonerde	> 100				2,15–2,20		
Polyinden	< 20	0	0	7	1,10	1,6–1,66	
Polyisopren	< 20	0				1,522	JZ 373 (theor.)
Polyolefine							
Polyäthylen	< 20	0			0,89–0,98	1,51–1,54	Sb 105–120°C (Hochdruck-PE) 125–135°C (Niederdruck-PE)
Polypropylen	< 20	0			0,89–0,91	1,49	Sb 165–170°C
Polyisobutylen	< 20	0	0	5	0,91–0,93	1,505–1,51	Et –50°C JZ unter 1
Polyoxyalkene (Polyalkenoxyde)							
Polyoxymethylen (Polyformaldehyd)	> 100				1,425		Sb 180–185°C
Polyoxyäthylen (Polyäthylenglykol)	< 20	0	40–215	< 3	1,13–1,20	1,46–1,54	
Polystyrole							
Polystyrol	< 20	0	0	< 5	1,04–1,07	1,57–1,60	Et 70–115°C
Polymethylstyrol	< 20	0			1,01–1,03	1,58	
Polysulfide (Thiokol)	> 200				1,35	1,60–1,70	
Polyurethane							
lineares Polyurethan (aus Hexamethylendiisocyanat + Butandiol)					1,17–1,22		Sb 150–185°C
vernetztes Polyurethan	> 500				1,20–1,26		

Polyvinylacetale	10–200	–	65–250	< 5			
Polyvinylformal					1,2–1,4	1,49–1,50	Sb 210–220°C
Polyvinylacetal					1,1–1,25	1,45–1,46	Sb 175°C
							Et 90–100°C
Polyvinylbutyral					1,1–1,2	1,48–1,49	Et 50–60°C
Polyvinylacetate	100–650	652	0	< 10	1,17–1,19	1,47–1,49	Et 35–86°C
hoher Acetat-Gehalt	325–540				1,17–1,26	1,47–1,51	
mittlerer „ „	120–325				1,28–1,31	1,51–1,55	
niederer „ „	ca. 120		1080–1270		1,31–1,33	1,545–1,555	
Polyvinyläther							
Polyvinylmethyläther	< 20				1,05	1,467	Sb 144°C
Polyvinyläthyläther	< 20				0,97	1,42–1,45	
Polyvinylisobutyläther	< 20				0,93	1,452	Et 0°C
Polyvinylalkohol	< 20	0	1000–1270	< 10	1,21–1,32	1,49–1,53	Sb 218–240°C
Polyvinylcarbazol	< 20	0			1,19–1,20	1,67–1,70	Et 180–210°C
Polyvinylchloracetat					1,41–1,42	1,51–1,52	
Polyvinylpropionat	> 200				1,13		
Polyvinylpyrrolidon	< 20	0				1,53–1,59	Et ca. 150°C
Preßstoffe siehe Aminoplaste							
Epoxydharze							
Phenoplaste							
Polyester							
Siliciumhaltige Polymere							
Schaumstoffe							
Butadien / Acrylnitril-Copolymerisate					0,16–0,40		flexibel
Butadien / Styrol-Copolymerisate					0,07		flexibel
Celluloseacetat					0,06–0,13		hart
Epoxydharz					0,08–0,60		hart
Harnstoff-Formaldehyd-Harz					0,01–0,02		hart
Naturkautschuk					0,05–0,32		flexibel
Phenolharz					0,03–0,35		hart
Polyäthylen					0,47		flexibel
Polychlorbutadien					0,16–0,48		flexibel

	Verseifungszahl		Hydroxyl-zahl	Säure-zahl	Rohdichte bei 20°C	Brechungs-zahl n_D^{20}	Bemerkungen *
	prakt.	theor.					
Schaumstoffe							
Polystyrol					0,02—0,16		hart
Polyurethane					0,01—0,40		hart oder flexibel
Polyvinylchlorid					über 0,05		flexibel
Silikonharz					0,19—0,26		hart
Siliciumhaltige Polymere							
Silikonharze	< 20	0			1,25—1,9		
Preßstoffe							
Silikonharz + Asbest	< 20				1,6—1,9		
„ + Gesteinsmehl	< 20				1,8—2,8		
„ + Glasfaser oder -gewebe	< 20				1,6—2,0		
Sulfonamidharze						1,56—1,60	
Vulkanfiber siehe Cellulose							

2. Nachweis und Bestimmung charakteristischer Elemente

2.1. Qualitative Nachweise

2.1.1. Kohlenstoff

Brennprobe genügt im allgemeinen. Im Zweifelsfall führe man eine der folgenden Proben durch:

Nach Rosenthaler (5)
Ca. 50 mg des zu untersuchenden Materials mit 200 mg Kaliumbichromat und 10 Tropfen sirupöser Phosphorsäure in kleinem Reagenzglas auf 150–250°C erhitzen. Entstehendes Kohlendioxyd in zweites Reagenzglas einleiten, das Bariumhydroxid-Lösung (Barytwasser) enthält. Weißer Bariumcarbonat-Niederschlag zeigt Kohlenstoff an.

Nach Sozzi und Niederl (6)
2–5 mg der Probe vorsichtig mit gleicher Menge Natrium und gleicher Menge trockenem Ammoniumsulfat versetzen, langsam bis zur Rotglut erhitzen, abkühlen, in 0,3 ml Wasser lösen, mit 2 mg Eisen(II)-sulfat aufkochen und dann abkühlen. Klare Lösung mit 2 mg Eisen(III)-sulfat versetzen und mit 10%iger Salzsäure ansäuern. Blaufärbung zeigt in diesem Falle Kohlenstoff an. Gelb- oder Braungrün-Färbung gilt als negativ. (Reaktion am besten auf Tüpfelplatte ausführen.)

2.1.2. Wasserstoff (7)

Kleine Probe mit wenigen Centigramm Schwefel im Glühröhrchen auf 220–250° C erhitzen. Öffnung des Röhrchens mit Bleiacetat-Papier bedecken. Ein brauner Fleck von Bleisulfid auf dem Papier innerhalb von 2 min. gilt als Nachweis für Wasserstoff. Nachweisgrenze: 0,05–0,5 μg.

2.1.3. Sauerstoff (8)

1 Tropfen einer gesättigten Lösung des zu untersuchenden Stoffes in Chloroform im Glühröhrchen mit dünnem Glasstab rühren, an dessen Spitze etwas festes Eisenrhodanid haftet. (Stab in ätherische Lösung des Reagens (s.u.) tauchen und an der Luft trocknen.) Hell- bis Dunkelrotfärbung des untersuchten Tropfens zeigt eine sauerstoffhaltige Substanz an. – Nachweis kann versagen.

---

(5) *Rosenthaler, L.*, Z. analyt. Chem. Bd. 109 (1937) S. 31.
(6) *Sozzi, J. A.* und *J. B. Niederl*, Mikrochim. Acta 1956, S. 1512.
(7) *Feigl, F.* und *E. Jungreis*, Mikrochim. Acta 1958, S. 812.
(8) *Feigl, F.* Tüpfelanalyse, Bd. 11 Org. Teil, 4. deutsche Aufl. 1960, S. 105, Akad. Verlagsges., Frankfurt/M.

Nachweisgrenze: 5—10 mg.

Reagens: 5 g Kaliumrhodanid und 4 g Eisen(III)-chlorid-Hexahydrat in je 20 ml Wasser lösen, beide Lösungen vereinigen und ausäthern. Ätherische Lösung verwenden. Im Dunkeln einige Wochen haltbar.

2.1.4. Stickstoff

Aufschluß: Ca. 10 mg der Probe im Glührohr mit doppelter Menge frisch geschnittenem Natrium bis zum Schmelzen des Natriums erhitzen (Vorsicht!). Dazu nochmals wenig der zu untersuchenden Probe geben und auf Rotglut erhitzen. Vorsichtig in kleines Becherglas mit ca. 20 ml Wasser geben, Glühröhrchen zerstören, Lösung kurz aufkochen und abfiltrieren.
Nachweis: 1—2 ml des Filtrats mit je 2 Tropfen verdünnter Natronlauge und Eisen(II)-sulfat-Lösung versetzen, 1 min. kochen, abkühlen und mit 1 Tropfen Eisen(III)-chlorid-Lösung versetzen. Salzsäure zugeben, bis Eisenhydroxyd gerade gelöst ist. Fällung von Berliner Blau (bei sehr wenig Stickstoff zunächst Grünblaufärbung) zeigt Stickstoff an. Prüfung versagt zuweilen bei Nitrogruppen und N-Heterocyclen.

2.1.5. Schwefel

Aufschluß der Substanz wie für Stickstoff angegeben.
1—2 ml des Filtrats mit Essigsäure ansäuern und mit wenigen Tropfen einer wäßrigen Bleiacetatlösung versetzen. Schwarzer Niederschlag von Bleisulfid zeigt Schwefel an.

2.1.6. Halogene

Nach Aufschluß mit Natrium
Aufschluß der Substanz wie für Stickstoff angegeben.
1—2 ml des Filtrats mit verdünnter Salpetersäure ansäuern, unter Abzug aufkochen (H_2S, HCN), wenige Tropfen Silbernitratlösung zufügen. Weißer, später gräulichblau werdender Niederschlag zeigt Chlor an, ein gelblicher Niederschlag Brom und ein gelber Niederschlag Jod. Trennung ggf. nach Zugabe weniger Tropfen Chloroform zur salpetersauren Ausgangslösung durch Ausschütteln und tropfenweises Versetzen mit Chlorwasser.

Brom-Nachweis als Eosin (9)
1 ml des Aufschluß-Filtrats mit 1 ml Eisessig und einer Spatelspitze Bleidioxyd versetzen. Reagenzglas mit Filterpapier bedecken, das mit einer 1 %igen äthanolischen Fluoresceinlösung getränkt wurde. Rosafärbung des gelben Fluoresceins zeigt Brom, Braunfärbung Jod an. Chlorid und Cyanid stören nicht.

---

(9) *Brauer, G. M.* und *E. Horowitz* in: High Polymers Vol. XII: Analytical Chemistry of Polymers, Edited by *G. M. Kline*, Port III: Identification Procedures and Chemical Analysis, S. 61. Interscience Publ., New York 1962.

Fluor-Nachweis (9)
1–2 ml des Filtrats mit Essigsäure ansäuern, kochen, abkühlen und 1–2 Tropfen davon auf ein Filterpapier geben, das mit einer Lösung von 3 ml einer 1 %igen äthanolischen Alizarinlösung und 2 ml einer 0,4 %igen Zirkoniumchlorid- oder -nitrat-Lösung getränkt, getrocknet und vor dem Test mit 1 Tropfen 50 %iger Essigsäure angefeuchtet wurde.
Gelbfärbung des roten Papiers zeigt Fluor an.

Beilsteinprobe (10)
Einen Kupferdraht in nicht leuchtender Flamme des Brenners so lange ausglühen, bis die Flamme farblos erscheint. Nach dem Erkalten eine winzige Menge der zu prüfenden Substanz daraufbringen und im äußeren Teil der Flamme erhitzen. Kohlenstoff verbrennt zunächst mit leuchtender Flamme. Eine anschließende grüne bis blaugrüne Färbung der Flamme, die durch verdampfendes Kupferhalogenid verursacht wird, zeigt Halogen (Cl, Br, J) an.

Nachweis von Fluor (Benetzungsprobe)
Bis ca. 0,5 g der Probe im Reagenzglas pyrolysieren und mit wenigen ml konz. Schwefelsäure versetzen. Typische Unbenetzbarkeit der Reagenzglaswand zeigt Fluor an.
Parallelprobe mit bekanntem fluorhaltigen Material ist als Vergleich empfehlenswert.

2.1.7. Phosphor (9)

1 g der Probe mit 3 ml konz. Salpetersäure und wenigen Tropfen konz. Schwefelsäure durch Kochen zersetzen, abkühlen, mit Wasser verdünnen und einige Tropfen Molybdatlösung (s. u.) zugeben. 1 min. erhitzen. Gelber Niederschlag zeigt Phosphor an.

Molybdatlösung: 30 g Ammoniummolybdat in heißem Wasser lösen, abkühlen, auf 100 ml auffüllen und mit einer Lösung von 10 g Ammoniumsulfat in 100 ml ca. 55 %iger Salpetersäure in dünnem Strahl vermischen. 1 Tag stehen lassen, abfritten und gut verschlossen im Dunkeln aufbewahren.

2.1.8. Silicium (11)

Probe in Platinschale langsam auf 500° C erhitzen, abkühlen und die Asche 30 min. mit 20 %iger wäßriger Sodalösung kochen. Nach Abkühlen mit Wasser verdünnen und filtrieren. Mit Salzsäure neutralisieren und ganz schwach ansäuern.
Einige Tropfen dieser Lösung im Glühröhrchen mit 1 Tropfen Molybdat-Reagenz (5 g Ammoniummolybdat in 100 ml kaltem Wasser, eingegossen in 35 ml Salpetersäure 1 : 1) versetzen und bis wenig unter den Siedepunkt erhitzen. Nach Abkühlung 1 Tropfen Benzidinlösung (50 mg Benzidin in 10 ml 50 %iger Essigsäure gelöst, auf 100 ml mit Wasser aufgefüllt) und dann 1 Tropfen einer gesättigten Natriumacetatlösung zugeben. Blaufärbung zeigt Kieselsäure an. – Blindprobe empfehlenswert.
Nachweisgrenze: 0,1 μg SiO_2.

---

(10) *Gattermann, L., H. Wieland:* Die Praxis des organischen Chemikers, 40. Aufl., S. 43, Walter de Gruyter, Berlin 1961.
(11) *Feigl, F.* und *P. Krumholz*, Mikrochemie (Pregl Festschrift) 1929, 82.

2.1.9. Bor (12)

Organische Substanz in Platintiegel mit Soda und Salpeter oder in einem Quarzröhrchen (kein Glas!) mit Natrium aufschließen. 0,5 ml des wäßrigen Auszuges im Quarzröhrchen mit 5 ml konz. Schwefelsäure und 5 ml Dianthrimidlösung (s. u.) versetzen und bis zu 3 Std. im Trockenschrank auf 90° C erwärmen. Grüne Farbe des Reagens geht nach Blau über und wird bereits bei Mengen von einigen μg Bor nach 3 Stdn. tiefblau.

Dianthrimidlösung: Lösung von 0,1 g 1,1'-Dianthrimid (Di-(anthrachinonyl-(1))-amin) in 25 ml konz. Schwefelsäure (im Eisschrank monatelang haltbar).
Aus dieser Lösung für den Gebrauch jeweils aliquote Teile mit konz. Schwefelsäure auf 20faches Volumen verdünnen.

2.1.10. Auswertung der qualitativen Analyse

Auf Grund der in einem Kunststoff vorhandenen Elemente lassen sich erste Aussagen über den Kunststofftyp treffen. (Zusatzstoffe wie Füllstoffe, Verarbeitungshilfsstoffe sind vorher z. B. durch Extraktion abzutrennen.) Die Möglichkeiten sind – z. T. unter Zuhilfenahme der Verseifungszahl – in Tafel 13 (nach *Kupfer* (13)) zusammengestellt.

Tafel 13. Leitelemente mit zugehörigen Kunststoffen

Leitelemente	Kunststoffe		
C,H	alipathisch	aromatisch	
	Polyäthylen Polypropylen Polyisobutylen Polybutadien Polyisopren Naturkautschuk Butylkautschuk	Polystyrol Polyinden Polyxylenyle polymere Erdölfraktionen	
C,H,O	Verseifungszahl = 0	Verseifungszahl unter 200	Verseifungszahl über 200
	Regeneratcellulose Polyvinylalkohol Phenoplaste Phenol-Furfurol-Harze Xylol-Formaldehyd-Harze Celluloseäther Polyvinyläther Cumaronharze Polyglykole Polyvinylacetale polymere Aldehyde Polyketone Epoxydharze	Naturharze modifizierte Phenoplaste	Celluloseacetat Cellulosebutyrat Celluloseacetobutyrat Polyvinylacetat und dessen Copolymerisate Polyvinylpropionat Polyacrylsäureester Polymethacrylsäureester Alkydharze Polyester Polycarbonsäureanhydride Polykohlensäureester

(12) Methoden der organischen Chemie *(Houben-Weyl)*, 4. Aufl., Hrsg. *E. Müller*, Georg Thieme Verlag, Stuttgart, 1953, S. 26–27.
(13) *Kupfer, W.*, Z. analyt. Chem. Bd. 192 (1963) S. 219–248.

Leitelemente	Kunststoffe		
Halogen	polymere Halogenolefine	Kautschukderivate	Sonstige
	Polyvinylchlorid PVC-Copolymerisate Polyvinylidenchlorid Poly-2-chlorbutadien Polychlorstyrol Polytetrafluoräthylen Polytrifluorchloräthylen Polyvinylfluorid	Chlorkautschuk Kautschuk-Hydrochlorid Chloriertes Buna	Clophenharze Chlornaphthaline Chlorparaffine
N bzw. N und O	Polyacryl- und Polyvinylverbindungen	Grundkomponente von Formaldehyd-Aminoplasten	Sonstige
	Polyacrylnitril Polyacrylamid Polymethacrylamid Polyvinylidencyanid Polyvinylpyridin Polyvinylpyrrolidon	Harnstoff Äthylenharnstoff Propylenharnstoff Dicyandiamid Melamin Acetylen-diharnstoff Glyoxal-ureide Anilin	Nitrocellulose Polyamide Polyurethane Polyharnstoffe mit Aminen gehärtete Phenoplaste und Epoxydharze
S neben O	Syntheseprodukte	modifiz. Naturprodukte	
	Polyäthylenpolysulfid Polydiäthyläther-polysulfide Polythioäther	vulkanisierter Kautschuk geschwefelte Standöle	
Si	Siliconöle und -kautschuke Kieselsäureester		
N und S	Thioharnstoff-Formaldehyd-Harze Sulfonamidharze		
Halogen und S	sulfochloriertes Polyäthylen und dessen Vulkanisate mit schwefelhaltigen Verbindungen vulkanisiertes Polychlorbutadien		
N, S, P	Caseinkondensate		
P, N, und Halogen	Poly-phosphornitrilchlorid		
B	borhaltige Kunststoffe		

2.2. Quantitative Bestimmungen

2.2.1. Kohlenstoff, Wasserstoff und Sauerstoff

C-, H- und O-Bestimmungen werden am besten halbmikroanalytisch oder bei einheitlichen Substanzen mikroanalytisch durchgeführt. Einzelheiten dieser Elementaranalyse sind in Anbetracht ihres Umfanges einschlägigen speziellen Veröffentlichungen zu entnehmen (14).

2.2.2. Stickstoff

Dumas-Methode

Die Substanz wird bei Rotglut in CO_2-Atmosphäre mit Kupferoxyd und Kupfer umgesetzt und das entstehende Stickstoffgas volumetrisch über Kalilauge erfaßt. Einzelheiten des Verfahrens sind der Spezialliteratur (15) zu entnehmen.

Kjeldahl-Methode (16)

0,3—0,4 g der Probe im Kjeldahl-Kolben mit 40 ml konz. Schwefelsäure, 1 g Kupfersulfat ($CuSO_4 \cdot 5\,H_2O$), 0,7 g Quecksilber(II)-oxid, 0,5—0,7 g Quecksilber und 9 g wasserfreiem Natriumsulfat versetzen und langsam erhitzen, schließlich 1 Std. kochen. Nach Überführung in die Destillationsapparatur 40%ige Natronlauge, der 7 g Natriumthiosulfat zugesetzt sind, im Überschuß zugeben und gebildetes Ammoniak mit Wasserdampf in Vorlage von 50 ml 0,2 n Schwefelsäure überdestillieren (ca. 300 ml Destillat). Rücktitrieren mit 0,2 n Natronlauge.

Stickstoff-Gehalt in Gew.-%

$$= 0{,}28 \cdot \frac{\text{ml 0,2 n NaOH Blindprobe} - \text{ml 0,2 n NaOH Probe}}{\text{g Einwaage}}$$

2.2.3. Schwefel

Wurzschmitt-Methode

0,1—0,3 g der Probe in leere, trockene Wurzschmitt-Bombe (17) einwägen, mit 6—8 Tropfen (ca. 160 mg) Äthylenglykol versetzen und mit max. 10—12 g Natriumperoxid überschichten. Nach Verschließen der Bombe mit kleiner Gasflamme im Bombenschutzofen erhitzen. Zündung erfolgt nach 10—30 sec. (Knacken oder leichtes Puffen). 1 min. reagieren lassen und Bombe mit Wasser abkühlen. Bombe öffnen, Deckel abspülen, Bombe mit Inhalt in 400-ml-Becherglas eben mit Wasser bedecken und Reaktionsgemisch lösen. Bombe entfernen und gut abspülen.
Lösung mit dest. Wasser auf ca. 200 ml auffüllen, mit 50 ml konz. Salzsäure versetzen und aufkochen.

---

(14) z.B. *Roth, H.* in: Methoden der organischen Chemie *(Houben-Weyl)*, 4. Aufl., Hrsg. E. Müller, Bd. II: Analytische Methoden, S. 31—41 und S. 47—54.
(15) z.B. wie (14), S. 56—61 und S. 177—190.
(16) *Skoda, W.,* und *J. Schurz,* Z. analyt. Chem. Bd. 162 (1958) S. 259—262.
(17) *Wurzschmitt, B.,* Chem.-Ztg. Bd. 74 (1950) S. 356—360; Mickrochim. Acta Bd. 36 (1951) S. 37, 769.

10 ml 10%ige Bariumchloridlösung langsam zugeben, weitere 10 min. kochen und über Nacht stehen lassen.
Niederschlag mit hartem Filter abfiltrieren, mit Wasser waschen und im Porzellantiegel 20–30 min. bei 800 °C glühen. Auswägen.

$$\text{Schwefel-Gehalt in Gew.-\%} = 13{,}74 \cdot \frac{\text{g Bariumsulfat}}{\text{g Einwaage}}$$

Carius-Methode
Umsetzen der Probe im Bombenrohr mit rauchender Salpetersäure und Natriumchlorid bei 250–300° C.
Entstandenes Sulfat entweder titrimetrisch mit Bariumchlorid (Tetrahydroxychinon als Indikator) oder gravimetrisch als $BaSO_4$ (vgl. vorausgehenden Abschnitt) bestimmen.

2.2.4. Chlor

Wurzschmitt-Aufschluß und Titration nach Volhard (18)
Aufschluß wie bei Schwefel angegeben in Wurzschmitt-Bombe. Lösung des Reaktionsgemisches mit konz. Salpetersäure schwach ansäuern, 50,0 ml 0,1 n Silbernitratlösung langsam zugeben und zum Sieden erhitzen.
Nach Abkühlen durch Glasfiltertiegel 1 G 4 abfritten, Rückstand mit schwach salpetersaurem Wasser nachwaschen und den Silberüberschuß in der Lösung nach Versetzen mit 5 ml einer kalt gesättigten, schwach salpetersauren Ferriammonsulfat-Lösung mit 0,1 n Ammonrhodanid-Lösung zurücktitrieren. Schwache Rosafärbung als Endpunkt.

$$\text{Chlor-Gehalt in Gew.-\%} = 0{,}3546 \cdot \frac{\text{ml 0,1 n } AgNO_3 - \text{ml 0,1 n } NH_4SCN}{\text{g Einwaage}}$$

Schöniger-Methode für feste Produkte (18)
25–35 mg der Probe (je nach Cl-Gehalt, ggf. bei sehr kleinen Gehalten entsprechend größere Einwaage) auf aschefreiem Filterpapier einwägen, darin einwickeln, in Platinnetz einer Schönigerapparatur (19) einklemmen und brennend in einen mit 25 ml Wasser beschickten und ausschließlich Sauerstoff enthaltenden 500-ml-Erlenmeyer-Kolben bringen und rasch verschließen.
Während der Verbrennung Kolben derart halten, daß die 25 ml Wasser den Stopfen bedecken und damit abdichten. Anschließend Kolben wieder wenden und 15–30 min. stehen lassen.
Lösung quantitativ in 100 ml-Becherglas überführen, mit 1 g Natriumnitrat und 2,5 ml 2 n Salpetersäure versetzen und 5 min. kochen. Nach Abkühlen Chlor-Gehalt elektrometrisch mit 0,1 n Silbernitratlösung bestimmen.
Blindprobe ist erforderlich.

$$\text{Chlor-Gehalt in Gew.-\%} = 0{,}3546 \cdot \frac{\text{ml 0,1 n } AgNO_3 \text{ Probe} - \text{ml 0,1 n } AgNO_3 \text{ Blindprobe}}{\text{g Einwaage}}$$

Weitere Methoden: vgl. (18)

(18) DIN 53 474. Prüfung von Kunststoffen. Bestimmung des Chlorgehaltes.
(19) *Schöniger, W.,* Mikrochim. Acta 1955, S. 123.

2.2.5. Fluor (20)

0,15 g der zu untersuchenden Probe mit dreifacher Menge metallischen Natriums in verschraubtem Nickeltiegel vorsichtig erhitzen, dann 90 min. mit starker Flamme behandeln.
Abkühlen, Schmelze zunächst mit 10 ml absolutem Äthanol versetzen, dann mit heißem Wasser herauslösen und in 100-ml-Meßkolben überspülen. Dreimal mit je 15 ml Wasser Tiegel nachträglich auskochen. Meßkolben bis zur Marke auffüllen.
20,00 ml dieser Lösung über Kationenaustauscher geben, mit insgesamt 100 ml Wasser waschen und Eluat mit 0,1 n Kalilauge gegen Tashiro-Indikator (s. u.) titrieren.

$$\text{Fluor-Gehalt in Gew.-\%} = 0{,}95 \cdot \frac{\text{ml } 0{,}1 \text{ n KOH} - \text{ml } 0{,}1 \text{ n } AgNO_3}{\text{g Einwaage}}$$

Bei Gegenwart von Chlor anschließend schwach salpetersauer einstellen und Chlorid nach Volhard mit 0,1 n Silbernitrat argentometrisch bestimmen.

$$\text{Chlor-Gehalt in Gew.-\%} = 1{,}773 \cdot \frac{\text{ml } 0{,}1 \text{ n } AgNO_3}{\text{g Einwaage}}$$

Tashiro-Indikator: 125 mg Methylrot und 85 mg Methylenblau in 100 ml Methanol. Zur Titration genügen etwa 5 Tropfen.

2.2.6. Phosphor (21)

Probe mit Natriumperoxid in *Wurzschmitt-Bombe* aufschließen (vgl. Abschnitt Schwefel).
In Wasser gelöstes Reaktionsprodukt mit Wasser auf 200 ml auffüllen, mit 30 ml konz. Salpetersäure und anschließend bei Raumtemperatur mit 100 ml Ammoniummolybdatlösung (s. u.) versetzen. Mindestens 4 Stdn. stehen lassen. Niederschlag durch Glasfiltertiegel 1 G 4 abfritten, 3 – 4mal mit 2 %iger Ammoniumnitratlösung (insgesamt ca. 40 ml) nachspülen. Fritte 1—2mal mit 2 %iger Ammoniumnitratlösung waschen und trocken saugen.
Anschließend Filtertiegel einmal voll und zweimal halbvoll mit Dioxan füllen, Niederschlag aufrühren und erst langsam, dann scharf absaugen.
Genau 90 min. im Frischlufttrockenschrank bei 45° C trocknen, im Exsikkator über Silikagel abkühlen lassen und auswägen. Manchmal, z. B. in Gegenwart größerer Mengen Chlorid, treten bei der Fällung Verzögerungen auf. Abhilfe durch leichtes Erwärmen und Kratzen mit einem Glasstab an der Becherglaswandung.

$$\text{Phosphor-Gehalt in Gew.-\%} = 1{,}507 \cdot \frac{\text{g Molybdat-Niederschlag}}{\text{g Einwaage}}$$

Ammoniummolybdatlösung: 300 g Ammoniummolybdat in 800 ml verdünntem Ammoniak (aus 660 ml Wasser und 140 ml 25 %igem Ammoniak) unter Erwärmen und Rühren lösen. Vereinigen mit einer Lösung von 600 g Ammoniumnitrat in 600 ml Wasser. Anschließend mit Wasser auf 2 000 ml auffüllen und durch Tropftrichter in dünnem Strahl in halbkonzentrierte Salpetersäure (1143 ml Wasser + 853 ml konz. Salpetersäure) unter Rühren einfließen lassen. Über Nacht absetzen lassen und ggf. filtrieren.

---

(20) *Schröder, E.* und *U. Waurick,* Plaste und Kautschuk Bd. 7 (1960) S. 9—11.
(21) nach *Wiele, H.,* Z. analyt. Chem. Bd. 144 (1955) S. 407—412.

2.2.7. Silicium (22)

2—3 g Natriumperoxid mit 0,05—0,1 g Zucker in *Parr*-Bombe vermischen, Probe (entsprechend 15—40 mg Silicium) in Gelatinekapsel zugeben, Bombe mit Na_2O_2 füllen, verschließen und Boden der Bombe rasch mit kräftiger Flamme auf Rotglut erhitzen.
Heiße Bombe nach der Reaktion mit Wasser abschrecken, öffnen, Deckel mit Wasser waschen und Waschwässer in 400-ml-Monel- oder -Nickel-Becher sammeln. Auf 100—125 ml mit Wasser auffüllen, Bombe einlegen und Kuchen lösen. Bombe erst mit Wasser, dann mit konz. Salzsäure abspülen. Becherinhalt mit Wasser auf 250—275 ml auffüllen, mit konz. Salzsäure ansäuern, bis sich gerade das Nickelhydroxid löst. In 500-ml-Meßkolben überführen und zur Marke auffüllen. (Bei Paralleloperationen soll stets gleiche Menge HCl angewandt werden.)
50 ml dieser Lösung als aliquoten Teil in 250-ml-Kolben pipettieren, 15 ml 18%ige Salzsäure und 50 ml Wasser zugeben und mischen.
15 ml einer 20%igen Ammoniummolybdatlösung (20 g Molybdat + 80 ml Wasser + 1—2 ml 14%iges Ammoniak) zufügen, Kolben verschließen und 10 min. auf 75° C ± 3 grd erhitzen. Nach Abkühlen 20 ml 18%ige Salzsäure und 25 ml einer 1,5%igen Oxinlösung (14 g 8-Hydroxychinolin in 20 ml Salzsäure (1:1) lösen und mit Wasser auf 1000 ml verdünnen) zusetzen, Kolben verschließen und 10 min. auf 65° C ± 3 grd erhitzen.
Nach Abkühlen Niederschlag abfritten, mit verdünnter Oxinlösung (200 ml 1,5%ige Oxinlösung + 50 ml konz. HCl + 750 ml Wasser) waschen und 1 Std. bei 110 bis 120° C trocknen, anschließend 1 Std. bei 500° C glühen.
Blindwert erforderlich.

$$\text{Si-Gehalt in Gew.-\%} = 15{,}8 \cdot \frac{\text{Auswaage} - \text{Blindwertauswaage}}{\text{Einwaage}}$$

2.2.8. Bor (23)

Optimalbedingungen bei Borgehalten von 0,5—5 μg.
1—5 mg Substanz mit 10—20facher Menge Soda (wasser- und borfrei) im Platintiegel oder flüchtige Substanzen mit gleicher Menge Calciumhydroxid in einem kleinen geschlossenen Quarzröhrchen aufschließen.
Lösen der Schmelze in konz. Schwefelsäure. Aliquoten Teil entnehmen (entsprechend 0,5—5 μg Bor) und in Reagenzglas aus Quarz oder Kunststoff bringen.
Zur Ermittlung der Eichkurve gleichzeitig Vergleichslösungen von 1, 3 und 5 μg Bor in Schwefelsäure ansetzen und alle Ansätze auf 2 ml mit konz. Schwefelsäure auffüllen.
In jedes Gläschen 5 ml Dianthrimidlösung (s. u.) geben, 3 Stdn. im Trockenschrank auf 90° C erwärmen, mit konz. Schwefelsäure auf 10 ml auffüllen und im Photometer die Extinktion der Lösungen gegen eine Blindprobe in 1-cm-Küvetten bei 610 nm messen. Borgehalt aus Eichkurve ablesen.

---

(22) *McHard, J. A., P. C. Servais* und *H. A. Clark*, Anal. Chem. Bd. 20 (1948) S. 325—328.
(23) *Ellis, H., E. G. Zook* und *O. Baudisch*, Anal. Chem. Bd. 21 (1949) S. 1345.

Dianthrimidlösung: 0,1 g 1,1'-Dianthrimid (Di-(anthrachinonyl-(1))-amin) in 25 ml konz. Schwefelsäure lösen. Vor der Analyse erforderliche Mengen von dieser Stammlösung, die sich im Kühlschrank monatelang hält, entnehmen und mit konz. Schwefelsäure auf 20faches Volumen verdünnen.

2.2.9. Auswertung der Elementaranalyse

Aus der quantitativen Zusammensetzung eines reinen Kunststoffes, der also frei von Begleitstoffen jeglicher Art ist, lassen sich oftmals exakte Rückschlüsse auf seinen Aufbau ziehen. In Tafel 14 sind die theoretisch berechneten Zusammensetzungen von Kunststoffen und einigen Vorprodukten zusammengestellt.

Tafel 14. Elementaranalysen von Kunststoffen und Vorprodukten

Kunststofftyp (Vorprodukt)	Summenformel	Mol.-Gew. Monomer	% C	% H	% O	%N	% Cl	% F oder S
Allyl-Verbindungen								
Diallylglykolcarbonat	$C_{10}H_{14}O_6$	230,21	52,17	6,13	41,70	–	–	–
Diallylphthalat	$C_{14}H_{14}O_4$	246,27	68,28	5,73	25,99	–	–	–
Triallylcyanurat	$C_{12}H_{15}O_3N_3$	249,27	57,82	6,07	19,26	16,86	–	–
Cellulose	$(C_6H_{10}O_5)_n$	162,14	44,44	6,22	49,34	–	–	–
Celluloseäther								
Cellulosemethyläther (Methylcellulose)								
1 CH_3O/C_6-Grundmolekül	$(C_7H_{12}O_5)_n$	176,17	47,72	6,86	45,41	–	–	–
2 ,, ,,	$(C_8H_{14}O_5)_n$	190,19	50,52	7,42	42,06	–	–	–
3 ,, ,,	$(C_9H_{16}O_5)_n$	204,22	52,93	7,90	39,17	–	–	–
Celluloseäthyläther (Äthylcellulose)								
1 C_2H_5O/C_6-Grundmolekül	$(C_8H_{14}O_5)_n$	190,19	50,52	7,42	42,06	–	–	–
2 ,, ,,	$(C_{10}H_{18}O_5)_n$	218,24	55,03	8,31	36,66	–	–	–
3 ,, ,,	$(C_{12}H_{22}O_5)_n$	246,30	58,52	9,00	32,48	–	–	–
Cellulosebenzyläther (Benzylcellulose)								
1 C_7H_7O/C_6-Grundmolekül	$(C_{13}H_{16}O_5)_n$	252,27	61,89	6,40	31,72	–	–	–
2 ,, ,,	$(C_{20}H_{22}O_5)_n$	342,38	70,15	6,48	23,37	–	–	–
3 ,, ,,	$(C_{27}H_{28}O_5)_n$	432,49	74,98	6,52	18,50	–	–	–
Celluloseester								
Celluloseacetat (Acetylcellulose)								
1 CH_3CO/C_6-Grundmolekül	$(C_8H_{12}O_6)_n$	204,18	47,06	5,92	47,02	–	–	–
2 ,, ,,	$(C_{10}H_{14}O_7)_n$	246,21	48,78	5,73	45,49	–	–	–
2,5 ,, ,,	$(C_{11}H_{15}O_{7,5})_n$	267,23	49,44	5,66	44,90	–	–	–
3 ,, ,,	$(C_{12}H_{16}O_8)_n$	288,25	50,00	5,59	44,41	–	–	–
Celluloseacetobutyrat								
0,5 freies OH/C_6-Grundmolekül								
nur CH_3CO, kein C_3H_7CO			49,44	5,66	44,90	–	–	–
2 ,, auf 1 ,,			52,35	6,36	41,29	–	–	–
1 ,, auf 2 ,,			54,83	6,96	38,22	–	–	–
kein ,, , nur ,,			56,96	7,47	35,57	–	–	–

Kunststofftyp (Vorprodukt)	Summenformel	Mol.-Gew. Monomer	% C	% H	% O	% N	% Cl	% F oder S
kein freies OH/C_6-Grundmolekül (Triester)								
nur CH_3CO, kein C_3H_7CO			50,00	5,59	44,41	—	—	—
2 ,, auf 1 ,,			53,16	6,37	40,47	—	—	—
1 ,, auf 2 ,,			55,81	7,03	37,17	—	—	—
kein ,, , nur ,,			58,05	7,58	34,37	—	—	—
Celluloseacetopropionat								
0,5 freies OH/C_6-Grundmolekül								
nur CH_3CO, kein C_2H_5CO			49,44	5,66	44,90	—	—	—
2 ,, auf 1 ,,			50,95	6,02	43,02	—	—	—
1 ,, auf 2 ,,			52,35	6,36	41,29	—	—	—
kein ,, , nur ,,			53,64	6,67	39,70	—	—	—
kein freies OH/C_6-Grundmolekül (Triester)								
nur CH_3CO, kein C_2H_5CO			50,00	5,59	44,41	—	—	—
2 ,, auf 1 ,,			51,66	6,01	42,34	—	—	—
1 ,, auf 2 ,,			53,16	6,38	40,47	—	—	—
kein ,, , nur ,,			54,54	6,71	38,75	—	—	—
Cellulosetriacetat	$(C_{12}H_{16}O_8)_n$	288,25	50,00	5,59	44,41	—	—	—
Cellulosetributyrat	$(C_{18}H_{28}O_8)_n$	372,42	58,05	7,58	34,37	—	—	—
Cellulosetripropionat	$(C_{15}H_{22}O_8)_n$	330,31	54,54	6,71	38,75	—	—	—
Cellulosenitrat (Nitrocellulose)								
1,75 NO_2/C_6-Grundmolekül	$(C_6H_{8,25}O_{8,5}N_{1,75})_n$	240,89	29,91	3,45	56,46	10,18	—	—
2,0 ,, ,,	$(C_6H_8O_9N_2)_n$	252,14	28,58	3,20	57,11	11,11	—	—
2,25 ,, ,,	$(C_6H_{7,75}O_{9,5}N_{2,25})_n$	263,39	27,36	2,96	57,71	11,97	—	—
2,5 ,, ,,	$(C_6H_{7,5}O_{10}N_{2,5})_n$	274,64	26,24	2,75	58,26	12,75	—	—
2,75 ,, ,,	$(C_6H_{7,25}O_{10,5}N_{2,75})_n$	285,89	25,21	2,56	58,76	13,47	—	—
3,0 ,, ,,	$(C_6H_7O_{11}N_3)_n$	297,14	24,25	2,38	59,23	14,14	—	—
Chlorhaltige Polymere								
Polychlorbutadien	$(C_4H_5Cl)_n$	88,54	54,26	5,69	—	—	40,05	—
Polytrifluormonochloräthylen	$(C_2F_3Cl)_n$	116,48	20,62	—	—	—	30,44	48,94 F
Polyvinylchlorid	$(C_2H_3Cl)_n$	62,50	38,43	4,84	—	—	56,73	—
Polyvinylidenchlorid	$(C_2H_2Cl_2)_n$	96,95	24,78	2,08	—	—	73,14	—

Copolymerisate								
Acrylnitril/Butadien								
100 %	$(C_3H_3N)_n$	53,06	67,90	5,70	—	26,40	—	—
38 % 62 %			80,87	9,10	—	10,03	—	—
33 % 67 %			81,91	9,37	—	8,71	—	—
28 % 72 %			82,96	9,65	—	7,39	—	—
100 %	$(C_4H_6)_n$	54,09	88,82	11,18	—	—	—	—
Styrol / Butadien								
100 %	$(C_8H_8)_n$	104,15	92,26	7,74	—	—	—	—
80 % 20 %			91,57	8,43	—	—	—	—
50 % 50 %			90,54	9,46	—	—	—	—
20 % 80 %			89,51	10,49	—	—	—	—
100 %	$(C_4H_6)_n$	54,09	88,82	11,18	—	—	—	—
Styrol / Acrylnitril								
100 %	$(C_8H_8)_n$	104,15	92,26	7,74	—	—	—	—
80 % 20 %			87,39	7,33	—	5,28	—	—
60 % 40 %			82,52	6,92	—	10,56	—	—
40 % 60 %			77,64	6,52	—	15,84	—	—
20 % 80 %			72,77	6,11	—	21,12	—	—
100 %	$(C_3H_3N)_n$	53,06	67,90	5,70	—	26,40	—	—
Vinylchlorid/Vinylacetat								
100 %	$(C_2H_3Cl)_n$	62,50	38,43	4,84	—	—	56,73	—
97 % 3 %			38,95	4,91	1,12	—	55,03	—
90 % 10 %			40,17	5,06	3,72	—	51,06	—
87 % 13 %			40.69	5.12	4.83	—	49.36	—
82 % 18 %			41,55	5,24	6,69	—	46,52	—
60 % 40 %			45,38	5,71	14,87	—	34,04	—
100 %	$(C_4H_6O_2)_n$	86,09	55,80	7,03	37,17	—	—	—
Vinylidenchlorid / Vinylchlorid								
100 %	$(C_2H_2Cl_2)_n$	96,95	24,78	2,08	—	—	73,14	—
90 % 10 %			26,14	2,35	—	—	71,50	—
100 %	$(C_2H_3Cl)_n$	62,50	38,43	4,84	—	—	56,73	—
Fluorhaltige Polymere								
Polytetrafluoräthylen	$(C_2F_4)_n$	100,02	24,02	—	—	—	—	75,98 F
Polytrifluormonochloräthylen	$(C_2F_3Cl)_n$	116,48	20,62	—	—	—	30,44	48,94 F
Polyvinylfluorid	$(C_2H_3F)_n$	46,04	52,18	6,57	—	—	—	41,26 F
Polyvinylidenfluorid	$(C_2H_2F_2)_n$	64,04	37,51	3,15	—	—	—	59,34 F

Kunststofftyp (Vorprodukt)	Summenformel	Mol.-Gew. Monomer	% C	% H	%O	%N	% Cl	% F oder S
Maleinsäureester								
Dimethylester	$C_6H_8O_4$	144,12	50,00	5,59	44,41	—	—	—
Diäthylester	$C_8H_{12}O_4$	172,18	55,80	7,03	37,17	—	—	—
Dibutylester	$C_{12}H_{20}O_4$	228,28	63,13	8,83	28,04	—	—	—
Dihexylester	$C_{16}H_{28}O_4$	284,40	67,57	9,93	22,50	—	—	—
Dioctylester	$C_{20}H_{36}O_4$	340,51	70,55	10,66	18,79	—	—	—
Polyacrylsäure-Derivate								
Polyacrylamid	$(C_3H_5ON)_n$	71,08	50,69	7,09	22,51	19,71	—	—
Polyacrylnitril	$(C_3H_3N)_n$	53,06	67,90	5,70	—	26,40	—	—
Polyacrylsäure	$(C_3H_4O_2)_n$	72,06	50,00	5,59	44,40	—	—	—
Polyacrylsäuremethylester	$(C_4H_6O_2)_n$	86,09	55,80	7,03	37,17	—	—	—
Polyacrylsäureäthylester (= Polymethacrylsäuremethylester)	$(C_5H_8O_2)_n$	100,11	59,98	8,06	31,96	—	—	—
Polyacrylsäurepropylester (= Polymethacrylsäureäthylester)	$(C_6H_{10}O_2)_n$	114,14	63,13	8,83	28,04	—	—	—
Polyacrylsäurebutylester (= Polymethacrylsäurepropylester)	$(C_7H_{12}O_2)_n$	128,17	65,59	9,44	24,97	—	—	—
Polymethacrylsäurebutylester	$(C_8H_{14}O_2)_n$	142,19	67,57	9,92	22,51	—	—	—
Polyamide								
6-Polyamid (ε-Caprolactam)	$(C_6H_{11}ON)_n$	113,16	63,68	9,80	14,14	12,38	—	—
7-Polyamid (Önanthlactam)	$(C_7H_{13}ON)_n$	127,19	66,11	10,30	12,58	11,01	—	—
8-Polyamid (Capryllactam)	$(C_8H_{15}ON)_n$	141,22	68,04	10,71	11,33	9,92	—	—
9-Polyamid (9-Aminopelargonsäure)	$(C_9H_{17}ON)_n$	155,24	69,63	11,04	10,31	9,02	—	—
11-Polyamid (11-Aminoundecansäure)	$(C_{11}H_{21}ON)_n$	183,30	72,08	11,55	8,73	7,64	—	—
12-Polyamid (Laurinlactam)	$(C_{12}H_{23}ON)_n$	197,32	73,04	11,75	8,11	7,10	—	—
6,6-Polyamid (Hexamethylendiamin + Adipinsäure)	$(C_{12}H_{22}O_2N_2)_n$	226,32	63,68	9,80	14,14	12,38	—	—
6,10-Polyamid (Hexamethylendiamin + Sebacinsäure)	$(C_{16}H_{30}O_2N_2)_n$	282,43	68,04	10,71	11,33	9,92	—	—
Mischpolyamid aus 60 %, 6,6- und 40 % 6-Polyamid	—	—	63,68	9,80	14,14	12,38	—	—
Mischpolyamid aus 33 % 6,6- + 6-Polyamid und 67 % adipinsaurem p,p'-Diamino-bicyclohexylmethan	—	—	68,70	9,98	11,36	9.96	—	—
Polyamid aus Adipinsäure + p,p'-Diamino-bicyclohexylmethan	$(C_{19}H_{32}O_2N_2)_n$	320,46	71,21	10,06	9,98	8,74	—	—

Polybutadien	$(C_4H_6)_n$	54,09	88,82	11,18	—	—	—	—
Polycarbonat des Dihydroxydiphenylpropans (Bisphenol A)	$(C_{16}H_{14}O_3)_n$	254,27	75,57	5,55	18,88	—	—	—
Polyester, nicht vernetzt								
Adipinsäureäthylenglykolester	$(C_8H_{12}O_4)_n$	172,18	55,80	7,02	37,17	—	—	—
Adipinsäurediäthylenglykolester	$(C_{10}H_{16}O_5)_n$	216,23	55,56	7,45	37,00	—	—	—
Adipinsäurepropylenglykolester	$(C_9H_{14}O_4)_n$	186,20	58,05	7,58	34,37	—	—	—
Adipinsäureglycerinester	$(C_8H_{11,33}O_4)_n$	171,51	56,02	6,66	37,32	—	—	—
Bernsteinsäureäthylenglykolester	$(C_6H_8O_4)_n$	144,12	50,00	5,60	44,40	—	—	—
Phthalsäureäthylenglykolester	$(C_{10}H_8O_4)_n$	192,16	62,50	4,20	33,30	—	—	—
Phthalsäurediäthylenglykolester	$(C_{12}H_{12}O_5)_n$	236,22	61,01	5,12	33,87	—	—	—
Phthalsäurepropylenglykolester	$(C_{11}H_{10}O_4)_n$	206,19	64,07	4,89	31,04	—	—	—
Phthalsäureglycerinester	$(C_{10}H_{7,33}O_4)_n$	191,50	62,72	3,86	33,42	—	—	—
Sebacinsäureäthylenglykolester	$(C_{12}H_{20}O_4)_n$	228,28	63,13	8,83	28,03	—	—	—
Sebacinsäureglycerinester	$(C_{12}H_{19,33}O_4)_n$	227,61	63,32	8,56	28,12	—	—	—
Terephthalsäureäthylenglykolester (Polyäthylenterephthalat) siehe Phthalsäureäthylenglykolester								
Polyester, ungesättigt								
Fumarsäure ... siehe Maleinsäure ...								
Maleinsäureäthylenglykolester	$(C_6H_6O_4)_n$	142,11	50,71	4,26	45,04	—	—	—
Maleinsäurediäthylenglykolester	$(C_8H_{10}O_5)_n$	186,16	51,62	5,42	42,97	—	—	—
Maleinsäurepropylenglykolester	$(C_7H_8O_4)_n$	156,13	53,85	5,16	41,00	—	—	—
Maleinsäurebutylenglykolester	$(C_8H_{10}O_4)_n$	170,16	56,47	5,92	37,62	—	—	—
Maleinsäurehexandiolester	$(C_{10}H_{14}O_4)_n$	198,21	60,60	7,12	32,29	—	—	—
Maleinsäureglycerinester	$(C_6H_{5,33}O_4)_n$	141,44	50,95	3,80	45,25	—	—	—
Polyinden	$(C_9H_8)_n$	116,15	93,06	6,94	—	—	—	—
Polyisopren	$(C_5H_8)_n$	68,11	88,16	11,84	—	—	—	—
Polyolefine								
Polyäthylen	$(C_2H_4)_n$	28,05	85,63	14,37	—	—	—	—
Polypropylen	$(C_3H_6)_n$	42,08	85,63	14,37	—	—	—	—
Polyisobutylen	$(C_4H_8)_n$	56,10	85,63	14,37	—	—	—	—

Kunststofftyp (Vorprodukt)	Summenformel	Mol.-Gew. Monomer	% C	% H	% O	%N	% Cl	% F oder S
Polyoxyalkene (Polyalkenoxide)								
Polyoxymethylen (Polyformaldehyd)	$(CH_2O)_n$	30,03	40,00	6,71	53,29	—	—	—
Polyoxyäthylen (Polyäthylenglykol)	$(C_2H_4O)_n$	44,05	54,54	9,15	36,31	—	—	—
Polystyrole								
Polystyrol	$(C_8H_8)_n$	104,15	92,26	7,74	—	—	—	—
Polymethylstyrol	$(C_9H_{10})_n$	118,17	91,47	8,53	—	—	—	—
Polysulfide								
Polyäthylendisulfid	$(C_2H_4S_2)_n$	92,18	26,04	4,37	—	—	—	
Polydiäthylätherdisulfid	$(C_4H_8OS_2)_n$	136,23	35,26	5,92	11,74	—	—	
Polyurethane								
lineares P. (aus Hexamethylendiisocyanat + 1,4-Butandiol)	$(C_{12}H_{22}O_4N_2)_n$	258,31	55,79	8,58	24,78	10,85	—	—
Diisocyanate								
Toluylen-diisocyanat	$C_9H_6O_2N_2$	174,17	62,06	3,48	18,37	16,08	—	—
Naphthylen-1,5-diisocyanat	$C_{12}H_6O_2N_2$	210,19	68,57	2,88	15,22	13,33	—	—
Diphenylmethan-4,4'-diisocyanat	$C_{15}H_{10}O_2N_2$	250,25	71,99	4,03	12,79	11,20	—	—
Polyvinylacetale								
Polyvinylformal	$(C_5H_8O_2)_n$	100,11	59,98	8,06	31,96	—	—	—
Polyvinylacetal	$(C_6H_{10}O_2)_n$	114,14	63,13	8,83	28,04	—	—	—
Polyvinylbutyral	$(C_8H_{14}O_2)_n$	142,19	67,57	9,92	22,51	—	—	—
Polyvinylacetat	$(C_4H_6O_2)_n$	86,09	55,80	7,03	37,17	—	—	—
Polyvinyläther								
Polyvinylmethyläther	$(C_3H_6O)_n$	58,08	62,04	10,41	27,55	—	—	—
Polyvinyläthyläther	$(C_4H_8O)_n$	72,11	66,63	11,18	22,19	—	—	—
Polyvinylpropyläther	$(C_5H_{10}O)_n$	86,13	69,72	11,70	18,58	—	—	—
Polyvinylbutyläther	$(C_6H_{12}O)_n$	100,16	71,95	12,08	15,97	—	—	—
Polyvinylalkohol	$(C_2H_4O)_n$	44,05	54,53	9,15	36,32	—	—	—
Polyvinylcarbazol	$(C_{14}H_{11}N)_n$	193,24	87,01	5,74	—	7.25	—	—
Polyvinylchloracetat	$(C_4H_5O_2Cl)_n$	120,54	39,86	4,19	26,55	—	29,41	
Polyvinylpropionat	$(C_5H_8O_2)_n$	100,11	59,98	8,06	31,96	—	—	—
Polyvinylpyrrolidon	$(C_6H_9ON)_n$	111,14	64,84	8,16	14,40	12,60	—	—

3. Trennungsgang für den qualitativen Nachweis von Kunststoff-Arten (23a)

Kunststoffe lassen sich aufgrund ihrer Löslichkeit in verschiedenen Lösungsmitteln unterscheiden.
Als Lösungsmittel für die zu untersuchenden Proben, die in möglichst fein verteilter Form vorliegen sollen, dienen: Wasser, Tetrahydrofuran, Dimethylformamid und Ameisensäure bei Raumtemperatur sowie Xylol bei Siedetemperatur. Dabei entstehen zwei Gruppen, und zwar die Gruppe L, bei der die Kunststoffe in einem oder mehreren Lösungsmitteln löslich sind, und die Gruppe U, die diejenigen Kunststoffe umfaßt, die in keinem der Lösungsmittel löslich sind.
Die Gruppe L enthält nahezu alle Thermoplaste, Gruppe U alle vernetzten Polymeren, also u.a. auch alle gehärteten Duromeren. Für die Erleichterung bei den späteren Trennungen werden zur Gruppe U auch alle Polymeren hinzugenommen, die gebundenen Formaldehyd (23b) mit gebundenem Phenol, Anilin, Harnstoff, Thioharnstoff und Melamin enthalten, also z.B. nicht gehärtete Phenol- oder Harnstoffharze. Umgekehrt gehören die z. T. nicht löslichen fluorhaltigen Polymeren in die Gruppe L, was durch eine einfache Prüfung auf Fluor leicht zu entscheiden ist (23c).
Die Polyäthylenterephthalate, die in den oben genannten Lösungsmitteln unlöslich sind, werden durch ihre Löslichkeit in Nitrobenzol erkannt und der Gruppe L zugeteilt.
Zur weiteren Unterteilung werden die Originalproben pyrolysiert. Das Verfahren ist auf Seite 14 beschrieben.

Tafel 15. Trennungsschema für einen einfachen Analysengang zur Identifizierung von Kunststoffen

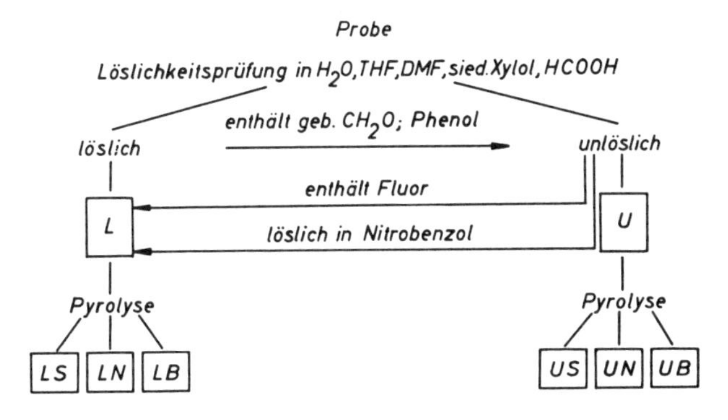

(23a) *Braun, D.*, Mitteilungen aus dem Deutschen Kunststoff-Institut, Darmstadt, Nr. 3, Juli 1969, S. 1 und Deutsche Farben-Zeitschrift 23 (1969), S. 272
(23b) Formaldehyd-Nachweis mit Chromotropsäure siehe S. 72
(23c) Fluor-Nachweis siehe S. 53

Tafel 16. Untergruppen der Kunststoffe

Untergruppe LS (pH 0,5–4,0)
- Chlorhaltige Polymere
- Fluorhaltige Polymere
- Polyvinylester
- Celluloseester
- Polyäthylenterephthalat

Untergruppe LN (pH 5,0–5,5)
- Polyolefine
- Polyvinylalkohole
- Polyvinylacetate
- Polyvinyläther
- Polystyrol
- Styrol/Acrylnitril-Copolymerisate
- Polymethacrylate
- Polyoxyalkene (Polyoxymethylen, Polyäthylenoxyde, Polyacetal)
- Polycarbonate
- Polyvinylcarbazole
- Lineare Polyurethane
- Silikone

Untergruppe LB (pH 8,0–9,5)
- Polyamide
- Polyvinylpyrrolidon
- Methylmethacrylat/Acrylnitril-Copolymerisate
- Polyacrylnitril
- Acrylnitril/Butadien/Styrol-Copolymerisate

Untergruppe US (pH 0,5–4,0)
- Novolake
- Urethanelastomere
- Ungesättigte Polyester
- Vulkanfiber

Untergruppe UN (pH 5,0–5,5)
- Phenolharze
- Epoxydharze
- Vernetzte Polyurethane
- Vernetzte Silikone
- Vernetzte Polyolefine

Untergruppe UB (pH 8,0–9,5)
- Phenol (Kresol)-Formaldehyd-Harze
- Anilin-Formaldehyd-Harze
- Melamin-Formaldehyd-Harze
- Harnstoff-Formaldehyd-Harze
- Thioharnstoff-Formaldehyd-Harze

Die Pyrolysedämpfe werden in einem mit Wasser angefeuchteten Wattebausch aufgefangen, dessen pH-Wert anschließend mit Indikatorpapier ermittelt wird. Danach können jeweils drei Untergruppen mit saurer (pH 0,5–4,0; LS bzw. US), mit neutraler (pH 5,0–5,5; LN bzw. UN) oder mit basischer (pH 8,0–9,5; LB bzw. UB)

Reaktion der Pyrolysate unterschieden werden. Auf diese Weise ist schon eine weitgehende Trennung möglich, so daß in den Untergruppen nur noch jeweils verhältnismäßig wenige Kunststoffklassen zu berücksichtigen sind.

Eine Übersicht über den Trennungsgang wird in Tafel 15 gegeben, die zu den Untergruppen gehörenden Kunststoffe sind in Tafel 16 zusammengestellt.

Innerhalb der Untergruppen wird nun mit verschiedenen Verfahren weitergeprüft, z. B. durch Umsetzung der Pyrolysedämpfe mit Quecksilber(II)-acetat und anschließender dünnschichtchromatographischer Trennung der gebildeten Addukte. Als Beispiel zeigt Tafel 17 das Dünnschichtchromatogramm der auf diese Weise erhaltenen Pyrolysate von Kunststoffen, die in die Untergruppe LS (löslich, mit saurer Reaktion der Pyrolyseprodukte) gehören.

Tafel 17. Dünnschichtchromatogramm von Quecksilberacetataddukten von Kunststoff-Pyrolysaten der Untergruppe LS

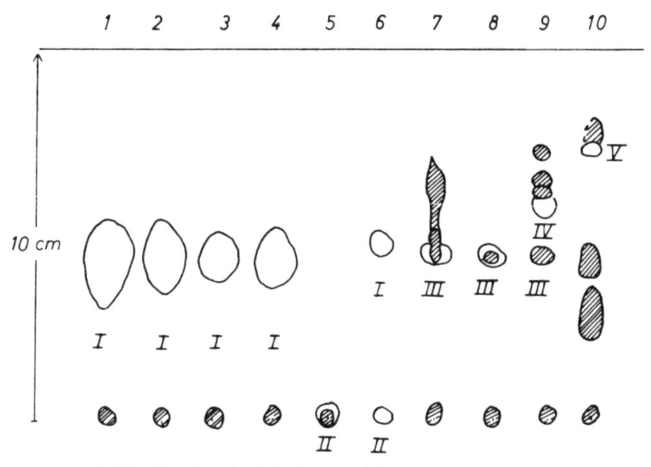

Schicht: Kieselgel HF_{254} lufttrocken
Laufmittel: Methyläthylketon, n-Propanol, Äthanol, 27-proz. Ammoniak (10:1:4:5 Vol.-T.)
Erkennung: 1. UV-Licht
2. Anfärbung mit Diphenylcarbazon
3. Methylrot

1. Polyvinylidenchlorid
2. Polyvinylchlorid
3. Chloriertes Polyäthylen und Chlorierte Polyäther
4. Chlorierte Polyäther
5. Polytetrafluoräthylen
6. Polytrifluorchloräthylen
7. Polyvinylacetat
8. Celluloseacetat
9. Celluloseacetobutyrat
10. Polyäthylenterephthalat

I Chlorwasserstoffsäure
II Fluorwasserstoffsäure
III Essigsäure
IV Buttersäure
V Terephthalsäure

Die Kunststoffe der Untergruppe LN können durch Umsetzung ihrer Pyrolysate mit 3,5-Dinitrobenzoylchlorid, 2,4-Dinitrophenylhydrazin, Dimethylaminobenzaldehyd, Hydroxylamin (Hydroxamsäure-Reaktion) und anschließende dünnschichtchromatographische Analyse (Betrachten unter UV-Lampe, Einwirkung von Jod-Dämpfen, Dimethylaminobenzaldehyd als Sprühreagens) identifiziert werden. Silikone werden durch den Silicium-Nachweis (siehe S. 53) identifiziert.
Die Kunststoffe der Untergruppe LB können durch Umsetzung ihrer Pyrolysate mit Ninhydrin, Jod-Dämpfen, Diphenylcarbazon und Dünnschichtchromatographie erkannt werden.
Die Kunststoffe der Untergruppen US, UN und UB können durch die im Kapitel 4 aufgeführten speziellen Nachweis-Reaktionen unterschieden werden.
Wenn bereits Hinweise auf die Art des zu untersuchenden Kunststoffes bestehen, ist es sinnvoll, den Trennungsgang durch spezielle Nachweis-Reaktionen abzukürzen.

4. Qualitative und quantitative Bestimmungsmethoden für die einzelnen Kunststoff-Arten

4.1. Phenolharze

Phenolharze sind Kondensationsprodukte aus Phenolen und Formaldehyd; sie treten in Erscheinung als technische Harze, Preßmassen und ausgehärtete Erzeugnisse, letztere vor allem als Formteile sowie als Hartpapier und Hartgewebe. Als Füllstoffe sind in Preßmassen und Preßteilen vor allem Holzmehl, Asbest, Gesteinsmehl, Zellstoff und Textilien vorhanden.

Verhalten beim Erhitzen und in der Flamme
Technische Harze schmelzen zunächst, dann tritt Zersetzung ein. Preßmassen und ausgehärtete Erzeugnisse zersetzen sich. In der Flamme sind sie schwer entzündbar, evtl. brennen sie in der Flamme unter Verkohlung, außerhalb der Flamme verlöschen sie von selbst. Reaktion der Dämpfe neutral, Geruch nach Phenol, Formaldehyd und ggf. Ammoniak.

Löslichkeit
Technische Harze sind löslich in Aceton, Äthanol und Wasser, Harzanteile der Preßmassen in Aceton und Äthanol; ausgehärtete Erzeugnisse sind in gebräuchlichen Lösungsmitteln unlöslich, teilweise löslich in Anilin bei 160 °C, weitgehend in β-Naphthol im Autoklaven, vollständig löslich in Benzylamin bei 200 °C.

Verseifungszahl
Lackharze 20—100, sonst < 20.

4.1.1. Qualitative Nachweise

Gibbs'sche Indophenolprobe (24)
Material im Glühröhrchen über kleiner Flamme trocken erhitzen, Öffnung des Röhrchens mit Filtrierpapier abdecken, das mit einer ätherischen Lösung von 2,6-Dibromchinon-4-chlorimid getränkt und an der Luft getrocknet wurde.
Max. 1 min. pyrolysieren. Filtrierpapier entfernen und in Ammoniakdampf halten oder besser mit 1—2 Tropfen verd. Ammoniak anfeuchten.
Blaufärbung zeigt Phenole an. Harnstoff- und Melaminharze stören nicht. Kresole und Xylenole geben gleiche Reaktion (außer sehr reinem p-Kresol sowie 2,4- und 3,4-Dimethylphenol).
Achtung bei Kunststoffen, die Substanzen enthalten, welche bei Pyrolyse Phenole abspalten, wie z. B. Phenyl- und Kresylphosphate, Diphenylolpropan, Teere, vernetzte Epoxydharze usw..

Kupplung mit diazotiertem p-Nitranilin (25)
Wenige mg des Materials in ca. 10 ml Methanol 1 min. kochen, erkalten lassen und abfiltrieren.

---

(24) *Feigl, F.* u. *V. Anger,* Modern Plastics Bd. 37, Mai 1960, S. 151, 191, 194, 196.
(25) *Dooper, I. R.* u. *J. A. M. v. d. Valk,* Paint Manufacture Bd. 11 (1956) S. 427.

8—10 ml ca. 0,5 n alkoholische Kalilauge und 2 ml diazotiertes p-Nitranilin (s.u.) zugeben.
Rot- oder Violettfärbung zeigt Phenol an. Keine Unterscheidung zwischen Phenol und seinen Homologen möglich.

Diazotiertes p-Nitranilin: Unter Eiskühlung 5 %ige Natriumnitritlösung zu einer Lösung von p-Nitranilin (1—2 mg p-Nitranilin in 500 ml ca. 3 %iger Salzsäure gelöst) geben, bis die Lösung gerade farblos geworden ist. Nitrit-Überschuß muß vorhanden sein, was an der Bläuung von Kaliumjodid-Stärke-Papier erkannt werden kann.

Unterscheidung von Phenol- und Kresolharz (26)
Probe mit Kaliumhydroxid in Glykolmonoäthyläther unter Rückfluß verseifen. 2 Tropfen dieser Lösung mit 10 ml Wasser, 10 ml 10 %iger Natronlauge und 10 ml Äthanol versetzen; 1 Tropfen Anilin zufügen, schütteln, 6 Tropfen 3 %iges H_2O_2 zugeben, erneut schütteln und schließlich einige Tropfen Hypochloritlösung hinzufügen. Nach 5 min ergibt Phenol eine ziemlich stabile rotbraune Färbung, wohingegen Kresole eine blaue bis blaugrüne Farbtönung zeigen.

Formaldehyd-Nachweis mit Chromotropsäure (27)
Für Kunststoffe und Harze aus Formaldehyd und Phenol, Harnstoff, Thioharnstoff oder Melamin. Kleine Harzprobe mit ca. 2 ml konz. Schwefelsäure und einigen Kristallen Chromotropsäure 10 min auf 60—70 °C erhitzen. Kräftig violette Färbung zeigt Formaldehyd an.
Blindprobe erforderlich.

4.1.2. Quantitative Bestimmungen

Freies Phenol nach Koppeschaar
2—10 g des zu untersuchenden Materials (je nach Phenolgehalt) in 1-l-Rundkolben einwägen, mit 100 ml 10 %iger Essigsäure versetzen und mit Wasserdampf knapp 500 ml in 500-ml-Meßkolben überdestillieren. Temperieren und auffüllen bis zur Marke. 50 ml Destillat in 300-ml-Erlenmeyer-Kolben überführen, mit 50,0 ml 0,1 n Bromid-Bromat-Lösung und 10 ml konz. Salzsäure versetzen und gut verschlossen 20 min. stehen lassen. Danach 10 ml einer 20 %igen Kaliumjodidlösung zugeben und das ausgeschiedene Jod mit 0,1 n Thiosulfatlösung titrieren. (Gegen Ende der Titration Zugabe von etwas Stärkelösung zur besseren Erkennung des Umschlagspunktes).

$$\text{Phenol-Gehalt in Gew.-\%} = 1{,}567 \cdot \frac{50{,}0 - \text{ml } 0{,}1 \text{ n Thiosulfat}}{\text{g Einwaage}}$$

Freies Phenol und Kresol in Phenol- und Kresol-Formaldehyd-Harzen und -Preßmassen (28)

a) Freie Gesamtphenole
Ca. 2 g Harz bzw. 5 – 10 g Preßmasse durch Kochen in bis zu 200 ml 10 %iger Natronlauge lösen, abkühlen, auf 200 ml mit Wasser auffüllen und mit verd. Schwe-

(26) *Schönpflug, E.,* Textil-Praxis Bd. 7 (1952) S. 897, 975.
(27) *Feigl, F.* u. *V. Anger,* Modern Plastics Bd. 37, Mai 1960, S. 151
(28) *Haslam, J., S. M. A. Whettem* u. *G. Newlands,* Analyst Bd. 78 (1953) S. 340—347, ref. Z. analyt. Chem. Bd. 146 (1955) S. 386—387.

felsäure auf pH 4,5 einstellen. Gefälltes Harz abfiltrieren und gut mit kaltem Wasser waschen. Filtrat im Meßkolben auf 500 ml auffüllen. 250 ml davon mit Wasserdampf destillieren, 350–400 ml Destillat auffangen und auf 500 ml auffüllen. 250 ml davon mit 50 ml 0,1 n Bromid-Bromat-Lösung und 10 ml 20 vol.-%iger Schwefelsäure versetzen, 1 Std. im Dunkeln verschlossen stehen lassen, dann 15–20 ml 10%ige Kaliumjodidlösung zufügen und freies Jod mit 0,1 n Thiosulfat-Lösung auf Hellgelb titrieren. Voluminösen Tribromphenol-Niederschlag mit wenigen ml Chloroform lösen und Titration gegen Stärke als Indikator zu Ende führen.
Blindprobe erforderlich.
1 ml 0,1 n Thiosulfatlösung entspricht 1,57 mg Phenol oder 2,36 mg Kresol.

b) Verhältnis von freiem Phenol zu freiem Kresol
Dem Wasserdampfdestillat eine 3,0 ml Verbrauch an 0,1 n Bromid-Bromat-Lösung entsprechende Menge entnehmen und im Meßkolben auf 100 ml verdünnen. Je 5 ml dieser Lösung in zwei Reagensgläser pipettieren (A und B).
Zwei andere gleiche Reagensgläser mit je 5 ml einer Standardphenollösung (25 mg Phenol in 100 ml Wasser) beschicken (C und D). Allen Gläsern je 5 ml Millons Reagens (s. u.) zusetzen.
A, B, C und D 30 min. in Wasserbad von 100 °C stellen, 10 min. in kaltem Wasser abkühlen, mit 5 ml verd. Salpetersäure versetzen und zu A und C außerdem je 3 ml Formaldehydlösung (2 ml einer wäßrigen 40 vol.-%igen Lösung, auf 100 ml verdünnt) zugeben. Inhalt eines jeden Glases mit Wasser auf 25 ml auffüllen und über Nacht stehen lassen.
Je 20 ml aus C und D in 100-ml-Meßkolben geben, mit 5 ml verd. Salpetersäure versetzen, bis zur Marke auffüllen und in Büretten füllen. Phenolstandardlösung D enthält 0,01 mg Phenol/ml.
In zwei Nessler-Zylinder je 10 ml der Lösungen A und B geben. Aus der D-Bürette geringe Menge Phenolstandard zu A-Lösung zulaufen lassen und eine gleiche Menge von C zur B-Lösung. Fortführung dieser Operation bis Färbung in beiden Zylindern identisch ist (Einstellung muß rasch erfolgen.).

$$\text{Phenol-Gehalt in mg/100 ml Probelösung} = 0{,}01 \cdot 50 \cdot \text{verbr. ml D-Lösung}$$

$$\text{Kresol-Gehalt} = \text{Bromid-Bromat-Gesamtverbrauch} - \frac{\text{Phenol-Gehalt}}{1{,}57}$$

Millons Reagenz: 2 ml Quecksilber in 20 ml konz. Salpetersäure lösen, mit 35 ml Wasser verdünnen und evtl. ausgefallenes basisches Quecksilbernitrat durch Zutropfen von verd. Salpetersäure lösen. Tropfenweise 10%ige Natronlauge zufügen, bis gerade leichte Trübung bestehen bleibt. Dann mit 5 ml durch Luftstrom von Stickoxyden befreite Salpetersäure 1:4 zufügen. Reagenz ist 2 Tage haltbar.

Gebundene Phenole
Allgemein gültige Methoden sind nicht bekannt.
Für spezielle Produkte können evtl. Methoden ausgearbeitet werden. Z. B. beschreiben *Swann* und *Weil* (29) eine kolorimetrische Methode zur Bestimmung von p-Phenylphenolharz durch Umsetzen mit salpetriger Säure.

---

(29) *Swann, M. H.* u. *J. Weil*, Anal. Chem. Bd. 28 (1956) S. 1463–1465.

Kresol-Gehalt in Phenoplasten (30)
Einwaage soll höchstens 90 mg Kresol entsprechen.
Einwaage in 200-ml-Erlenmeyer-Kolben mit 50 ml Chromschwefelsäure (Gemisch aus 160 g Chrom(VI)-oxid in 1000 ml Wasser und 250 ml konz. Schwefelsäure) versetzen und 90 min. unter Rückfluß kochen. Nach Abkühlung quantitativ in 1000-ml-Langhals-Rundkolben überspülen, mit 250 ml gesättigter (!) Natriumsulfatlösung versetzen und die durch Oxydation aus Kresol entstandene Essigsäure mit Wasserdampf und schwachem Luftstrom überdestillieren. Flüssigkeitsvolumen im Destillierkolben ist während der Wasserdampfdestillation auf 300 ml zu halten.
Blindprobe ist unbedingt erforderlich.
Zweimal 500 ml überdestillieren, jeweils in 750-ml-Erlenmeyer überführen, 1 min. Kohlensäure unter Rückfluß verkochen und nach Abkühlung mit 0,1 n Natronlauge gegen Phenolphthalein titrieren.
Kresole (o-, m- und p-Kresol) werden nach dieser Vorschrift zu 80–85% oxydiert bzw. als Essigsäure erfaßt. Sämtliche Xylenole zeigen unter Berücksichtigung ihrer zwei Methylgruppen das gleiche Ergebnis.

$$\text{Kresol-Gehalt in Gew.-\%} = 1{,}32 \cdot \frac{\text{verbr. ml 0,1 n NaOH}}{\text{g Einwaage}}$$

Nicht anwendbar bei Anwesenheit von Stoffen, die nach obiger Methode flüchtige Säuren entwickeln. Achtung bei Gegenwart kresolhaltiger Substanzen!

Gesamt-Hydroxylgehalt (31)
0,5 g der Probe mit 20,0 ml einer 12%igen Lösung von Essigsäureanhydrid in frisch destilliertem Pyridin versetzen und 30 min. unter gelegentlichem Schütteln auf 70 bis 75 °C erhitzen.
Dann unter Schütteln 50 ml Wasser zugeben, Mischung abkühlen und Überschuß an Säure mit 1 n Natronlauge gegen Phenolphthalein zurücktitrieren.
Blindprobe in gleicher Weise behandeln.
Evtl. 50 ml Benzol vor Titration zugeben, um Niederschlag zu lösen. Eventuelle Säurezahl muß berücksichtigt werden.
Gesamt-Hydroxylgehalt in Gew.-%

$$= 1{,}70 \cdot \frac{\text{ml 1 n NaOH Blindprobe} - \text{ml 1 n NaOH Probe}}{\text{g Einwaage}}$$

Methylol-Gehalt (32)
Probe mit 10 ml einer Mischung von 500 g Phenol, 250 ml Benzol und 15 g p-Toluolsulfonsäure-Monohydrat unter Rückfluß erhitzen. Phenol wird dabei unter Wasserabspaltung an Methylolgruppen angelagert.
Wasserbestimmung entweder mittels Titration mit Karl-Fischer-Reagens oder in Aufhäuser-Apparatur mittels Schleppdestillation mit Benzol oder Di-isopropyläther.

$$\text{Methylol-Gehalt in Gew.-\%} = 1{,}72 \cdot \frac{\text{g Wasser}}{\text{g Einwaage}}$$

Formaldehyd- und Wassergehalt der Probe sind zu berücksichtigen.

---

(30) *Lange, A.* u. *R. Blankertz,* Kunststoffe Bd. 53 (1963) S. 907–908.
(31) *Bruner, H.* u. *H.R. Thomas,* J. Appl. Chem. Bd. 3 (1953) S. 49
(32) *Martin, R. W.,* Anal. Chem. Bd. 23 (1951) S. 883–884

Freier Formaldehyd in Phenolharzen und Phenolharzpreßmassen (32a)
2–10 g der Probe einer Wasserdampfdestillation unterwerfen (1000 ml Destillat). 500 ml des Destillats mit Thymolphthalein (0,1% in Wasser-Äthanol 1:1 und anschließend tropfenweise mit Natronlauge versetzen, bis Indikator nach Blau umschlägt. 1 n Schwefelsäure bis zur Entfärbung zugeben (neutralisieren).
100 ml Natriumsulfit-Lösung (s. u.) zufügen und die durch Formaldehyd freigesetzte Natronlauge mit 1 n Schwefelsäure von Blau nach Farblos titrieren.

$$\text{Formaldehyd-Gehalt in Gew.-\%} = 6{,}01 \cdot \frac{\text{ml 1 n Schwefelsäure}}{\text{g Einwaage}}$$

Natriumsulfit-Lösung: 12,5 g wasserfreies Natriumsulfit mit Wasser auf 100 ml auffüllen, mit Thymolphthaleinlösung versetzen, wenig Natronlauge zugeben (Blaufärbung) und mit Schwefelsäure wie oben neutralisieren.

4.2. Cumaron- und Cumaron-Inden-Harze

Cumaron und Inden werden durch Destillation des Steinkohlenteerleichtöles (Fraktion 160–180 °C) gewonnen; sie polymerisieren zu unverseifbaren Harzen, die mit Weichmachern oder anderen Harzen gemischt vorwiegend für Lacke Verwendung finden. Zahlreiche Harztypen mit Erweichungspunkten zwischen 50 und 170 °C und auch Mischprodukte mit Phenol sind im Handel.

Verhalten beim Erhitzen und in der Flamme
Cumaron-Inden-Harze sind leicht entzündbar, brennen nach Entzündung auch außerhalb der Flamme weiter, schmelzen und zersetzen sich dann. Leuchtende Flamme, Dämpfe sind neutral. Geruch nach Steinkohlenteer.

Löslichkeit
Löslich in Benzin, Benzol, Äther, Estern und Chlorkohlenwasserstoffen.

Verseifungszahl < 20

4.2.1. Qualitative Nachweise

Liebermann-Storch-Morawski-Reaktion
Cumaronharze sind normal nicht verseifbar. Unverseifbares in Glühröhrchen bei über 300 °C pyrolysieren und Schwaden in Glaswollebausch, mit dem man das Röhrchen verschließt, auffangen. Glaswollebausch mit wenig Essigsäureanhydrid extrahieren und 2–3 Tropfen 50%ige Schwefelsäure zugeben.
Cumaronharze zeigen eine typische Rotfärbung, während Cumaron-Inden-Harze eine mehr orange bis braune Farbe ergeben.

Reaktion mit Brom (33)
0,1–0,5 g Harz in 10 ml Chloroform lösen, 10 ml Eisessig und 10 ml einer 10%igen Bromlösung in Chloroform hinzufügen und über Nacht stehen lassen.

(32a) In Anlehnung an *K.H. Bauer* und *H. Moll:* Die organische Analyse, 3. Aufl. (1954) S. 224, Akad. Verlagsges., Leipzig.
(33) *Saechtling, H.,* Kunststoff-Bestimmungstafel 5. Aufl., Carl Hanser Verlag, München 1966.

Rotfärbung zeigt Cumaronharz an. Die Färbung muß nach Zugabe von 1 bis 2 ml 0,1 n Natriumthiosulfatlösung bestehen bleiben. Weiche Cumaronharze, hydrierte Cumaron-Indenharze und Terpenharze reagieren nicht.

4.3. Furanharze

Furanharze sind säurehärtende Kunstharze auf der Grundlage von Furfurylalkohol oder anderen Furanabkömmlingen wie Furfurol, Tetrahydrofurfurylalkohol usw. mit Formaldehyd, ggf. in Verbindung mit Phenol- oder Harnstoffharzen. Verwendung finden sie als Imprägniermittel, Klebstoffe, Kitte und Gießharze und neuerdings für Glasfaserschichtstoffe. In der Praxis werden sie häufig mit Füllstoffen wie Ruß, Kieselerde, Asbest usw. verarbeitet. Sie sind sehr chemikalienbeständig.

Verhalten beim Erhitzen und in der Flamme
Die meisten Furanharze sind recht hitzebeständig und schmelzen nicht.

Löslichkeit
Lösungsmittel sind nicht bekannt.

4.3.1. Qualitative Nachweise

Nachweis mit Anilin
Ca. 1 g Harz in Eisessig aufnehmen und 2–3 Tropfen Anilin zufügen. Kräftig rote bis rot-violette Färbung zeigt Gegenwart von Furfurol, das immer in Spuren vorhanden ist, an.

Reaktion mit Anilinacetat (34)
Fein zerkleinertes Harz mit Methanol extrahieren. Einige Tropfen des Extraktes im Mikrotiegel auf 40 °C erwärmen. Tiegel mit Filtrierpapier bedecken, das mit 10% Anilin in 10%iger Essigsäure getränkt wurde.
Sofort oder nach 5–10 min. tritt bei Anwesenheit von Furfurol eine rosa bis rote Färbung ein.
Nachweisgrenze: 0,05 μg Furfurol.

4.3.2. Quantitative Bestimmungen

Gesamt-Hydroxyl-Gehalt (35)
Probematerial (entsprechend 5 – 10 m Aequiv. OH) in 300-ml-Erlenmeyer-Kolben einwägen, mit 10,0 ml Reagens (1 Vol. Essigsäureanhydrid + 4 Vol. Pyridin, 1 Tag haltbar) versetzen und 45 min. lose verstopft auf Wasserdampfbad setzen.
10 ml Wasser zugeben, gut durchschütteln, rasch abkühlen und elektrometrisch bis pH 10 mit 0,5 n äthanolischer Kalilauge titrieren. Säurezahl berücksichtigen. Blindwert erforderlich.

$$\text{OH-Aequivalent} = \frac{2000 \cdot \text{g Einwaage}}{\text{ml } 0{,}5\text{ n KOH Blindwert} - \text{ml } 0{,}5\text{ n KOH Probe}}$$

(34) *Feigl, F.,* Tüpfelanalyse, Bd. II, Org. Teil, 4. deutsche Aufl., 1960, S. 433. Akad. Verlagsges., Frankfurt/M.
(35) *Ogg, C. L., W. L. Porter* u. *C. O. Willits,* Ind. Eng. Chem. Anal. Ed. Bd. 17 (1945) S. 394–397.

Furfurol-Phenol-Harze (36)

a) Freies Phenol

1,5 g der Probe in 250-ml-Destillierkolben einwägen, 100 ml Äthylenglykol zufügen, erwärmen und unter langsamem Zutropfen von Wasser dieses in gleicher Geschwindigkeit abdestillieren. Maximale Destillatmenge soll 500 ml betragen, sonst auf 500 ml auffüllen.

100 ml des Destillats als aliquoten Teil solange mit Bromlösung (10 g Brom + 15 g KBr in 100 ml Wasser) versetzen, bis Lösung schwach gelb ist. 5–10 min. stehen lassen, Niederschlag abfritten, zuerst mit schwacher Natriumthiosulfatlösung, dann mit maximal 100 ml Wasser waschen. Über Nacht im Vakuum-Exsikkator trocknen, auswägen.

$$\text{Freies Phenol in Gew.-\%} = 142{,}07 \cdot \frac{\text{g Auswaage}}{\text{g Einwaage}}$$

b) Freies Furfurol

Probe, die etwa 0,02 Mol Furfurol enthalten soll, in 100-ml-Glaskolben mit Stopfen einwägen, mit 50 ml Isopropanol-Benzol (1 : 1) versetzen, lösen und 20,0 ml Laurylaminlösung (2 Mol Laurylamin in 1 000 ml Äthylenglykol-Isopropanol (1:1 Vol.)) zugeben. Kolben zustopfen, Mischung einige min. schütteln, 1 Std. stehen lassen, mit Äthylenglykol-Isopropanol in 250-ml-Becherglas überspülen und überschüssiges Laurylamin potentiometrisch mit 1 n äthylenglykol-isopropanolischer Salicylsäure bis pH 7,0 titrieren.

Blindwert ist erforderlich.

Freie Säure oder Alkali berücksichtigen: Separate Probe in Isopropanol-Benzol unter Zufügen eines entsprechenden Überschusses an Äthylenglykol bis pH 7,0 titrieren.

Freies Furfurol in Gew.-%

$$= 9{,}6 \cdot \frac{\text{ml 1 n Salicylsre. Blindwert} - \text{ml 1 n Salicylsre. Probe}}{\text{g Einwaage}}$$

Erhaltene Werte liegen bei etwa 97 % der Theorie.

4.4. Aminoplaste

Zu den Aminoplasten gehören Harnstoff, Thioharnstoff- und Melaminharze, d. h. Kondensationsprodukte aus Harnstoff, Thioharnstoff, Dicyandiamid oder Melamin mit Formaldehyd, ggf. auch Mischkondensate sowie Anilinharze. Sie liegen vor als Leimharze, Preßmassen und ausgehärtete Erzeugnisse wie Preßteile und dekorative Schichtpreßstoffe. Als Füllstoffe finden Holzmehl, Asbest, Gesteinsmehl, Zellstoff und Textilien Verwendung.

Verhalten beim Erhitzen und in der Flamme

Aufblähen, Zersetzung, Dunkelfärbung. Bei Anzünden mit kleiner Flamme schwer entzündbar. Verkohlung, erlischt außerhalb der Flamme. Reaktion der Dämpfe

---

(36) *Brown, L.H.* in: High Polymers, Vol. XII: Analytical Chemistry of Polymers, Edited by *G. M. Kline*, Part I. Analysis of Monomers and Polymeric Materials: Plastics – Resins – Rubbers – Fibers, S. 210–211, Interscience Publ., New York, 1959.

alkalisch. Geruch nach Ammoniak und Aminen (typisch fischähnlicher Beigeruch) und nach Formaldehyd.

Löslichkeit
Nicht ausgehärtete Harze sind in Wasser löslich, ausgehärtete in gebräuchlichen Lösungsmitteln unlöslich, löslich in heißem Anilin.

Verseifungszahl
Reinharze <100, Preßmassen <20.

Nachweis von primären und sekundären Aminogruppen in Harzen.
Durch Aufbringen einiger Phenol-Kristalle und einiger Tropfen einer wäßrigen Natriumhypochloritlösung mit ca. 3% aktivem Chlor und einer Alkalität entsprechend 4% NaOH färbt sich die Oberfläche eines Harzes bei Anwesenheit von Aminogruppen intensiv blau.

Praktische Unterscheidung der Harzart in ausgehärteten Aminoplasten (37)
Preßteile bei etwa 40 °C in 30%igem Wasserstoffsuperoxid (Perhydrol) lagern.
Harnstoff- und thioharnstoff-haltiger Preßstoff zeigt nach 24 Stdn., nur harnstoffhaltiger Preßstoff nach 3 Tagen deutlichen Angriff der Oberfläche, melaminhaltige Preßstoffe zeigen geringen Angriff frühestens nach 5 Tagen, dicyandiamidhaltige Preßstoffe bleiben bei der Lagerung lange Zeit unverändert.

4.4.1. Harnstoffharze

4.4.1.1. Qualitative Nachweise

Spezifischer Nachweis von Harnstoff und Thioharnstoff (38)
Wenige mg der Probe mit 1 Tropfen konz. Salzsäure bei 110 °C zur Trockne eindampfen, abkühlen, mit 1 Tropfen Phenylhydrazin (oder kleine Spatelspitze Phenylhydrazoniumchlorid) versetzen und 5 min. im Ölbad auf 195 °C erhitzen.
Nach Abkühlung mit 3 Tropfen Ammoniak 1 : 1 und 5 Tropfen einer 10%igen wäßrigen Nickelsulfatlösung vermischen und mit 10–12 Tropfen Chloroform schütteln.
Violette bis rote Farbe der Chloroformschicht zeigt Harnstoff oder Thioharnstoff an.
Nachweisempfindlichkeit: 10 μg Harnstoff, aber 800 μg Thioharnstoff.

Reaktion mit Kalilauge (39)
Wenig Material mit glykolischer Kalilauge erhitzen. Geruch nach Ammoniak (Nachweis mit feuchtem roten Lackmuspapier) zeigt Vorhandensein von Harnstoffharz an. Melaminharze, Polyamide und Polyacrylnitril stören nicht.

Harnstoff-Nachweis mit Urease (40)
Sichere Unterscheidung zwischen Harnstoff- und Melaminharzen. 0,25 g der gepulverten Probe in 100-ml-Erlenmeyer-Kolben geben und mit 5%iger Schwefelsäure

---

(37) *Saechtling, H.,* Kunststoff-Bestimmungstafel 4. Aufl., Carl Hanser Verlag, München, 1963.
(38) *Feigl, F.,* Tüpfelanalyse, Bd. II, Org. Teil, 4. deutsche Aufl., 1960, S. 492. Akad. Verlagsges., Frankfurt/M.
(39) *Swann, M. H.* u. *G. G. Esposito,* Anal. Chem. Bd. 28 (1956) S. 1984.
(40) *Saechtling, H.,* Kunststoff-Bestimmungstafel, 4. Aufl., Carl Hanser Verlag, München, 1963.

kochen, bis Formaldehyd-Geruch verschwunden ist. Mit Natronlauge neutralisieren (Phenolphthalein als Indikator), 1 Tropfen 1 n Schwefelsäure sowie 1 ml einer 10 %igen Ureaselösung zugeben und Kolben verschließen, nachdem ein Streifen rotes Lackmuspapier derart im Kolben angebracht wurde, daß es den Dämpfen ausgesetzt ist.
Blaufärbung des Lackmuspapiers nach kurzer Zeit zeigt Harnstoff und damit das Vorliegen eines Harnstoffharzes an.

Nachweis und Unterscheidung von Harnstoff- und Melaminharz (41)
Ca. 100 mg Harz mit 15 g p-Dimethylamino-benzaldehyd und 10 ml einer Mischung von 10 Tl. Acetanhydrid und 3 Tl. Essigsäure in 50-ml-Kolben 10 min unter Rückfluß kochen.
Harnstoffharze: Blaue bis blaugrüne Lösung, bei wenig Harnstoffharz grünliche Färbung.
Melaminharz: an der Kondensationsstelle im Rückflußkühler farbloser Niederschlag.

Nachweis von Formaldehyd
Siehe Phenolharze, Qualitative Nachweise (S. 72).

4.4.1.2. Quantitative Bestimmungen

Bestimmung des Harnstoff-Gehaltes (ähnlich *Widmer* (42))
Probe muß in pulverigem Zustand vorliegen.
Ca. 0,5 g der Probe in verschließbare Schüttelbombe (VA-Stahl, ca. 18 ml) einwägen, mit 10 ml Benzylamin versetzen und Bombe verschließen.
Preßmassen 15 Stdn., Preßteile 24 Stdn. bei 160 °C schütteln.
Nach Abkühlung mit insgesamt 150–200 ml Methanol in 400-ml-Becherglas überspülen. Ungelöstes durch Glasfiltertiegel G 3 abfritten und mit Methanol waschen.
Filtrat im Becherglas auf Wasserbad setzen, Methanol abdampfen, abkühlen, 100 ml 1 n Salzsäure zugeben und 1 min. auf 60 °C erwärmen. Nach dem Abkühlen Dibenzylharnstoff durch Glasfiltertiegel G 3 abfritten und dreimal mit je 10 ml Wasser waschen. 2 Stdn. bei 105 °C trocknen.

$$\text{Harnstoff-Gehalt in Gew.-\%} = 24{,}99 \cdot \frac{\text{g Auswaage}}{\text{g Einwaage}}$$

Die Methode kann qualitativ zum Nachweis von Harnstoffharzen benutzt werden.
Schmelzpunkt des Dibenzylharnstoffs: 169–173 °C. Aus Alkohol umkristallisierbar.

Gesamt-Formaldehyd-Gehalt in Harnstoffharzen

a) nach Zuccari (43)
1 g des Materials mit 100 ml Wasser, 10 ml 18 %iger Natronlauge und 40 ml 30 %iger Wasserstoffsuperoxidlösung vermischen, 15 min. stehen lassen, dann 1 Std. (evtl. bei schwer aufzuspaltenden Materialien beide Zeiten verlängern) auf siedendes Wasserbad stellen und anschließend noch 15–30 min. mit kleiner Flamme kochen.

(41) *Hummel, D.* u. *F. Scholl*, Atlas der Kunststoff-Analyse, Bd. 1, Teil 1, Hochpolymere und Harze, Carl Hanser Verlag, München/Verlag Chemie, Weinheim/Bergstr. (1968) S. 27
(42) *Widmer, G.*, Kunststoffe Bd. 46 (1956) S. 358–362
(43) *Zuccari, G. C.*, Ind. Plastiques Bd. 4 (1948) S. 183.

Nach Abkühlung mit 20%iger Schwefelsäure ansäuern und gebildete Ameisensäure mit Wasserdampf übertreiben (insgesamt 600 ml). Titration mit 0,5 n Natronlauge.

$$\text{Formaldehyd-Gehalt in Gew.-\%} = 1{,}50 \cdot \frac{\text{verbr. ml 0,5 n NaOH}}{\text{g Einwaage}}$$

b) nach Levenson (44)
Ca. 1 g Harz in Destillierkolben einwägen, 25 ml 85%ige Phosphorsäure und 25 ml Wasser zugeben und insgesamt 200 ml Destillat übertreiben, währenddessen das Volumen im Destillierkolben durch Zugabe von Wasser konstant gehalten wird.
Vorlage vorher mit 50 ml 0,5 n Natronlauge und 60 ml 3%iger Wasserstoffsuperoxidlösung beschicken.
Destillat 30 min. unter Rückfluß kochen, abkühlen, Kühler spülen und überschüssiges Alkali mit 0,5 n Salzsäure gegen Methylrot zurücktitrieren.
Gleichzeitige Durchführung einer Blindprobe ist erforderlich.
Gesamt-Formaldehyd-Gehalt in Gew.-%

$$= 1{,}50 \cdot \frac{\text{ml 0,5 n HCl Blindprobe} - \text{ml 0,5 n HCl Probe}}{\text{g Einwaage}}$$

c) Bestimmung des Gesamt-Formaldehyd-Gehaltes bei Gegenwart wasserdampfflüchtiger Säuren (45)
Ca. 0,5 g Harz in Destillierkolben einwägen, in abgeschlossenes Destillationssystem 50 ml Phosphorsäure (1 : 1) zugeben und insgesamt 450 ml Destillat übertreiben (65–70 Tropfen/min.; Temperatur im Destillierkolben ca. 110 °C). Als Vorlage dient ein 500-ml-Meßkolben mit 50 ml alkalischer Cyanidlösung (24,8 g KCN + 10 g KOH im Liter).
Nach Destillation Vorlage kühlen, bis zur Marke mit Wasser auffüllen und gut mischen.
100 ml als aliquoten Teil in Becherglas pipettieren, das 25 ml 0,2 n Silbernitratlösung und 2 ml Salpetersäure (1 : 1) enthält. Gleichzeitig verfährt man genauso mit einer Blindprobe (50 ml alkalische Cyanidlösung (s. o.) auf 500 ml aufgefüllt).
Den durch Rühren erhaltenen Niederschlag absetzen lassen.
Weitere Durchführung gravimetrisch oder volumetrisch.

gravimetrisch
AgCN abfritten, waschen bis Filtrat silberfrei ist und trocknen bei 105 °C. Auswägen.
Gesamt-Formaldehyd-Gehalt in Gew.-%

$$= 112{,}1 \cdot \frac{\text{g Auswaage Blindprobe} - \text{g Auswaage Probe}}{\text{g Einwaage}}$$

volumetrisch
Mit Salpetersäure ganz schwach ansäuern und Überschuß an Silber elektrometrisch mit 0,2 n Natriumchlorid-Lösung zurücktitrieren (z. B. Silber-Calomel als Elektrodenpaar).

---

(44) *Levenson, H.,* Ind. Eng. Chem. Anal. Ed. Bd. 12 (1940) S. 332–337.
(45) *Grad, P.P.* u. *R. J. Dunn,* Anal. Chem. Bd. 25 (1953) S. 1211–1214 und *J. Haslam,* Chem. Age Bd. 71 (1954) S. 1301.

Gesamt-Formaldehyd-Gehalt in Gew.-%

$$= 3{,}00 \cdot \frac{\text{ml } 0{,}2 \text{ n NaCl Blindprobe} - \text{ml } 0{,}2 \text{ n NaCl Probe}}{\text{g Einwaage}}$$

4.4.2. Thioharnstoffharze

4.4.2.1. Qualitative Nachweise

Reaktion nach Storfer (46)
Diese Reaktion ist sehr empfindlich und spezifisch.
Substanz einige min. mit Wasser kochen oder mit starker wäßriger Lauge durch längeres Kochen aufschließen oder mit etwas sirupöser Phosphorsäure 1 Std. im Trockenschrank auf 120 °C erhitzen.
Wäßrige Lösung sorgfältig neutralisieren und filtrieren. Filtrat 2–3 min. mit einer Spatelspitze Kupfer(I)-chlorid kochen und 1 Tropfen der klaren Lösung auf ein mit kalt-gesättigter Kaliumferricyanid-Lösung getränktes Filtrierpapier bringen. Violette bis blaue Färbung zeigt Anwesenheit von Thioharnstoff an.

Umsetzung mit Anilin (47)
Wenig Material mit 10facher Menge frisch destillierten Anilins 2 Stdn. unter Rückfluß kochen. Ammoniak und Schwefelwasserstoff entweichen (Nachweis mit rotem Lackmuspapier und Bleiacetatpapier). Im Kühler scheidet sich Ammoniumsulfid ab, was für Thioharnstoffharze charakteristisch ist (Nachweis: auf Uhrglas mit wenigen Tropfen Natronlauge versetzen: Ammoniak-Entwicklung; mit wenigen Tropfen Salzsäure versetzen: Schwefelwasserstoff-Entwicklung). In der Reaktionsmischung kristallisiert nach dem Erkalten Diphenylthioharnstoff aus (Schmelzpunkt 153 °C). Bei Anwendung von zuviel Anilin muß salzsauer ausgeäthert und Diphenylthioharnstoff nach Abdunsten des Äthers kristallin nachgewiesen werden.

Nachweis von Formaldehyd
Siehe Phenolharze, Qualitative Nachweise (S. 72)

4.4.2.2. Quantitative Bestimmungen

Thioharnstoff durch Oxydation (47)
Thioharnstoff ist quantitativ erfaßbar, wenn die Substanz mit Salpetersäure oxydiert und das dann vorliegende Sulfat gravimetrisch als Bariumsulfat erfaßt wird.

Formaldehyd in Thioharnstoffharzen (48)

a) Freier Formaldehyd
25 ml 0,1 m KCN-Lösung auf 0–4 °C verschlossen abkühlen, dann 2 Tropfen einer 1%igen Thymolphthaleinlösung zugeben und mit 0,5 n Schwefelsäure auf Hellblau einstellen. Probe in diese kalte Lösung einwägen (Optimum 1,5 mMol freier HCHO), ggf. mit Schwefelsäure wieder auf Hellblau einstellen und 5 min. warten.

(46) *Storfer, E.*, Mikrochim. Acta Bd. 1 (1937) S. 260.
(47) *Kappelmeier, C.P.A.*, Paint, Oil, and Chem. Rev. Bd. 3 (1948) S. 8–9.
(48) *Probsthain, K.*, Z. analyt. Chem. Bd. 187 (1962) S. 104–110.

Mit konz. Salzsäure stark ansäuern und sofort Bromüberschuß zugeben, bis Lösung gelb gefärbt bleibt. Diesen Bromüberschuß mit 1–2 ml 5%iger wäßriger Phenollösung zerstören, dann 10 ml 10%ige KJ-Lösung zugeben, Kolben verschließen, 30 min. stehen lassen und anschließend Jod mit 0,1 n Thiosulfatlösung zurücktitrieren. Stärke als Indikator.
Blindprobe erforderlich.
Freier Formaldehyd in Gew.-%

$$= 0,15 \cdot \frac{\text{ml } 0,1 \text{ n } Na_2S_2O_3 \text{ Blindprobe} - \text{ml } 0,1 \text{ n } Na_2S_2O_3 \text{ Probe}}{\text{g Einwaage}}$$

b) Summe des freien und des Methylolgruppen-Formaldehyds
Probe soll etwa 1,5 mMol Formaldehyd frei und als Methylolgruppen gebunden enthalten.
Erlenmeyer-Kolben mit 10 ml 2 n Natronlauge und 25 ml 0,1 m KCN-Lösung beschicken und mit eingewogener Probe versetzen. Verschlossenen Kolben öfters umschwenken und 30 min. stehen lassen. Dann mit konz. Salzsäure stark ansäuern, Bromwasser zusetzen bis zur bleibenden Gelbfärbung und weiterarbeiten wie bei Bestimmung des freien Formaldehyds.
Blindprobe erforderlich.
Summe des freien und des Methylolgruppen-Formaldehyds in Gew.-%

$$= 0,15 \cdot \frac{\text{ml } 0,1 \text{ n } Na_2S_2O_3 \text{ Blindprobe} - \text{ml } 0,1 \text{ n } Na_2S_2O_3 \text{ Probe}}{\text{g Einwaage}}$$

4.4.3. Melaminharze

4.4.3.1. Qualitative Nachweise

Thiosulfat-Reaktion (49)
Spezifisch für Melamin. Keine Störungen bekannt. Vor allem zur Unterscheidung von Harnstoff- und Melaminharzen geeignet.
Material im Glühröhrchen mit wenigen Tropfen konz. Salzsäure versetzen und im Glycerinbad auf 190–200 °C erhitzen, bis Kongopapier nicht mehr gebläut wird. Dann einige Kristalle Natriumthiosulfat zu dem erkalteten Rückstand geben, Glühröhrchen mit mit 3%igem Wasserstoffsuperoxid befeuchtetem Kongopapier bedecken und im Glycerinbad auf 160 °C erhitzen.
Bei Anwesenheit von Melamin erfolgt Blaufärbung des Kongopapiers.

Nachweis und Unterscheidung von Harnstoff- und Melaminharz
Siehe Harnstoffharze, Qualitative Nachweise (S. 78).

4.4.3.2. Quantitative Bestimmungen

Melamin als Pikrat (50)
Probe muß in pulverigem Zustand vorliegen.
Ca. 0,5 g zu untersuchendes Material in verschließbare Schüttelbombe (VA-Stahl, ca.

(49) *Feigl, F.,* u. *V. Anger,* Modern Plastics Bd. 37 (Mai 1960) S. 151.
(50) ähnlich *Widmer, G.,* Kunststoffe Bd. 46 (1956) S. 359–362.

18 ml) einwägen, mit 10 ml konz. Ammoniak (25%) versetzen und Bombe verschließen.
Preßmassen 15 Stdn., Preßteile 24 Stdn. bei 160 °C schütteln. Nach Abkühlung mit 30 ml dest. Wasser quantitativ in Becherglas überspülen und 30 min. in schwachem Sieden halten, wobei das verdampfte Wasser jeweils nach 10 min. ersetzt wird. Ungelöstes durch Glasfiltertiegel G 3, ggf. G 4 abfritten und dreimal mit je 5 ml kochendem Wasser nachwaschen.
In einem zweiten Becherglas 2,0 g Pikrinsäure einwägen und in 150 ml dest. Wasser unter Aufkochen lösen. Diese kochend heiße Pikrinsäurelösung zu obigem Filtrat gießen, woraus sich meist sofort Melamin-Pikrat abzuscheiden beginnt. Mindestens 2 Stdn. absetzen lassen.
Niederschlag durch Glasfiltertiegel G 3 abnutschen, Kristalle zweimal mit je 5 ml dest. Wasser nachwaschen und 2 Stdn. bei 105 °C trocknen. Nach Abkühlung auswägen.

$$\text{Melamin-Gehalt in Gew.-\%} = 35{,}5 \cdot \frac{\text{g Auswaage}}{\text{g Einwaage}}$$

Bestimmung des Gesamt-Formaldehyd-Gehaltes
Siehe Harnstoffharze, Quantitative Bestimmungen (S. 79).

Bestimmung des Gesamt-Formaldehyd-Gehaltes bei Gegenwart wasserdampfflüchtiger Säuren
Siehe Harnstoffharze, Quantitative Bestimmungen (S. 80).

Formaldehyd-Abgabe bei Eß- und Trinkgeschirr sowie bei dekorativen Schichtpreßstoffen (51)

a) Eß- und Trinkgeschirr
Die mit sauberem trockenen Tuch gereinigten Bedarfsgegenstände mit folgenden Flüssigkeiten füllen und gegen Verdunsten schützen: 1. dest. Wasser von 80 °C, 2. Essigsäure 3%ig von 80 °C und 3. Äthanol rein 10%ig von 80 °C.
Nach 30 min. Lösungen in je einen Erlenmeyer-Kolben gießen und umgehend Formaldehyd-Bestimmung vornehmen (s. u.).

b) Dekorative Schichtpreßstoffe
Probekörper 110 mm x 110 mm ausschneiden und an der Rückseite, den Kanten und am Rand der Dekorseite durch zweimaliges Bestreichen (in einem Abstand von 8 Stdn.) mit DD-Lack (z.B. Percotex-Überzugslack S 338 und Percotex-Zusatzlack zu S 338 1 : 1 der Firma *Spiess und Hecker u. Co.*, Köln-Raderthal) soweit porenfrei abdecken, daß nur eine Dekorfläche von 100 cm^2 freibleibt. Mindestens 24 Stdn. bei Raumtemperatur durchhärten lassen. Platten mit der Dekorseite nach oben in flache Glasschalen legen, evtl. beschweren und mit jeweils 100 ml 1. dest. Wasser und 2. Essigsäure 3%ig von 20–25 °C übergießen.

---

(51) Untersuchung von Kunststoffen, soweit sie als Bedarfsgegenstände im Sinne des Lebensmittelgesetzes verwendet werden. 2. Mitteilung: Bestimmung von Formaldehyd in Kunststoffgefäßen aus Melaminharz. Siehe Bundesgesundhbl. 4 (1961) Nr. 18, S. 294 und DIN 7708 Bl. 3, Abschn. 6.2.13.4. 3. Mitteilung: Bestimmung von Formaldehyd in flachen Gegenständen (Platten) mit einer Oberfläche aus Melaminharz. Siehe Bundesgesundhbl. 5 (1962) Nr. 14, S. 223.

(Kleinere Probestücke können auch untersucht werden. Für 1 cm^2 unbedeckter Dekorseite ist jedoch 1 ml Extraktionsflüssigkeit anzuwenden.) Probe soll mindestens 0,5 cm hoch mit Flüssigkeit bedeckt sein. Schalen mit Glasplatten oder Uhrgläsern bedecken. Nach 1 Std. Lösungen in je einen Erlenmeyer-Kolben gießen und umgehend Formaldehyd-Bestimmung vornehmen (s. u.).

c) Formaldehyd-Bestimmung (52)
Jeweils 1 ml der Lösungen in Reagensgläsern mit 1 ml einer frisch bereiteten 0,5 %igen wäßrigen Lösung des Natriumsalzes der Chromotropsäure (p. a.) versetzen, langsam 8 ml einer 81 %igen Schwefelsäure (3 Raumteile konz. Schwefelsäure + 1 Teil Wasser) aus Bürette zulaufen lassen, umschütteln und 20 min. in ein Wasserbad von 60 °C stellen. Anschließend 45–60 min. abkühlen lassen. Violett gefärbte Lösung in 1-cm-Küvette geben und Extinktion in lichtelektrischem Photometer mit dem Filterschwerpunkt bei 570 nm gegen dest. Wasser messen.
Formaldehyd-Gehalt aus Eichkurve ablesen. Zum Aufstellen der Eichkurve eine Formaldehyd-Lösung verwenden, deren Formaldehyd-Gehalt unmittelbar vorher jodometrisch bestimmt wird.
Angabe des Formaldehyd-Gehaltes bei Gefäßen in μg pro Milliliter (μg/ml) und bei Platten in μg pro Quadratzentimeter und pro Milliliter des Extraktes.
Formaldehyd-Abgabe darf einen Wert von 3 ppm (3 μg/ml) Formaldehyd nicht überschreiten. (53)

4.4.4. Anilinharze

4.4.4.1. Qualitative Nachweise

Furfurol-Reaktion
Ca. 1 g Harz in Eisessig lösen und 2–3 Tropfen Furfurol hinzufügen. Kräftig rote bis rot-violette Färbung zeigt Gegenwart von Anilin, das immer in Spuren vorhanden ist, an.

Chlorkalk-Reaktion
Material mit 20 %iger Sodalösung kochen, abgespaltenes Anilin mit Äther extrahieren, Äther abdunsten, Rückstand in Wasser aufnehmen und diese wäßrige Lösung mit Chlorkalklösung versetzen. Violette Färbung deutet auf Anilinharz.

Pyrolyse und Chlorkalk-Reaktion
Wenig Material pyrolytisch spalten und Schwaden in Natriumhypochlorit- oder Chlorkalk-Lösung einleiten.
Rot-violette bzw. violette Färbung zeigt Anilinharz an.

Nachweis von Formaldehyd
Siehe Phenolharze, Qualitative Nachweise (S. 72).

---

(52) *Bremanis, E.,* Z. analyt. Chem. Bd. 130 (1949) S. 44.
(53) Gesundheitliche Beurteilung von Kunststoffen im Rahmen des Lebensmittelgesetzes. 9. Mitteilung: XVIII. Melaminharzpreßmassen. Siehe Bundesgesundhbl. 4 (1961) Nr. 18, S. 294.

4.5. Polyolefine

Für das Kunststoffgebiet in Frage kommende Polyolefine sind vor allem Polyäthylen, Polypropylen und Polyisobutylen. Sie liegen vor als Spritzguß- und Strangpreßmassen, als Fertigteile (Gebrauchsgegenstände, Spielwaren u.a.), als Rohre und Profile und als Folien.
Polyisobutylen findet hauptsächlich Verwendung zur Herstellung von Abdichtungsfolien; außerdem ist es als Hauptkomponente im Butylkautschuk zu finden.
Besondere Bedeutung haben Copolymere des Äthylens gewonnen, u.a. Copolymere des Äthylens mit Propylen, die kautschukartigen Charakter haben, und Copolymere mit höheren α-Olefinen, insbesondere mit Buten-1, die als thermoplastische Kunststoffe Verwendung finden. Copolymere des Äthylens mit Vinylacetat, gleichfalls thermoplastische Kunststoffe, werden für Spielzeuge und Ähnliches verwendet, außerdem als Heißschmelzkleber und für Heißversiegelung von Papier und Kunststoffen. Interessant sind weiter Copolymere mit Acrylaten, Vinylcarbazol sowie besonders Copolymere mit Acrylsäure (thermoplastische Ionomere), die sich durch ihre große Klarheit zur Herstellung von Klarsicht-Folien für Verpackung, Flaschen usw. auszeichnen. Nachweis-Methoden existieren nicht; Identifizierung ist nur mit komplizierten Methoden möglich.

Verhalten beim Erhitzen und in der Flamme
Polyolefine schmelzen, sind leicht entzündbar und brennen nach Entfernen aus der Flamme weiter. Die Flamme leuchtet und hat einen blauen Kern. Die Dämpfe reagieren neutral, Geruch nach heißem Paraffin.

Löslichkeit
Polyäthylen und Polypropylen sind in gebräuchlichen Lösungsmitteln unlöslich, löslich in siedendem Deka- oder Tetrahydronaphthalin.

Verseifungszahl < 20

4.5.1. Qualitative Nachweise

Schmelzpunkt-Bestimmung
Polyäthylen (Dichte 0,92) ca. 110 °C
Polyäthylen (Dichte 0,94) ca. 120 °C
Polyäthylen (Dichte 0,96) ca. 128 °C
Polypropylen (Dichte 0,50) ca. 160 °C
Polybutylen-(1) (Dichte 0,91 bis 0,92) 124–130 °C
Poly-(4-methylpenten-1) (Dichte 0,83) 240 °C

Reaktion mit Quecksilbersalzen (54)
Material im Glühröhrchen trocken erhitzen. Öffnung des Röhrchens mit Filtrierpapier bedecken, das mit einer Lösung von 5 g gelbem Quecksilber(II)-oxid in Schwefelsäure (15 ml konz. Schwefelsäure + 80 ml Wasser) getränkt wurde.
Goldgelber Fleck zeigt Polyisobutylen, Butylkautschuk (Polyisobutylen mit wenigen Prozent Butadien oder Isopren) und Polypropylen an. Natur- und Nitrilkautschuk sowie Polybutadien ergeben Braunfärbung, Polyäthylen reagiert nicht.

(54) *Burchfield, H.P.,* Anal. Chem. Bd. 17 (1945) S. 806–810.

Zur Unterscheidung von Polypropylen und Polyisobutylen (55) leitet man die Pyrolysedämpfe in eine 5%ige methanolische Quecksilber(II)-acetat-Lösung, die anschließend zur Trockne eingedampft wird. Mit siedendem Petroläther extrahieren, Unlösliches abfiltrieren und Filtrat eindampfen. Methoxyisobutylen-Quecksilberacetat kristallisiert in langen Nadeln aus, die bei 55 °C schmelzen. Polypropylen bildet keine Kristalle.

4.6. Polybutadien, Polyisopren

Butadien- und Isopren-Polymerisate gehören zu den synthetischen Kautschukprodukten. Bei Kunststoffen spielt Butadien als Komponente bei Styrol-Copolymeren eine Rolle (siehe dort). Charakteristisch ist das Vorhandensein von Doppelbindungen.

4.6.1. Qualitativer Nachweis

Nachweis von Doppelbindungen mit Wijsscher Lösung
Material in Tetrachlorkohlenstoff oder p-Dichlorbenzol lösen und tropfenweise mit Wijs'scher Lösung (Jodchlorid in Eisessig) versetzen. Entfärbung zeigt Vorhandensein von Doppelbindungen an. Alle Polymere, die noch Doppelbindungen besitzen (wie z.B. Polyisopren), zeigen die gleiche Reaktion.

Unterscheidung von Kautschukprodukten (55)
0,5 g der Probe (evtl. mit Aceton extrahiert) im Reagenzglas bis zur Zersetzung erhitzen. Zersetzungsdämpfe in 1,5 ml Reagenzlösung (s.u.) einleiten. Nach Abkühlung Pyrolisat in der Reagenzlösung sowie seine Farbe beobachten. Pyrolisat von chlorsulfoniertem Polyäthylen schwimmt auf, das des Butylkautschuks schwebt in der Lösung (Dichte 0,851), während Pyrolisate der übrigen Elastomeren gelöst werden oder absinken. Pyrolisat anschließend mit 5 ml Methanol verdünnen und 3 Min. kochen. Beobachtung der Farbtönung, siehe Tafel 18.

Tafel 18. Farbreaktionen nach Burchfield

Material	Pyrolisat	nach Erwärmen in Methanol
Naturkautschuk (NK) und synthetisches cis–1,4–Polyisopren	rotbraun	rotviolett
Butadien-Styrol-Kautschuk (SBK)	gelbgrün	grün
Butadien-Acrylnitril-Kautschuk	orange-rot	weinrot
Chlorbutadien-Kautschuk	unspezifisch gelbgrün	schmutzig-grün
Chlorsulfoniertes Polyäthylen	gelb	gelb
Butylkautschuk	gelb	blauviolett
Siliconkautschuk	gelb	gelb
Polyurethan-Elastomere	gelb	gelb

(55) *Wake, W.C.* Die Analyse von Kautschuk und kautschukartigen Polymeren, (1960) S. 63. Verlag Berliner Union, Stuttgart.

Reagenzlösung: 1 g p-Dimethylaminobenzaldehyd und 0,01 g Hydrochinon in 100 ml Methanol unter schwachem Erwärmen lösen, mit 5 ml konz. Salzsäure (Dichte 1,19) und 10 ml Äthylenglykol versetzen. Dichte der Lösung evtl. durch Zusatz von Methanol oder Äthylenglykol bei 25 °C auf 0,851 einstellen. In brauner Flasche mehrere Monate haltbar.

4.6.2. Quantitative Bestimmung

Butadien-Gehalt in Butadien-Copolymerisaten (56)
0,06 g der Probe in 500-ml-Kolben mit 50 g reinem p-Dichlorbenzol zum Sieden (auf ca. 175 °C) bis zur Lösung erhitzen (20–180 min.).
Auf Raumtemperatur abkühlen, 50 ml Chloroform und anschließend 25 ml Wijssche Lösung in Tetrachlorkohlenstoff zugeben und verschlossen 1 Std. im Dunkeln stehen lassen. Dann 25 ml 15%ige Kaliumjodidlösung und 50 ml dest. Wasser zufügen und ausgeschiedenes Jod mit 0,1 n Thiosulfatlösung (zuletzt gegen Stärke als Indikator) titrieren. Gegen Ende der Titration ggf. 25 ml Äthanol zugeben, um Emulsion zu zerstören.
Blindwert erforderlich.
Bestimmung ist nur dann eindeutig, wenn keine anderen Produkte vorhanden sind, die mit Wijsscher Lösung reagieren.

Butadien-Gehalt in Gew.-%

$$= 0{,}2705 \cdot \frac{\text{ml } 0{,}1 \text{ n } Na_2S_2O_3 \text{ Blindprobe} - \text{ml } 0{,}1 \text{ n } Na_2S_2O_3 \text{ Probe}}{\text{g Einwaage}}$$

4.7. Polystyrol und Copolymerisate

Polystyrole liegen vor als Rein- und Copolymerisate (vor allem als Copolymerisate mit Acrylnitril und Butadien) in Form von Spritzgußmassen und Fertigteilen. Erwähnt seien u. a. Teile für Elektrotechnik, Haushaltwaren und Spielzeuge. Außerdem wird Polystyrol für Elektroisolierfolien und als Schaumstoff für Isolationszwecke verwendet.

Verhalten beim Erhitzen und in der Flamme
Polystyrole schmelzen und zersetzen sich (verdampfen farblos bis gelb). Sie sind leicht entzündbar und brennen nach Entzündung mit leuchtender, stark rußender Flamme weiter. Der Geruch ist typisch süßlich (ähnlich Leuchtgas), bei Mischpolymeren tritt außerdem gummiartiger Beigeruch auf.

Löslichkeit
Polystyrol ist löslich in Benzol, Methylenchlorid und Äthylacetat, Copolymere sind löslich in Chlorkohlenwasserstoffen, z. B. in p-Dichlorbenzol.

Verseifungszahl < 20

(56) *Kemp, A. R.*, u. *H. Peters*, Ind. Engng. Chem., Anal. Ed. Bd. 15 (1943) S. 453–459.

4.7.1. Polystyrol

4.7.1.1. Qualitative Nachweise

Spezifischer Nachweis (57)
Zu verwenden für reine Polystyrole und für Copolymere wie z.B. Styrol-Butadien und Acrylnitril-Butadien-Styrol. Nachweis beruht auf Gibbs'scher Indophenolprobe. Phenole und Anilin stören nicht, da sie als Polynitroverbindungen keine Indophenol-Reaktion mehr zeigen.
Material mit 4 Tropfen rauchender Salpetersäure (Dichte 1,5) versetzen, zur Trockne eindampfen und Rückstand direkt im Glühröhrchen über kleiner Flamme erhitzen (dabei Röhrchen abwärts mit der Flamme erhitzen). Das Glühröhrchen ist mit einem Filtrierpapier bedeckt, das mit einer ätherischen Lösung von 2,6-Dibromchinon-4-chlorimid getränkt und an der Luft getrocknet wurde.
Maximal 1 min. pyrolysieren. Filtrierpapier entfernen und in Ammoniakdampf halten oder besser mit 1–2 Tropfen verd. Ammoniak anfeuchten.
Blaufärbung zeigt in diesem Falle Vorhandensein von Polystyrol an.

Nachweis als Dibromstyrol (58)
Probe in kleinem Reagenzglas, das mit einem Glaswollestopfen verschlossen ist, so erhitzen, daß sich das Destillat im Glaswollebausch sammelt. Nach dem Abkühlen Glaswolle mit Äther extrahieren und Bromdämpfe einfließen lassen, bis Lösung durch überschüssiges Brom leicht gelb gefärbt ist. Äther auf Uhrglas abdunsten lassen, zurückbleibende Kristalle von Dibromstyrol aus Benzin umkristallisieren. Schmelzpunkt 74 °C. Vgl. auch (59).

4.7.1.2. Quantitative Bestimmungen

Depolymerisierung
Probe einwägen, langsam bei 250 °C depolymerisieren unter Abdestillation des Monomeren. Brechungszahl n_D^{20} für Styrol 1,544. Quantitative Bestimmung des Styrols im Destillat mittels *Wijs'scher* Lösung nach folgendem Abschnitt.

Styrol in Polystyrol mit Wijs-Lösung
Ca. 2 g der Probe in 200-ml-Erlenmeyer-Kolben einwägen, in 50 ml Tetrachlorkohlenstoff lösen, mit 10 ml Wijs-Lösung (Jodtrichlorid + Jod in Eisessig) versetzen und luftdicht verschlossen 15 min. bei 15–20 °C im Dunkeln stehen lassen.
Anschließend 15 ml 10%ige Kaliumjodidlösung und 100 ml dest. Wasser zugeben. Erlenmeyer sofort wieder verschließen. Nach Aufschütteln des Kolbeninhalts überschüssiges Jod mit 0,1 n Natriumthiosulfat-Lösung unter Verwendung von Stärke als Indikator zurücktitrieren. Gleichzeitig ist eine Blindprobe durchzuführen.

Styrol-Gehalt in Gew.-%

$$= 0{,}52 \cdot \frac{\text{ml } 0{,}1 \text{ n } Na_2S_2O_3 \text{ Blindprobe} - \text{ml } 0{,}1 \text{ n } Na_2S_2O_3 \text{ Probe}}{\text{g Einwaage}}$$

(57) *Feigl, F.* u. *V. Anger,* Modern Plastics Bd. 37 (Mai 1960) S. 151.
(58) *Wolff H.* in *G. Zeidler:* Laborat. Buch f. d. Lack- u. Anstrichmittelindustrie, 2. Aufl., 1957, S. 206, Wilhelm Knapp Verlag, Düsseldorf.
(59) DIN 53747.

4.7.2. Styrol-Butadien-Copolymerisate

4.7.2.1. Qualitativer Nachweis

Styrol wird mittels der Feiglschen Reaktion (siehe Polystyrole, Qualitative Nachweise) oder nach Pyrolyse als Dibromstyrol (siehe Polystyrole, Qualitative Nachweise) nachgewiesen. Einpolymerisiertes Butadien wird dadurch identifiziert, daß das Polymerisat in p-Dichlorbenzol gelöst Jodchlorid (*Wijs'sche* Lösung) addiert (entfärbt). Vgl. auch (59).

4.7.2.2. Quantitative Bestimmungen

Depolymerisierung
Siehe Polystyrole, Quantitative Bestimmungen. (S. 88)

Butadien-Gehalt
Siehe Acrylnitril-Butadien-Styrol-Mischpolymerisate, Quantitative Bestimmungen. (S. 91)

Anteil an freiem Polystyrol (60)
Ca. 0,5 g des Materials in 50-ml p-Dichlorbenzol (auf 60 °C erwärmt) bis zur Lösung auf 130 °C erhitzen, Lösung dann auf 80–90 °C abkühlen und 10 ml 60%iges tert.-Butylhydroperoxid (s. u.) und anschließend 1 ml einer benzolischen 0,003 m Osmiumtetroxid-Lösung (s. u.) zufügen. Mischung 10 min. auf 110–115 °C erhitzen, auf 50–60 °C abkühlen, 20 ml Benzol zufügen und langsam in 250 ml mit wenigen Tropfen konz. Schwefelsäure angesäuerten Äthylalkohol gießen. Mit Benzol nachspülen und laufend mechanisch rühren.
Ausgefälltes Polystyrol absetzen lassen, quantitativ abfritten, mit Äthanol waschen und 4 Stunden bei 110 °C trocknen. Auswägen.

$$\text{Anteil an freiem Polystyrol in Gew.-\%} = 100 \cdot \frac{\text{g Auswaage}}{\text{g Einwaage}}$$

tert.-Butylhydroperoxid-Lösung: 6 Teile tert.-Butylhydroperoxid mit 4 Teilen tert.-Butylalkohol mischen; mehrere Monate haltbar.

Osmiumtetroxid-Lösung: 80 mg Osmiumtetroxid in 100 ml Benzol lösen. Mehrere Monate haltbar. Schwarzer Niederschlag von Osmiumsesquioxid oder -dioxid deutet auf Zersetzung hin.

Styrol- und Butadien-Gehalt durch Elementaranalyse (61)
C- und H-Bestimmung durch Elementaranalyse. Errechnung des Verhältnisses C/H und Ablesen der entsprechenden Styrol- und Butadien-Gehalte aus einer Kurve.

C/H =			
11,915	100 % Styrol +	0 % Butadien	
11,38	90 % „	10 %	„
10,88	80 % „	20 %	„
10,42	70 % „	30 %	„
10,00	60 % „	40 %	„
9,58	50 % „	50 %	„
9,20	40 % „	60 %	„

(60) *Kolthoff, I. M.,* J. Polymer Sci. Bd. 1 (1946) S. 429, siehe auch *D. Hummel:* Kunststoff-, Lack- und Gummi-Analyse, 1958, S. 164–165, Carl Hanser Verlag, München.
(61) *Kemp, A. R.* u. *H. Peters,* Ind. Engng. Chem., Anal. Ed. Bd. 15 (1943) S. 453–459.

8,84	30%	,,	70%	,,
8,50	20%	,,	80%	,,
8,20	10%	,,	90%	,,
7,943	0%	,,	100%	,,

Die Methode ist nur sinnvoll, wenn reine Styrol-Butadien-Copolymerisate vorliegen.

4.7.3. Acrylnitril-Butadien-Styrol-Copolymerisate

4.7.3.1. Qualitativer Nachweis

Nachweis von Styrol durch Feiglsche Reaktion (siehe Polystyrole, Qualitative Nachweise S. 84), von Butadien durch Addition von Wijs'scher Lösung (siehe Styrol-Butadien-Copolymerisate. Qualitativer Nachweis S. 88) und von Acrylnitril in diesem Falle durch positiven Nachweis von Stickstoff (siehe Nachweis von Stickstoff, S. 52). Eine spezielle Nachweis-Reaktion für alle drei Komponenten gleichzeitig existiert nicht. Vgl. auch (59).

4.7.3.2. Quantitative Bestimmungen

Acrylnitril-, Butadien- und Styrol-Gehalt (62)
Bis maximal 0,5 g fein zerkleinertes Copolymerisat in einem 50-ml-Rundkolben mit 20–30 ml Methyläthylketon kochen (unvernetzte Polymerisate lösen sich, vernetzte quellen). Anschließend bei ca. 60 °C 5 ml tert.-Butylhydroperoxid und 1 ml Osmiumtetroxidlösung (80 mg Osmiumtetroxid in 100 ml Benzol. Wenn schwarzer Niederschlag auftritt, unbrauchbar) zugeben und 2 Stdn. kochen. Wenn nach dieser Zeit keine echte Lösung vorliegt, nochmals 5 ml tert.-Butylhydroperoxid und 1 ml Osmiumtetroxidlösung zugeben und erneut 2 Stdn. kochen.
Mit 20 ml Aceton verdünnen und Füllstoffe durch G 2 abfiltrieren, mit Aceton waschen, trocknen und auswägen.
Filtrat in 5–10faches Volumen Methanol eintropfen und durch Erwärmen oder Abkühlen oder Zugabe von einigen Tropfen äthanolischer Kalilauge den Styrol-Acrylnitril-Anteil (SA) zur Ausfällung bringen. Durch G 2 abfiltrieren und im Vakuumtrockenschrank bei 70 °C trocknen. Auswägen.
Von der zu untersuchenden Ausgangsprobe und dem zuletzt ausgefällten Styrol-Acrylnitril-Anteil (SA) werden die Stickstoff-Gehalte mikro- oder halb-mikroanalytisch bestimmt.

$$\text{Acrylnitril-Gehalt in Gew.-\%} = 3{,}787 \cdot \text{\% N in der Ausgangsprobe}$$

$$\text{Styrol-Gehalt in Gew.-\%} = \frac{\text{g SA} \cdot 100}{\text{g Einwaage}} - 3{,}787 \cdot \text{\% N im SA}$$

Butadien-Gehalt in Gew.-%

$$= 100 - 100 \cdot \frac{\text{g SA} + \text{g Füllstoff}}{\text{g Einwaage}} - 3{,}787 \cdot (\text{\% N in Ausgangsprobe} - \text{\% N im SA})$$

---

(62) unveröffentlichte Mitteilung der Farbenfabriken Bayer AG, Leverkusen. Siehe auch *J. M. Kolthoff* u. *R. G. Gutmacher,* Anal. Chem. Bd. 22 (1950) S. 1002.

Butadien-Gehalt aus Jodzahl (63)
Bestimmung der Jodzahl und daraus Berechnung des Butadien-Gehaltes.
0,10 g der Probe in 500-ml-Kolben mit 50 g p-Dichlorbenzol auf 175–185 °C bis zur Lösung erhitzen (20–180 min.). Auf Raumtemperatur abkühlen, 50 ml Chloroform und anschließend 25 ml Wijs'sche Lösung in Tetrachlorkohlenstoff zugeben und luftdicht verstopft 1 Std. im Dunkeln stehen lassen. Dann 25 ml 15 %ige Kaliumjodidlösung und 50 ml dest. Wasser zufügen und ausgeschiedenes Jod mit 0,1 n Thiosulfatlösung (zuletzt gegen Stärke als Indikator) titrieren. Gegen Ende der Titration ggf. 25 ml Äthanol zugeben, um Emulsion zu zerstören.
Blindwert erforderlich.

$$\text{Jodzahl} = 1{,}2692 \cdot \frac{\text{ml } 0{,}1 \text{ n } Na_2S_2O_3 \text{ Blindprobe} - \text{ml } 0{,}1 \text{ n } Na_2S_2O_3 \text{ Probe}}{\text{g Einwaage}}$$

Butadien-Gehalt in Gew.-%

$$= 0{,}2705 \cdot \frac{\text{ml } 0{,}1 \text{ n } Na_2S_2O_3 \text{ Blindprobe} - \text{ml } 0{,}1 \text{ n } Na_2S_2O_3 \text{ Probe}}{\text{g Einwaage}}$$

Acrylnitril-, Butadien- und Styrol-Gehalt berechnet aus Elementaranalyse
Berechnung des Acrylnitril-Anteils aus der Stickstoff-Analyse.
Acrylnitril-Gehalt in Gew.-% = 3,787 · % N
Errechnung des Acrylnitril-Gehaltes und der dazu gehörigen C- und H-Gehalte (C = 2,572 · % N und H = 0,216 · % N). Die letzteren werden von den Elementaranalysenwerten abgezogen und das Verhältnis C/H ermittelt. Aus einer Kurve liest man die entsprechenden Gehalte an Styrol und Butadien, bezogen auf den Styrol-Butadien-Anteil ab.

C/H	Styrol		Butadien
11,915	100 % Styrol	+	0 % Butadien
11,38	90 % ,,		10 % ,,
10,88	80 % ,,		20 % ,,
10,42	70 % ,,		30 % ,,
10,00	60 % ,,		40 % ,,
9,58	50 % ,,		50 % ,,
9,20	40 % ,,		60 % ,,
8,84	30 % ,,		70 % ,,
8,50	20 % ,,		80 % ,,
8,20	10 % ,,		90 % ,,
7,943	0 % ,,		100 % ,,

Die Methode ist nur sinnvoll, wenn reine Copolymerisate vorliegen.

4.8. Polyacrylsäure-Derivate

Auf dem Kunststoffgebiet interessieren vor allem die Polymethacrylate, die als Acrylglas bekannt sind. Sie liegen ferner vor als Spritzgußmassen und daraus hergestellte Fertigteile, deren glasklares Aussehen besonders hervorzuheben ist.

(63) *Kemp, A. R.* u. *H. Peters*, Ind. Engng. Chem., Anal. Ed. Bd. 15 (1943) S. 453–459.

Polyacrylate und Polymethacrylate finden außerdem Verwendung als Lackrohstoffe und in Form von Dispersionen für Klebstoffe, Kunstleder u.a..
Acrylnitrilpolymerisate werden hauptsächlich zu Fasern verarbeitet, oft als Copolymerisate. Auf dem Kunststoffgebiet wird Acrylnitril als Komponente bei Copolymerisaten mit Styrol, Vinylchlorid, Vinylacetat und Butadien verwendet.

Verhalten beim Entzünden und in der Flamme
Polyacrylate und -methacrylate schmelzen und zersetzen sich (nur Polymethacrylate depolymerisieren). Alle sind leicht entzündbar, brennen nach Entfernung aus der Flamme mit leuchtender und etwas rußender Flamme weiter. Der Geruch von Acrylaten ist scharf und unangenehm, von Methacrylaten fruchtartig. Die Dämpfe reagieren neutral.

Löslichkeit
Polyacrylate und -methacrylate sind in gebräuchlichen Lösungsmitteln wie Estern, Ketonen und Chlorkohlenwasserstoffen löslich. Polyacrylnitril löst sich in Dimethylformamid und Nitrophenol.

Verseifungszahl
Polyacrylate >200, Polymethacrylate <20, Polyacrylnitril 20–200.

4.8.1. Polyacrylate und Polymethacrylate

4.8.1.1. Qualitative Nachweise

Nachweis und Unterscheidung von Polyacrylaten und Polymethacrylaten

a) Pyrolyse
Polymethacrylate werden bei der Pyrolyse depolymerisiert, während Polyacrylate nur zu einem Teil zu Monomeren abgebaut werden und braune, saure und scharf riechende Zersetzungsprodukte liefern. Nach einem kurzen Handversuch wird bei Vorliegen von Polymethacrylaten näher untersucht.
Substanz mit ausgeglühtem Quarzsand vermischen und trocken destillieren. Bestimmung der Siedetemperaturen und Brechungszahlen.

Methacrylsäure-methylester		Kp = 100,3 °C	n_D^{20} = 1,414
,,	äthylester	117	1,413
,,	n-propylester	141	1,418
,,	n-butylester	163	1,424
,,	i-butylester	155	1,420

b) Hydroxylaminprobe (64)
Da andere Carbonsäureester ggf. ebenfalls ähnliche Reaktionen geben, ist für deren Abwesenheit zu sorgen (z.B. Extraktion von Weichmachern mit Äther). Außerdem ist eine Vergleichsprobe mit bekannter Substanz wegen der zu beurteilenden Farbnuancierung ratsam.

---

(64) *Rath, H., G. Nawrath* u. *E. Schönpflug*, Melliand Textilber. Bd. 33 (1952) S. 636–639.

Ca. 0,5 g der weichmacherfreien Probe gemischt mit Quarzsand in Reagenzglas geben und trocken in einen Glaswollebausch, der sich in der Öffnung des Reagenzglases befindet, destillieren.
Anschließend Glaswollebausch in zweitem Reagenzglas mit 1 ml äthanolischer Kalilauge (15 g KOH in 100 ml absolutem Äthanol) und 1 ml Hydroxylaminlösung (s. u.) versetzen und gut mischen. In 100 ml Wasser gießen, mit verd. Schwefelsäure schwach ansäuern und einige Tropfen Eisen(III)-chlorid-Lösung zugeben.
Polymethacrylate zeigen purpurviolette Färbung, Polyacrylate hingegen eine bräunlich-orange Farbtönung.

Hydroxylaminlösung: 3,5 g Hydroxylaminhydrochlorid mit 20 ml Methanol kochen; weitere Zugabe von Methanol, bis alles gelöst ist. Heiß in frische heiße Natriummethylat-Lösung (aus 2,3 g Natrium in 20 ml absolutem Methanol) gießen, abkühlen lassen und NaCl abfiltrieren. Lösung ist 1–2 Tage haltbar.

c) Polyacrylate neben Polymethacrylaten (64)
Noch 1% Acrylat nachweisbar.
Pyrolyse wie im vorausgehenden Abschnitt. Trockenes Destillat mit frisch destilliertem Phenylhydrazin und 5 ml trockenem Toluol 30 min. unter Rückfluß kochen, dann mit 5facher Menge 85%iger Ameisensäure und 1 Tropfen Perhydrol wenige Minuten schütteln, evtl. erhitzen. Dunkelgrüne Färbung zeigt Acrylat an.

Nachweis von Methylmethacrylat (65)
Reaktion nur am Monomeren durchführbar.
Probe mit wenig konz. Salpetersäure (Dichte 1,4) solange erwärmen, bis klare Lösung unter Gelbfärbung vorliegt. Abkühlen, mit dem halben Volumen Wasser versetzen und etwa 5–10%ige Natriumnitritlösung zutropfen. Blaugrüne Färbung, die mit Chloroform extrahierbar ist, zeigt Methylmethacrylat an.

Erkennen von Acrylaten und Methacrylaten neben Alkydharzen, fetten Ölen und Polyvinylestern (66)
Material mit 0,5 n äthanolischer Kalilauge 1 Std. auf 60 °C erhitzen. Es werden nur Alkydharze, fette Öle und Polyvinylester verseift. Polyacrylate und auch Harzester werden erst beim Kochen sehr langsam gespalten, Polymethacrylate überhaupt nicht.

4.8.2. Polyacrylnitril

4.8.2.1. Qualitative Nachweise

Umsetzen mit Laugen
Einwirkung starker Laugen in der Hitze bewirkt Verseifung und Entwicklung von Ammoniak. Nicht spezifisch.

---

(65) *Mano, E.B.*, Anal. Chem. Bd. 32 (1960) S. 291.
(66) *Hummel, D.*, Kunststoff-, Lack- und Gummi-Analyse, Carl Hanser Verlag, 1958, S. 209; *Hummel, D.* u. *F. Scholl*, Atlas der Kunststoff-Analyse, Bd. 1, Teil 1 Hochpolymere und Harze, Carl Hanser Verlag, München/Verlag Chemie, Weinheim/Bergstr. 1968, S. 37

Nachweis und Unterscheidung von Polyamiden und Polyurethanen (67)
Probe in Dimethylformamid lösen, mit Natronlauge stark alkalisch machen und erwärmen. Nur Polyacrylnitril ergibt eine hell orangerote Färbung.

4.8.2.2. Quantitative Bestimmung

Saure Verseifung (68)
Probe mit starken Mineralsäuren (z.B. 20%ige Salzsäure) unter Rückfluß kochen. Quantitative Verseifung zu Ammoniumsalz. Ggf. Polyacrylsäure abfiltrieren. NH_3-Bestimmung nach Wasserdampfdestillation aus stark alkalischer Lösung nach Kjeldahl (siehe Stickstoff-Bestimmung S. 56).
Die durch Verseifung entstandenen Carbonsäuren sind titrierbar.

4.9. Polyvinylalkohol

Polyvinylalkohol wird mit Weichmachern (z.B. Glycerin) zu lederartigen Erzeugnissen verarbeitet, die als treibstoff-, öl- und lösungsmittelbeständige Membranen, Dichtungen und Schläuche und außerdem als wasserlösliche Verpackungsfolien Verwendung finden.

Verhalten beim Erhitzen und in der Flamme
Polyvinylalkohol zersetzt sich, wird braun und flüssig. Dämpfe reagieren neutral. Brennt mit leuchtender Flamme nach Entzündung weiter, Geruch ist typisch kratzend.

Löslichkeit
In organischen Lösungsmitteln unlöslich, löslich in Wasser und Formamid.

Verseifungszahl < 20

4.9.1. Qualitative Nachweise

Reaktion mit Jod (69)
5 ml einer wäßrigen neutralen Lösung des Kunststoffes mit 2 Tropfen 0,1 n Jod-Jodkalium-Lösung versetzen und soweit mit Wasser verdünnen, daß die auftretende Färbung (blau, grün oder gelbgrün) gerade noch erkennbar ist.
5 ml der verdünnten Lösung mit einer Spatelspitze Borax versetzen und gut durchschütteln, dann 5 Tropfen konz. Salzsäure zugeben.
Kräftige Grünfärbung (besonders an noch ungelöstem Borax) zeigt Polyvinylalkohol an.
Stärke und Dextrin können trotz der großen Verdünnung stören.

Oxydation
Wenig Material mit konz. Salpetersäure oder mit alkalischem Kaliumpermanganat kochen. Die sich bildende Oxalsäure in saurem Medium mit Permanganat (Entfär-

(67) *Ford, J.E.*, u. *W. J. Roff*, J. Textile Inst. Bd. 45 (1954) S. T 580.
(68) *Winterscheidt, H.*, Seifen, Öle, Fette, Wachse Bd. 80 (1954) S. 310–312, 382–383 u. 404.
(69) *Winterscheidt, H.*, Seifen, Öle, Fette, Wachse Bd. 80 (1954) S. 239–240.

bung) oder durch Fällung als Calciumoxalat nachweisen. – Nicht spezifisch, da z. B. Polyvinyläther die gleiche Reaktion geben.

4.9.2. Quantitative Bestimmung

Kolorimetrische Bestimmung (70)
2 ml einer neutralen oder schwach sauren Lösung von Polyvinylalkohol bei 20 °C mit 8 ml einer Lösung von 0,003 m Jod und 0,32 m Borsäure (H_3BO_3) versetzen, mischen und die Extinktion der Lösung bei 670 nm gegen Blindprobe messen.
Fehler: ± 3,4 % bei nicht mehr als 60 μg Polyvinylalkohol pro ml. Keine Störung durch Essigsäure, Chlorid, Weinsäure und Äthanol. Störung durch Thiosulfat, Ascorbinsäure, Peroxide, Aluminiumsulfat, Phenolphthalein, Orthophosphorsäure, Eisen(III)-chlorid und Aceton.

4.10. Polyvinylacetat

Polyvinylacetat wird verwendet als Rohstoff für Lacke und Klebstoffe, auf dem Kunststoffgebiet als Co-Komponente in Copolymerisaten mit z. B. Vinylchlorid und Äthylen.

Verhalten beim Erhitzen und in der Flamme
Polyvinylacetat schmilzt, wird braun. Dämpfe reagieren sauer. Es brennt mit leuchtender, rußender Flamme und brennt nach Entzünden weiter. Geruch nach Essigsäure.

Löslichkeit
Löslich in Benzol, Chlorkohlenwasserstoffen, Ketonen, Estern und Alkoholen.

Verseifungszahl > 200

4.10.1. Qualitative Nachweise

Verseifung mit Nachweisen von Polyvinylalkohol und Essigsäure

a) Verseifung
Ca. 100 mg Material in ca. 20 ml Methanol lösen, gleiches Volumen 1 n methanolische Natronlauge zugeben und 30 min. unter Rückfluß kochen. Flockiger Niederschlag von Polyvinylalkohol fällt aus. Abfiltrieren und mit Methanol waschen.

b) Nachweis von Polyvinylalkohol
Siehe Polyvinylalkohol, Qualitative Nachweise (S. 94).

c) Nachweis von Essigsäure
Das nach der Verseifung erhaltene Filtrat zur Trockne eindampfen, mit wenig Wasser aufnehmen, doppeltes Volumen 25 %ige Schwefelsäure zugeben und die Hälfte der Lösung abdestillieren. Aufgefangenes Destillat mit 2 n Natronlauge gegen Universal-

---

(70) *Horacek, J.*, Chem. Prumysl Bd. 12 (1962) S. 385–387, ref. Analytic. Abstracts Bd. 10 (1963) S. 694.

Indikator-Papier neutralisieren und auf wenige ml einengen. 1–2 Tropfen einer 5%igen Lanthannitrat-Lösung und 1–2 Tropfen einer 0,01 n Jod-Jodkalium-Lösung und 1 Tropfen verd. Ammoniak zugeben. Tiefblaue Färbung zeigt Essigsäure an.
Bei Anwendung von zuviel Ammoniak entsteht eine tiefblaue Fällung. Die Reaktion versagt bisweilen.

Nachweis von Acetat und Propionat nach Feigl (71)
Kunststoff mit wenigen ml verd. Salzsäure ca. 10 min. erhitzen, schwach ammoniakalisch machen und von dieser Lösung maximal 1 ml mit 1–2 Tropfen einer 5%igen Lanthannitrat-Lösung und 1 Tropfen 0,1 n Jodlösung versetzen.
Acetate geben sich rasch durch tiefblaue, Propionate durch braune Färbung zu erkennen.
Die Reaktion läßt sich auch direkt am Kunststoff durchführen (Tüpfelplatte).

Farbreaktion mit Mono- und Dichloressigsäure (72)
Je etwa 5 ml Mono- und/oder Dichloressigsäure schmelzen, mit einer Spatelspitze der zu untersuchenden, gut zerriebenen Probe versetzen und 1–2 min. zum Sieden erhitzen. Aus der aufgetretenen Färbung kann auf das vorliegende Polymere geschlossen werden. Ist nach 2 min. Sieden keine der aufgeführten Farben aufgetreten, so gilt der Test als negativ.
Copolymerisate geben nur dann ein verwertbares Ergebnis, wenn der Anteil der Vinyl-Komponente wenigstens 67% beträgt. Proteine, Polyvinylalkohol und Salze der Polyacrylsäure stören gelegentlich, andere Polymere geben negative Ergebnisse.
Tafel 19 gibt Auskunft über die auftretenden Färbungen.

Reaktion nach Liebermann-Storch-Morawski (73)
Einige mg der Probe heiß in 2 ml Essigsäureanhydrid lösen. Nach Erkalten ca. 3 Tropfen 50%ige Schwefelsäure zugeben. Farbton der Lösung bei Zugabe der Schwefelsäure, nach 10 min. und schließlich nach nochmaligem Erhitzen auf ca. 100 °C (etwas unterhalb Siedepunkt) beobachten.
Polyvinylacetat zeigt kalt keine, beim Erhitzen eine blaugrüne, dann braunschwarze Färbung.
Zum Unterschied dazu ergibt Polyvinyläther kalt beim Zutropfen der Schwefelsäure eine blaugrüne Färbung, die nach 10 min. in rotbraun und bei nochmaligem Erhitzen in braunschwarz übergeht.

Anmerkung: Da die Reaktion nicht spezifisch und manchmal schlecht reproduzierbar ist, werden in Tafel 20 die auftretenden Farbtöne bei der *Liebermann-Storch-Morawski*-Reaktion mit weiteren Kunststoffen aufgeführt.

---

(71) *Hummel, D.*, Kunststoff-, Lack- und Gummi-Analyse, Textbd., 1958, S. 53, Carl Hanser Verlag, München.
(72) *Winterscheidt, H.*, Seifen, Öle, Fette, Wachse Bd. 80 (1954) S. 239–240; *G. M. Brauer* u. *S. B. Newman* in: High Polymers Vol. XII: Analytical Chemistry of Polymers, Edited by G. M. Kline, Part III: Identification Procedures and Chemical Analysis, S. 243–244, 1962. Interscience Publ., New York.
(73) s. a. *Wagner, H., H. F. Sarx:* Lackkunstharze, 4. Aufl., 1959 S. 250–251, Carl Hanser Verlag, München.

Tafel 19. Farbreaktionen mit Mono- und Dichloressigsäure

	Monochloressigsäure	Dichloressigsäure
Polyvinyläther		
Methyl	grün	blau-violett
Äthyl	blau-grün	grün-blau
Isopropyl	blau-grün	grün-blau
Lauryl (Dodecyl)	grün	grün-blau
Cetyl (Hexadecyl)	grün	grün-blau
Oktadecyl	grün	grün-blau
Polyvinylacetat	rot-violett	blau-violett
Polyvinyl-chloracetat	blau-violett	blau-violett
Polyvinylchlorid	blau	rot-violett
PVC nachchloriert	keine Färbung	keine Färbung
Polyvinylcarbazol	hellgrün	blau
Polyvinylpyrrolidon	rosa-violett, sehr rasch in blau-grün umschlagend	––
Copolymerisate		
60% Vinylchlorid + 40% Vinylacetat	weinrot bis violett	blau bis violett
90% Vinylchlorid + 4% Vinylacetat + 6% Vinylalkohol	weinrot bis violett	blau bis violett
86% Vinylchlorid + 13% Vinylacetat + 1% Maleinsäure	weinrot bis violett	blau bis violett
80% Vinylchlorid + 20% Vinylisopropyläther	weinrot bis violett	blau bis violett
je 33,3% Vinylchlorid, Vinylacetat und Acrylsäurebutylester	schwach rot, dann blau	––

4.10.2. Quantitative Bestimmung

Vinylacetat-Gehalt in Vinylchlorid-Vinylacetat-Copolymerisaten

Einwaage der Tafel 21 entsprechend in 100-ml-Erlenmeyer-Kolben mit Normschliff einwägen, 20 ml Tetrahydrofuran zugeben und unter gutem Rühren lösen. 10 min. in einem Thermostaten auf 30 °C temperieren.

5,00 ml äthanolische Kalilauge (Stärke entsprechend Tafel 21) zufügen, kurz durchschütteln (Copolymerisat darf nicht ausfallen) und entsprechende Zeit bei 20 bis 25 °C oder bei 25–30 °C verseifen. Anschließend unter guter Rührung 30 ml Äthanol-Wasser-Gemisch (1 : 1 Vol.) langsam zutropfen, wobei das Polymere als feines Pulver ausfällt.

Mit 1 ml Thymolblau-Indikator (0,1 g Thymolblau in 100 ml Äthanol) versetzen und überschüssige Kalilauge mit Schwefelsäure (Stärke siehe Tafel 1) zurücktitrieren. Umschlag Tiefgrün in Orange. Nach vollendeter acidimetrischer Titration 1 ml 1 n Schwefelsäure zugeben und unter Rühren das durch teilweise Verseifung von

Tafel 20. Reaktion nach Liebermann-Storch-Morawski

Kunststoff	sofort	nach 10 min.	nach nochmaligem Erhitzen
Äthylcellulose	gelbbraun	dunkelbraun	dunkelbraun-dunkelrot
Phenolharz	rotviolett, rosa oder gelb	braun	rotstichig gelbbraun
Cumaronharz	schmutzig rot	schmutzig rot	braunrot
Ketonharz	rotbraun	rotbraun	rotbraun
Polyvinylalkohol	farblos	farblos	grün bis schwarz
Polyvinyläther	blau, dann grünlich	rotbraun	braunschwarz
Polyvinylacetat	farblos	farblos	blaugrün, dann braun
Polyvinylformal	gelb	gelb	graubraun
Polyvinylbutyral	gelbbraun	goldgelb	dunkelbraun
Vinylchlorid-Vinylacetat-Copolymerisate	farblos	farblos	schmutzig braun
Polybutadien	schwach gelb	schwach gelb	schwach gelb
Chlorkautschuk	gelbbraun	gelbbraun	rötlich gelbbraun
Polyester, ungesättigt	farblos, Ungelöstes rosa	farblos, Ungelöstes rosa	farblos
Alkydharz	farblos oder gelbbraun	farblos oder gelbbraun	braun bis schwarz
Styrolalkydharz	schmutzig braunstichig	schmutzig braunstichig	braun
Maleinatharz	weinrot, dann olivbraun	olivbraun	
Epoxydharz	farblos bis gelb	farblos bis gelb	farblos bis gelb
Polyurethan	zitronengelb	zitronengelb	braun, grüne Fluoreszenz

Keine Färbung zeigen:

Benzylcellulose, Celluloseester, Harnstoffharz, Melaminharz, Polyolefine, Polytetrafluoräthylen, Polytrifluorchloräthylen, Polyacrylate, Polymethacrylate, Polyacrylnitril, Polystyrol, Polyvinylchlorid, nachchloriertes PVC, Polyvinylidenchlorid, chloriertes Polyäthylen, gesättigte Polyester, Polycarbonat, Polyformaldehyd, Polyamide.

Vinylchlorid vorliegende Chlorid potentiometrisch mit Silbernitrat-Lösung (Stärke vgl. Tafel 21) titrieren.
Blindwert, der sich sowohl auf acidimetrische als auch auf argentometrische Titration bezieht, ist erforderlich.

$$\text{Vinylacetat-Gehalt in Gew.-\%} = 0{,}8609 \cdot \frac{A - B - C}{\text{g Einwaage}} \text{ (für 0,1 n } H_2SO_4 \text{ und } AgNO_3)$$

$$\text{Vinylacetat-Gehalt in Gew.-\%} = 0{,}4304 \cdot \frac{A - B - C}{\text{g Einwaage}} \text{ (für 0,05 n } H_2SO_4 \text{ und } AgNO_3)$$

wobei A = verbrauchte ml Schwefelsäure im Blindversuch
B = verbrauchte ml Schwefelsäure im Hauptversuch
C = verbrauchte ml Silbernitrat-Lösung

Störung der Bestimmung durch Anwesenheit von Estern, z. B. Maleinat, Fumarat usw.

Anmerkung: Es hat sich als vorteilhaft erwiesen, stets bei 30° C mit 0,5 n KOH 120 min. zu verseifen und anschließend mit 0,1 n Schwefelsäure bzw. Silbernitrat zu titrieren. (75)

Tafel 21. Bedingungen für die Verseifung von Vinylchlorid-Vinylacetat-Copolymerisaten

Vermutlicher Gehalt an Vinylacetat (%)	Einwaage	Stärke der äthanolischen KOH	Stärke der Schwefelsäure und Silbernitrat-Lösung	Verseifungszeit in Stdn. Thermostat 30 °C	Raumtemperatur 20–25 °C	Raumtemperatur 25–30 °C
0–5	0,4 –0,5	0,2 n	0,05 n	2	3,5	2,5
5–10	0,18–0,2	0,2 n	0,05 n	2	3,5	2,5
10–30	0,18–0,2	0,5 n	0,1 n	1,5	2,5	2
30–60	0,18–0,2	0,5 n	0,1 n	2	3,5	2,5
über 60	0,13–0,15	0,5 n	0,1 n	3	6	4

4.11. Polyvinyläther

Polyvinyläther zeigen unterschiedliches Verhalten je nach dem verwendeten Alkohol und dem Polymerisationsgrad; sie sind ölartig bis hartharzähnlich, der Isobutyläther gummiartig. Sie finden u. a. Verwendung als Rohstoff für Kleber, als Kabeltränkmassen und als Mischungskomponenten für Gummi, Wachse und Paraffine. Interesse besitzen der Methyläther, Äthyläther und Isobutyläther.

Verhalten beim Erhitzen und in der Flamme
Beim Erhitzen tritt Zersetzung unter Braunfärbung ein, die Dämpfe reagieren neutral. Die Äther brennen nach Entzündung weiter mit blaugesäumter Flamme. Kratzender Geruch (nicht spezifisch).

Löslichkeit
Methyläther: löslich in Benzol, Chlorkohlenwasserstoffen, Äther, Estern, Alkohol und Wasser.

(75) Unveröffentlichte Mitteilung der Dynamit Nobel A.G., Troisdorf.

Äthyl- und Isobutyläther: löslich in Benzin, Benzol, Chlorkohlenwasserstoffen, Äther und Estern.

Verseifungszahl < 20

4.11.1. Qualitative Nachweise

Reaktion nach Liebermann-Storch-Morawski
Unterscheidungsmöglichkeit zwischen Polyvinyläthern und Polyvinylacetat. Beide Polymere geben beim Erwärmen eine blaue bis blaugrüne Färbung, während beim Abkühlen nur die Polyvinyläther diese Farbe zeigen. Polyvinylacetat bleibt farblos. Blindprobe nützlich. Durchführung siehe Polyvinylacetat, Qualitative Nachweise S. 96.

Oxydation
Wenig Material mit konz. Salpetersäure oder alkalisch mit Kaliumpermanganat kochen. Die sich bildende Oxalsäure in saurem Medium mit Permanganat (Entfärbung) oder durch Fällen als Calciumoxalat nachweisen.
Reaktion ist nicht spezifisch für Polyvinyläther (vgl. z.B. Polyvinylalkohol).

Reaktion mit Mono- und Dichloressigsäure
Siehe Polyvinylacetat, Qualitative Nachweise S. 96.

Bestimmung der Alkylseitenketten in Polyvinyläthern nach Zeisel (76)
Ätherspaltung durch Kochen mit Jodwasserstoffsäure. Absorption des gebildeten Alkyljodids in der Vorlage mit einer Aufschlämmung von Silber-3,5-dinitrobenzoat. Ausgeschiedenes AgJ abfiltrieren und gebildeten Ester aus der Lösung ausäthern. Ätherische Lösung mit Natriumsulfat trocknen und Äther abdestillieren oder abdunsten lassen.
Methylester (Schmp. 109 °C) zeigt Polyvinylmethyläther, der Äthylester (Schmp. 91 °C) Polyvinyläthyläther an.
Die Reaktion läßt sich auch quantitativ durchführen. Einzelheiten der Ausführung und der Apparatur sind der Originalliteratur zu entnehmen.

4.11.2. Quantitative Bestimmungen

Monomeren-Anteil in Polyvinyläthyläther (77)
25 ± 0,1 g der Probe in 300-ml-Erlenmeyer-Kolben einwägen, mit 50 ml Methanol versetzen, 100 ml 0,1 n Jodlösung zugeben, 1 ± 0,1 g Natriumoxalat zufügen und 2 min. kräftig schütteln.
Bis zum Verschwinden der Jodfarbe mit 0,1 n Natriumthiosulfat-Lösung titrieren. Blindwert ist erforderlich.

$$\text{Vinyläthyläther in Gew.-\%} = 0{,}3605 \cdot \frac{\text{ml } Na_2S_2O_3 \text{ Blindwert} - \text{ml } Na_2S_2O_3 \text{ Probe}}{\text{g Einwaage}}$$

---

(76) *Rath, H.*, u. *L. Heiss*, Kunststoffe Bd. 44 (1954) S. 341–347.
(77) *Kennett, C. J.*, in: High Polymers Vol. XII: Analytical Chemistry of Polymers, Edited by G. M. Kline, Part I: Analysis of Monomers and Polymeric Materials: Plastics — Resins — Rubbers — Fibers, S. 485. 1959, Interscience Publ., New York.

4.12. Polyvinylacetale

Polyvinylacetale entstehen durch Kondensation von Polyvinylalkohol mit Aldehyden oder Ketonen; sie stellen je nach dem verwendeten Aldehyd oder Keton weiche bis feste Harze dar. Auf dem Kunststoffsektor dienen vor allem Formaldehyd-, Acetaldehyd- und Butyraldehydacetal und zwar u. a. als Lackrohstoffe, für Klebstoffe und Kunstleder, das Butyraldehydacetal außerdem als Zwischenschichtfolie für Sicherheitsglas.
Technische Produkte enthalten entweder von der Herstellung her oder auch beabsichtigt Anteile von Polyvinylacetat und Polyvinylalkohol.

Verhalten beim Erhitzen und in der Flamme
Polyvinylacetale schmelzen und zersetzen sich unter Braunfärbung, die Dämpfe reagieren sauer. Sie brennen nach Entzündung weiter, Polyvinylbutyral mit bläulicher Flamme (gelber Rand) unter Abtropfen.

Löslichkeit
Je nach Acetalisierungsgrad löslich bis quellbar in Chlorkohlenwasserstoffen, Ketonen, Estern und Alkohol.
Polyvinylformal löslich in Methylenchlorid, Chloroform, Tetrahydrofuran, Dioxan u. a., Polyvinylbutyral löslich in Alkoholen, Glykolmonoäthyläther, Methylacetat, einigen Chlorkohlenwasserstoffen und Ketonen.

Verseifungszahl < 20

4.12.1. Qualitative Nachweise

Reaktion mit Jod-Jodkalium (78)
Die zu untersuchenden weichmacherfreien Produkte werden direkt mit 1–2 Tropfen Reagenslösung (s. u.) in Berührung gebracht. 1 min. einwirken lassen und abspülen.

Reagenslösung: 10 ml 50%ige Essigsäure + 7 ml Jod-Jodkalium-Lösung (1 g Kaliumjodid + 0,9 g Jod + 40 ml Wasser + 2 ml Glycerin).

Polyvinylformal gibt blaue bis schwarzviolette Färbung,
Polyvinylacetal grüne Färbung,
Polyvinylbutyral grüne Färbung und
Polyvinylacetat oft rote Färbung.

Bei technischen Polyvinylbutyralen ist eine halbquantitative Bestimmung des Polyvinylalkohol-Gehaltes auf Grund der auftretenden Färbung möglich:

bis ca. 15%	Polyvinylalkohol	gelbe Färbung
15,5 – 18%	,,	lindgrüne Färbung
18 – 27%	,,	grüne Färbung
28 – 40%	,,	blaugrüne Färbung
über 40%	,,	blaue Färbung

(78) *Broockmann, K.* u. *G. Müller,* Farbe u. Lack Bd. 61 (1955) S. 217–219.

Spaltung mit Schwefelsäure

Beim Kochen mit 25–50%iger Schwefelsäure entstehen als Spaltprodukte die entsprechenden Aldehyde bzw. Ketone (aus Ketalen). Aldehyddämpfe in verdünnt-salzsaure Lösung von 2,4-Dinitrophenylhydrazin einleiten. Dinitrophenylhydrazone fallen aus. Absaugen, trocknen und evtl. aus Alkohol umkristallisieren.

2,4-Dinitrophenylhydrazon	von	Formaldehyd (gelb)	Schmp.	168 °C
,,	,,	Acetaldehyd (orange)	,,	168 °C
,,	,,	n-Butyraldehyd	,,	126 °C

4.12.2. Quantitative Bestimmungen

Polyvinylacetat-Gehalt (79)

a) in Polyvinylformal

2,150 g der Probe in 500-ml-Erlenmeyer-Kolben einwägen, in einer Mischung von 30 ml Pyridin und 20 ml Methanol lösen und gegen Phenolphthalein mit 0,05 n Kalilauge bis schwach rosa (1 min. beständig) titrieren (neutralisieren).

25 ml 0,5 n Kalilauge zugeben, 1 Std. unter Rückfluß auf Dampfbad kochen, Kühler mit wenig Wasser spülen und mit 0,5 n Salzsäure gegen Phenolphthalein titrieren.

Blindwert erforderlich.

Polyvinylacetat-Gehalt in Gew.-% = 2 · (ml 0,5 n HCl Blindwert – ml 0,5 n HCl Probe)

b) in Polyvinylbutyral

5,0 g der Probe in Druckflasche einwägen, 100 ml Methanol zugeben, lösen und gegen Phenolphthalein neutralisieren.

50 ml 0,5 n äthanolische Kalilauge zufügen und 4 Stdn. in verschlossenem Zustand im Wasserbad von 98 °C ± 2 grd erwärmen. Nach langsamer Abkühlung mit 0,5 n Schwefelsäure unter starkem Schütteln gegen Phenolphthalein titrieren.

Blindwert erforderlich.

Polyvinylacetat-Gehalt in Gew.-%

$$= 0{,}86 \cdot (\text{ml } 0{,}5 \text{ n } H_2SO_4 \text{ Blindwert} - \text{ml } 0{,}5 \text{ n } H_2SO_4 \text{ Probe})$$

Butyraldehyd-Gehalt in Polyvinylbutyral

a) nach Kennett (79)

Ca. 2 g der Probe in 300-ml-Erlenmeyer-Kolben einwägen, 25 ml Butanol und 50 ml 0,5 n Hydroxylamin-hydrochlorid-Lösung zugeben und 2 Stdn. unter Rückfluß kochen.

Abkühlen lassen, Kühler mit 50 ml Methanol-Wasser (1 : 1 Vol.) spülen, einige Tropfen einer 0,04%igen Lösung von Bromphenolblau in Methanol zugeben und mit 0,5 n Natronlauge titrieren.

Blindwert erforderlich.

$$\text{Butyraldehyd in Gew.-\%} = 3{,}605 \cdot \frac{\text{ml } 0{,}5 \text{ n NaOH Probe} - \text{ml } 0{,}5 \text{ n NaOH Blindwert}}{\text{g Einwaage}}$$

(79) *Kennett, C. J.*, in: High Polymers Vol. XII: Analytical Chemistry of Polymers, Edited by G. M. Kline, Part I: Analysis of Monomers and Polymeric Materials: Plastics – Resins – Rubbers – Fibers, S. 476. 1959, Interscience Publ., New York.

b) Deutsche Methode (80)
0,5–1,0 g der Probe in eine 200-ml-Druckflasche einwägen, mit 20,0 ml 0,5 n Salzsäure und 50 ml einer ca. 1 n Hydroxylaminhydrochlorid-Lösung versetzen und fest verschließen. Gleichzeitig in zweiter Druckflasche Blindprobe ansetzen.
Beide Flaschen im Trockenschrank bei 100–105 °C so lange erhitzen, bis klare Lösung entsteht (im allgemeinen über Nacht). Eventuell zeitweiliges, vorsichtiges Umschütteln, Gefäß kann platzen. Vorsicht! Nach dem Erkalten mit 0,2 n Natronlauge gegen Bromphenolblau oder elektrometrisch bis pH 4,5 zurücktitrieren.

Polyvinylbutyral-Gehalt in Gew.-%

$$= 2{,}84 \cdot \frac{\text{ml 0,2 n NaOH Probe} - \text{ml 0,2 n NaOH Blindwert}}{\text{g Einwaage}}$$

Polyvinylalkohol-Gehalt

a) nach Kennett (79)
1,500 g der Probe in Druckflasche einwägen, 20 ml einer Mischung von 880 ml frisch destilliertem Pyridin und 120 ml Essigsäureanhydrid hinzupipettieren, verschließen, schütteln und 4 Stdn. auf 98 °C ± 2 grd im Wasserbad erhitzen.
Nach langsamer Abkühlung (zuletzt mit Kältebad) 25 ml Methylisobutylketon zufügen, gut durchschütteln und 5 ml Wasser zugeben. 30 min. im Wasserbad auf 98 °C 2 grd erhitzen, abkühlen lassen, 35 ml gekühltes Methylisobutylketon zugeben und mit 0,5 n äthanolischer Kalilauge gegen Phenolphthalein bis schwach rosa titrieren. Blindwert erforderlich.

Polyvinylalkohol-Gehalt in Gew.-%

$$= 1{,}467 \cdot (\text{ml 0,5 n KOH Blindwert} - \text{ml 0,5 n KOH Probe})$$

b) Deutsche Methode (80)
Etwa 1 g der Probe in dicht schließenden 300-ml-Erlenmeyer-Kolben einwägen, 20,0 ml Acetylierungsgemisch (1 Raumteil Essigsäureanhydrid + 3 Raumteile Pyridin) zugeben, rasch fest verschließen, Substanz durch leichtes Umschwenken verteilen und über Nacht im Trockenschrank auf 55–60 °C erhitzen.
Abkühlen lassen, ggf. schütteln, bis ein etwaiger Bodensatz vollständig aufgerührt ist. Unter Schütteln 3 ml dest. Wasser aus Pipette zutropfen und Kolben rasch wieder verschließen, bis Reaktionswärme abgeklungen ist. Zur erkalteten Lösung 25 ml Äthylenchlorid zugeben und schütteln, bis die Lösung klümpchenfrei ist.
Titration der freien Essigsäure mit 1 n Natronlauge gegen Phenolphthalein. Sollte die Lösung während der Titration gelartig werden, dann ca. 10 ml dest. Wasser zugeben und weitertitrieren. Blindprobe ist erforderlich.

Polyvinylalkohol-Gehalt in Gew.-%

$$= 4{,}4 \cdot \frac{\text{ml 1 n NaOH Blindwert} - \text{ml 1 n NaOH Probe}}{\text{g Einwaage}}$$

---

(80) nach Angaben der Firmen Farbwerke Hoechst AG, Dynamit Nobel AG und Wacker-Chemie GmbH.

4.13. Polyvinylcarbazol

Polyvinylcarbazol liegt als Spritzguß- und Preßmasse sowie daraus gefertigten Formteilen vor. Auf Grund des hohen Erweichungspunktes (Formbeständigkeit nach Martens 170 °C, nach Vicat 200 °C) wird es vorzugsweise für wärrnebeanspruchte Teile in der Hochfrequenztechnik eingesetzt. Die Verarbeitung erfolgt meist nach einem Preß-Sinter-Verfahren.

Verhalten beim Erhitzen und in der Flamme
Polyvinylcarbazol schmilzt und brennt unter Zersetzung mit stark rußender Flamme, Geruch nach Naphthalin. Dämpfe reagieren ganz schwach alkalisch.

Löslichkeit
Löslich in Benzol, Toluol, Chloroform, Chlorbenzol, Methylenchlorid und Tetrahydrofuran.

Verseifungszahl < 20

4.13.1. Qualitative Nachweise

Farbreaktionen nach Winterscheidt (81)

a) Liebermann-Storch-Morawski-Reaktion
Durchführung siehe Polyvinylacetat, Qualitative Nachweise S. 95. Zuerst Schwefelsäure zur Probe geben, erst dann Essigsäureanhydrid. Blaugrüne Färbung.

b) Reaktion mit Chloressigsäure
5 ml Dichloressigsäure mit wenigen mg der zu untersuchenden Probe über kleiner Flamme erwärmen. Blaufärbung.
Umsetzung mit Monochloressigsäure ergibt hellgrüne Farbe. (Siehe auch Polyvinylacetat, Qualitative Nachweise S. 95)

c) Aldehydreaktion
Kleine Menge der zu untersuchenden Probe mit konz. Schwefelsäure versetzen und 1 Tropfen Glyoxal oder Formalin zugeben. Blaugrüne Färbung.

d) Reaktion mit Salpetersäure
Bis ca. 0,5 g der Probe in Toluol lösen oder suspendieren. Konz. Schwefelsäure und einige Tropfen konz. Salpetersäure zugeben. Tiefgrüne Färbung.

4.13.2. Quantitative Bestimmung

Vinylcarbazol-Gehalt (82)
5 g des gut zerkleinerten Polyvinylcarbazols einwägen, mit 75 ml Tetrachlorkohlenstoff versetzen und 1 Std. kräftig schütteln oder rühren. Filtrieren, mit 15 ml Tetra-

(81) *Winterscheidt, H.*, Seifen, Öle, Fette, Wachse Bd. 80 (1954) S. 239–240.
(82) *Kennett, C. J.*, in: High Polymers Vol. XII: Analytical Chemistry of Polymers, Edited by G. M. Kline, Part I: Analysis of Monomers and Polymeric Materials: Plastics — Resins — Rubbers — Fibers, S. 485. 1959, Interscience Publ., New York.

chlorkohlenstoff zweimal waschen und Filtrat mit einer 0,1 n Lösung von Brom in Tetrachlorkohlenstoff bis schwach gelb titrieren.

$$\text{Monomeres Vinylcarbazol in Gew.-\%} = 1{,}932 \cdot \frac{\text{ml 0,1 n Bromlösung}}{\text{g Einwaage}}$$

4.14. Polyvinylpyrrolidon

Polyvinylpyrrolidon findet als Verdickungsmittel und Schutzkolloid z.B. für Kunststoffdispersionen, Klebstoffe, Appreturen usw. Verwendung. Es ist als Pulver oder auch in Form wäßriger Lösungen im Handel.

Verhalten beim Erhitzen und in der Flamme
Polyvinylpyrrolidon schmilzt unter Zersetzung und bildet ein braunes Destillat; Dämpfe reagieren alkalisch, Geruch nach Nikotinbasen. Das Material brennt sehr schwer mit gelber Flamme und verlischt außerhalb der Flamme.

Löslichkeit
Löslich in Alkoholen, Glycerin, Glykolen, Äthylacetat, Ketonen (Methylcyclohexanon, Diaceton), Chlorkohlenwasserstoffen, verdünnten und konzentrierten wäßrigen Mineralsäuren und Wasser. Unlöslich in Äther und Kohlenwasserstoffen.

4.14.1. Qualitative Nachweise

Farbreaktion mit Mono- und Dichloressigsäure
Siehe Polyvinylacetat, Qualitative Nachweise S. 96.

4.14.2. Quantitative Bestimmungen

Trennung von Polyvinylpyrrolidon und Polyoxyäthylenen und anderen Polyäthern (83)
Wasserextrakt des zu untersuchenden Materials mit Salzsäure ansäuern und eventuell abgeschiedene Fettsäuren ausäthern. Wäßrige Lösung neutralisieren, auf Dampfbad eindunsten und bei 105 °C oder im Vakuum bei 80 °C trocknen. Rückstand mit Tetrachlorkohlenstoff extrahieren (Polyoxyäthylene und Polyäther gehen in Lösung). Rückstand in Methylenchlorid lösen, filtrieren, eindampfen und Polyvinylpyrrolidon mit Äthanol extrahieren.
Tetrachlorkohlenstoff-Lösung und Äthanol-Lösung eindampfen. Gravimetrische Bestimmung der Bestandteile.

Acetaldehyd-Gehalt (84)
300 ml Polyvinylpyrrolidon-Lösung in 1000-ml-Rundkolben geben, 80 ml 25%ige Schwefelsäure zufügen und etwa 45 min. unter Rückfluß erhitzen.

---

(83) *Hummel, D.*, Kunststoff-, Lack- und Gummi-Analyse 1958, S. 260–261, Carl Hanser Verlag, München.
(84) *Kennett, C. J.*, in: High Polymers Vol. XII: Analytical Chemistry of Polymers, Edited by G. M. Kline, Part I: Analysis of Monomers and Polymeric Materials: Plastics – Resins – Rubbers – Fibers, S. 486. 1959, Interscience Publ., New York.

Danach insgesamt 100 ml überdestillieren. Als Vorlage dient ein 300-ml-Erlenmeyer-Kolben mit 20 ml einer 0,5 n Hydroxylaminhydrochlorid-Lösung, die mit 0,1 n Natronlauge gegen Bromphenolblau neutralisiert worden ist.
Vorlage mit 0,1 n Natronlauge titrieren.

$$\text{Acetaldehyd-Gehalt in Gew.-\%} = 0{,}4405 \cdot \frac{\text{ml } 0{,}1 \text{ n NaOH}}{\text{g Einwaage}}$$

4.15. Chlorhaltige Polymere

Chlor enthalten: Chlorkautschuk, Kautschukhydrochlorid, chlorierte und sulfochlorierte Polyäthylene, Polychloropren, Polytrifluorchloräthylen, Polyvinylchlorid und dessen Copolymerisate, Polyvinylidenchlorid.
Auf dem Kunststoffgebiet interessieren vor allem PVC und dessen Copolymere, Polyvinylidenchlorid, Polytrifluorchloräthylen (siehe Fluorhaltige Polymere, S. 113) und ggf. chlorierte und sulfochlorierte Polyäthylene, hiervon erstere als Weichmacher für PVC (für schlagfestes PVC). Chlorkautschuke sind Lackrohstoffe.

a) *Polyvinylchlorid (PVC)* und dessen Copolymerisate sind in zahlreichen Formen auf dem Markt.
PVC-Pulver sind weiß bis schwach gelblich; sie werden beim Erhitzen braun bis rotbraun und bedürfen deshalb für alle Verarbeitungsarten Zusätze von Stabilisatoren.
Verarbeitet ohne Weichmacher liegt PVC in Form von Platten, Rohren, Stäben und Hartfolien (für Verpackung) vor. Größte Anwendung in Verbindung mit Weichmachern für die Herstellung von Folien, Schläuchen, Kabelisolierungen, Fußbodenbelägen, Formkörpern usw..
In Form von Pasten findet PVC Verwendung für die Herstellung von Hohlkörpern, Gewebebeschichtungen usw.

Verhalten beim Erhitzen und in der Flamme
Beim Erhitzen zersetzt sich PVC, wird dunkelbraun, brennt in der Flamme mit grüngesäumter Flamme, erlischt außerhalb. Dämpfe sind stark sauer, Geruch nach Salzsäure.

Löslichkeit
In üblichen Lösungsmitteln unlöslich, löslich in Tetrahydrofuran und Cyclohexanon.

Verseifungszahl < 20

b) *Weichgestelltes PVC* verhält sich ähnlich PVC.

Verhalten beim Erhitzen
Geruch nach Salzsäure und Weichmacher (meist esterartig).

Verseifungszahl
ist abhängig von Art und Menge des verwendeten Weichmachers.

c) *Vinylchlorid-Copolymerisate*
Durch Copolymerisation vor allem mit Vinylacetat wird innere Weichmachung erzielt, jedoch ist für weiche Produkte weiterer Weichmacherzusatz erforderlich. In allen Fällen wird durch Copolymerisation die Löslichkeit verbessert.

Bekannt sind Copolymere des Vinylchlorids mit Vinylacetat, Vinylidenchlorid, Malein- oder Fumarsäureestern, Acrylsäureestern und Vinylisobutyläther.

d) *Nachchloriertes PVC* wird verwendet für Klebstoffe und Lacke, auch Fasern. Beim Erhitzen verhält es sich wie PVC.

Löslichkeit
Durch die Nachchlorierung löslich in organischen Lösungsmitteln wie Benzol, Methylenchlorid, Ketonen und Estern.

e) *Polyvinylidenchlorid* liegt meist als Copolymerisat mit Vinylchlorid vor. Es wird verwendet für Borsten, Fäden, Bänder und Folien (Schrumpffolien). Verhalten ähnlich PVC.

4.15.1. Qualitative Nachweise

Nachweis von Chlor
Einfachste Nachweis-Reaktion ist die Beilsteinprobe.
Ausgeglühten Kupferdraht mit wenig zu prüfender Substanz benetzen und in Flamme halten. Grünfärbung der Flamme zeigt Halogen an. (Siehe auch Qualitativer Nachweis von Elementen, S. 52)

Farbreaktion nach Hummel (85)
Geeignet zur Unterscheidung chlorhaltiger Polymerer.

a) Vorbereitung
Zu untersuchende Probe durch Extraktion mit Äther vom Weichmacher befreien. Nochmalige Beilsteinprobe auf Chlor, um Vorhandensein eines chlorhaltigen Kunststoffes zu sichern.
Material in Tetrahydrofuran lösen, zentrifugieren oder filtrieren und Polymerprodukt durch Versetzen mit Methanol wieder ausfällen. Abfiltrieren und bei maximal 80 °C trocknen.

b) Farbreaktion nach Behandeln mit kaltem Pyridin
Weichmacherfreies Material kalt mit etwa 1 ml Pyridin versetzen, einige min. stehen lassen und erst dann 2–3 Tropfen einer etwa 5%igen methanolischen Natronlauge zugeben. Die auftretenden Färbungen werden sofort, nach ca. 5 min. und nach 1 Std. beobachtet und mit Hilfe der Tafel 22 zur Identifizierung des Kunststoffes herangezogen.

c) Farbreaktion nach Behandeln mit kochendem Pyridin
Weichmacherfreies Material 1 min. mit 1 ml Pyridin kochen. Lösung in zwei Teile teilen:

Teil 1: erneut kochen und vorsichtig mit 2 Tropfen 5%iger methanolischer Natronlauge versetzen. Farbreaktion sofort und nach 5 min. beobachten. (Tafel 23)

Teil 2: abkühlen und ebenfalls mit 2 Tropfen 5%iger methanolischer Natronlauge versetzen und Färbungen sofort und nach 5 min. beobachten. (Tafel 23)

---

(85) *Hummel, D.,* Kunstst.-Rdsch. Bd. 5 (1958) S. 85–87.

Farbreaktion mit Mono- und Dichloressigsäure
Siehe Polyvinylacetat, Qualitative Nachweise S. 96

Tafel 22. Farbreaktion chlorhaltiger Polymerer nach Behandeln mit kaltem Pyridin

	Auftretende Färbung		
	sofort	nach 5 Min.	nach 1 Std.
PVC-Formstoff	farblos	Lösung farblos, Ungelöstes oberfl. gelb	Lösung dunkelbraun bis dunkel-rotbraun
PVC-Pulver	farblos oder gelb	hellgelb oder rötlichbraun	gelbbraun bis dunkelrot
Vinylchlorid-Vinylacetat-Copolymere	farblos bis hellgelb	hell- bis goldgelb	gelb- bis rotbraun
Polyvinylidenchlorid	schwarzbraun	braunschwarz	schwarz
PVC, nachchloriert	dunkel blutrot	dunkel blutrot	dunkel blutrot bis rotbraun
Chlorkautschuk	olivgrün bis braunoliv	dunkel rotbraun	dunkel rotbraun
Kautschukhydrochlorid	farblos	farblos	farblos
Polychlorbutadien	— — — — — — — — — keine Reaktion — — — — — — — — —		

Tafel 23. Farbreaktion chlorhaltiger Polymerer nach Behandeln mit kochendem Pyridin

	Auftretende Färbung			
	in kochender Lösung		in abgekühlter Lösung	
	sofort	nach 5 min.	sofort	nach 5 min.
PVC	olivgrün	rotbraun	farblos oder gelblich	olivgrün
Vinylchlorid-Vinylacetat-Copolymere	gelb, braun	braun, braunrot	farblos	hellgelb
Polyvinylidenchlorid	— — — — — braunschwarzer Niederschlag — — — — —			
PVC, nachchloriert	blutrot bis braunrot		braun	dunkel-braunrot
Chlorkautschuk	dunkel-rotbraun	dunkel-rotbraun	olivgrün	olivbraun
Kautschukhydrochlorid	— — — — überhaupt keine merkliche Reaktion — — —			
Polychlorbutadien	— — — — — — — — keine Reaktion — — — — — — — —			

4.15.2. Quantitative Bestimmungen

Chlorbestimmung

Bei Vorliegen eines chlorhaltigen Kunststoffes ist zur weiteren Identifizierung eine Bestimmung des Chlor-Gehaltes meist unumgänglich.
Durchführung siehe Quantitative Bestimmung der Elemente, Chlor, S. 57.

Tafel 24. Chlor-Gehalte von Kunststoffen

Kunststoff			Cl-Gehalt
Chlorkautschuk			62 bis 66 % Cl
Polyäthylen, sulfochloriert			27 bis 28 % Cl
Polychlorbutadien			40,05 % Cl (theor.)
Polytrifluormonochloräthylen			30,44 % Cl (theor.) (48,94 % F)
Polyvinylchlorid			56,73 % Cl (theor.)
Vinylchlorid-Vinylacetat-Copolymerisate			
	97 % Vinylchlorid /	3 % Vinylacetat	55,03 % Cl (theor.)
	90 % "	10 % "	51,06 % Cl (theor.)
	87 % "	13 % "	49,36 % Cl (theor.)
	82 % "	18 % "	46,52 % Cl (theor.)
	60 % "	40 % "	34,04 % Cl (theor.)
Polyvinylchlorid, nachchloriert			bis ca. 65 % Cl
Polyvinylidenchlorid			73,14 % Cl (theor.)
Vinylidenchlorid-Vinylchlorid-Copolymerisate			
	90 % Vinylidenchlorid /	10 % Vinylchlorid	71,50 % Cl (theor.)
	85 % "	15 % "	70,66 % Cl (theor.)

Bestimmung des Blei-Gehaltes in bleistabilisiertem PVC

a) Photometrisch als Bleichlorid (86)
0,25 g PVC in 50 ml 1,2-Dichloräthan lösen und durch zweimaliges Ausschütteln mit konz. Salzsäure das Blei extrahieren. Salzsaure Phase mit gleicher Menge Wasser verdünnen und Extinktion des Bleichlorid-Komplexes im UV bei 270 nm in 1-cm-Küvette gegen Blindlösung vermessen. Ablesung der Konzentration aus Eichkurve, die 0–1,2 mg Pb/100 ml Lösung umfassen soll.
Bei Anwesenheit von Eisen wird bei 270 und bei 340 nm (= Fe allein) abgelesen und die Extinktion bei 270 nm um die dem Fe entsprechende korrigiert.
Ti, Ca, Si und Sn stören nicht.

b) Photometrisch als Bleidithizonat (87)
Aufschluß der Substanz mit Natriumperoxid in der Bombe (Durchführung siehe S. 56, Kap. 2.2.3.).
Die wäßrige Lösung des Aufschlusses kochen, mit konz. Salzsäure ansäuern und mit 1 g Ammoniumtartrat und 5 ml Hydrazinhydrat-Lösung (10 %ig) versetzen. Abkühlen, in 500-ml-Meßkolben überspülen und mit Wasser bis zur Marke auffüllen.

(86) *Grossman, S.* u. *J. Haslam,* J. Appl. Chem. Bd. 7 (1957) S. 639–644.
(87) *Gude, A.,* Kunststoffe Bd. 52 (1962) S. 472–473.

In einen zylindrischen 100-ml-Scheidetrichter, der von schwarzer Manschette als Lichtschutz umgeben und mit schnell-laufendem Rührer versehen ist, einen aliquoten Teil der Lösung (70–120 μg Pb) überführen, mit Wasser auf 50 ml ergänzen und mit etwa 15 ml Pufferlösung (5 g Na_2SO_3 + 10 g KCN + 500 ml 25%iges Ammoniak auf 750 ml wäßrige Lösung) und genau 20 ml Dithizonlösung (15 mg Dithizon/ 250 ml CCl_4) versetzen.
Unter Lichtabschluß 5 min. in der Phasengrenzfläche rühren und 5 min. absitzen lassen.
Messen der Extinktion bei 546 nm in 1-cm-Küvette gegen Blindprobe (gleiche Substanz- und Lösungsmittelmengen!).
Rasches Arbeiten erforderlich, da bereits 10 min. Belichtung durch direktes Sonnenlicht die Extinktion um etwa 20% zurückgehen lassen.
Auswertung erfolgt an Hand einer Eichkurve. Relative Fehlergrenze: ± 1,5%. Keine Störung bekannt.

c) Gravimetrisch als Bleichromat (88)
Etwa 10 g feingeraspelte PVC-Substanz im Becherglas mit 50 ml konz. Schwefelsäure erhitzen, bis sich die Masse dunkel färbt und zähflüssige Konsistenz annimmt. Etwas abkühlen lassen, vorsichtig 20 ml konz. Salpetersäure zugeben und erneut erhitzen. Zugabe von Salpetersäure und anschließendes Erhitzen solange wiederholen, bis die Lösung eine hellgelbe Farbe angenommen hat. Dann auf 10–15 ml eindampfen, abkühlen lassen, mit ca. 80 ml Wasser verdünnen und mit Ammoniak leicht alkalisch machen. Diese Lösung mit 100 ml Ammonacetat-Lösung (120 ml 25%iges Ammoniak + 140 ml Eisessig + 170 ml Wasser) versetzen, kurz erhitzen, Rückstand abfiltrieren, Rückstand + Filter nochmals mit Ammonacetat-Lösung aufkochen und erneut filtrieren. Rückstand mit wenig heißer Ammonacetat-Lösung und dann mit Wasser waschen.
Klares Filtrat zum Sieden erhitzen und Blei als Bleichromat mit Kaliumdichromat ausfällen. Weitere 15 min. kochen, absitzen lassen, durch Porzellanfiltertiegel filtrieren, mit Wasser waschen und 2 Stunden bei 150 °C trocknen. Auswägen.

$$\text{Pb-Gehalt in Gew.-\%} = 64{,}01 \cdot \frac{\text{Auswaage an } PbCrO_4}{\text{PVC-Einwaage}}$$

4.16. Fluorhaltige Polymere

Bisher sind vor allem Polytetrafluoräthylen, Polytrifluorchloräthylen, Polyvinylfluorid und Polyvinylidenfluorid aus der Vielzahl der möglichen Fluorverbindungen in der Technik verwendet worden, Polytetrafluoräthylen und Polytrifluorchloräthylen insbesondere für Teile, bei denen hohe Wärmebeständigkeit gefordert wird. Polyvinylfluorid und Polyvinylidenfluorid sind außerordentlich chemikalien, lösemittel- und wetterbeständig. Sie werden verwendet zur Herstellung von Folien und Schutzüberzügen auf Metallen, Kunststoffen und Holz.
Polytetrafluoräthylen ist kein Thermoplast im üblichen Sinne, es ist nur im Sinterverfahren verarbeitbar.

---

(88) *Meyer, W.*, Kunststoffe Bd. 51 (1961) S. 312–314.

Polytrifluorchloräthylen läßt sich thermoplastisch nach Spritzguß- oder Strangpreß-Verfahren verarbeiten.

Verhalten beim Erwärmen und in der Flamme
Polytetrafluoräthylen schmilzt nicht, verdampft langsam bei Rotglut, bei Erwärmen im Glührohr oben wachsartiger Hauch.
Polytrifluorchloräthylen schmilzt und zersetzt sich bei starkem Erhitzen.
Beide Produkte brennen nicht und verkohlen nicht. Dämpfe reagieren stark sauer. Geruch bei Polytetrafluoräthylen stechend nach Flußsäure, bei Polytrifluorchloräthylen zusätzlich nach Salzsäure.

Löslichkeit
Für Polytetrafluoräthylen sind keine Lösungsmittel bekannt; Polytrifluorchloräthylen löst sich oberhalb 120 °C in o-Dichlorbenzol, während Aromaten, Ester und Chlorkohlenwasserstoffe bei höheren Temperaturen lediglich anquellend wirken.
Polyvinylfluorid löst sich oberhalb 100 °C in Dinitrilen, Ketonen, Tetramethylsulfon, Dimethylformamid und Tetramethylharnstoff.
Lösemittel für Polyvinylidenfluorid sind Dimethylsulfoxid und Dioxan.

Verseifungszahl < 20

4.16.1. Qualitative Nachweise

Nachweis von Fluor
Bis ca. 0,5 g der Probe im Reagensglas pyrolysieren und mit wenigen ml konz. Schwefelsäure versetzen. Typische Unbenetzbarkeit der Reagensglaswand zeigt Fluor an.
(Siehe auch Qualitative Nachweise von Elementen, Fluor, S. 53)

Spezifische Nachweisreaktionen
Spezifische Reaktionen für fluorhaltige Polymere existieren nicht. Zur Identifizierung von Polytetrafluoräthylen und Polytrifluoräthylen können herangezogen werden:
Beständigkeit beider Materialien gegenüber konzentrierten anorganischen Säuren und Basen,
ihre hohe Dichte von 2,1 bis 2,2 g/ml,
ihre absolute Unlöslichkeit bei Raumtemperaturen.

4.16.2. Quantitative Bestimmung

Fluor-Gehalt (89)
0,15 g der zu untersuchenden Probe mit dreifacher Menge metallischen Natriums in verschraubtem Nickeltiegel vorsichtig erhitzen, dann 90 min. mit starker Flamme behandeln.
Abkühlen, Schmelze zunächst mit 10 ml absolutem Äthanol versetzen, dann mit heißem Wasser herauslösen und in 100-ml-Meßkolben überspülen. Dreimal mit je 15 ml Wasser Tiegel nachträglich auskochen. Auffüllen des Meßkolbens bis zur Marke.

---
(89) *Schröder, E.* u. *U. Waurick*, Plaste u. Kautschuk Bd. 7 (1960) S. 9–11

20,00 ml dieser Lösung über Kationenaustauscher geben, mit insgesamt 100 ml Wasser waschen und Eluat mit 0,1 n Kalilauge gegen Tashiro-Indikator (s. u.) titrieren.
Bei Gegenwart von Chlor anschließend schwach salpetersauer einstellen und Chlorid nach Volhard mit 0,1 n Silbernitrat argentometrisch bestimmen.

$$\text{Fluor-Gehalt in Gew.-\%} = 0{,}95 \cdot \frac{\text{ml } 0{,}1 \text{ n KOH} - \text{ml } 0{,}1 \text{ n AgNO}_3}{\text{g Einwaage}}$$

$$\text{Chlor-Gehalt in Gew.-\%} = 1{,}773 \cdot \frac{\text{ml } 0{,}1 \text{ n AgNO}_3}{\text{g Einwaage}}$$

Tashiro-Indikator: 125 mg Methylrot und 85 mg Methylenblau in 100 ml Methanol. Zur Titration genügen etwa 5 Tropfen.

4.17. Epoxydharze

Epoxydharze, die durch Kondensation von Epichlorhydrin mit phenolischen Verbindungen entstehen, sind flüssige und schmelzbare Harze. Sie sind kalt oder warm härtbar durch Additionsreaktionen mit Anhydriden zweibasischer Säuren, mit Aminen oder Aminogruppen enthaltenden Polyaminen. Mit härtenden Phenol-, Harnstoff- und Melaminharzen können sie vernetzt oder mit Fettsäuren verestert werden. Verwendung als Gießharze, ggf. mit anorganischen Füllstoffen, sowie als Laminierharze für glasfaserverstärkte Äthoxylinharze.

Verhalten beim Erhitzen und in der Flamme
Ungehärtete Harze schmelzen, brennen nach Entzündung mit leuchtender, rußender Flamme weiter. Geruch nach Phenol, Dämpfe reagieren sauer. Gehärtete Harze zersetzen sich, eventuell unter Sublimatbildung und brennen wie ungehärtete Harze.

Löslichkeit
Ungehärtete Harze sind in üblichen Lösungsmitteln wie Benzol, Methylenchlorid, Ketonen und Estern löslich. Gehärtete Harze zeigen nur Quellung in Methylenchlorid, Aceton und Äthylacetat.

Verseifungszahl < 20

4.17.1. Qualitative Nachweise

Spezifische Nachweis-Reaktionen nach Feigl (90)
Spezifisch für nichtvernetzte und für mit aromatischen Aminen vernetzte Epoxydharze.

a) Aldehydtest
Epoxydharze spalten bei Pyrolyse Acetaldehyd oder dessen Homologe ab.
Material im Glühröhrchen auf 240–250 °C (Glycerinbad) erhitzen. Röhrchen mit Filtrierpapier bedecken, das mit einer frisch bereiteten wäßrigen Lösung von je 5 % Natriumnitroprussid und Morpholin befeuchtet wurde.
Blaufärbung gilt als Nachweis für Epoxydharze.

---

(90) *Feigl, F.* u. *V. Anger,* Modern Plastics Bd. 37 (Mai 1960) S. 151, 191, 194, 196.

b) Phenoltest
Durch Kondensation mit aromatischen Aminen vernetzte Epoxydharze spalten bei Pyrolyse im allgemeinen Phenol ab.
Material im Glühröhrchen über kleiner Flamme trocken erhitzen. Öffnung des Röhrchens mit Filtrierpapier abdecken, das mit einer ätherischen Lösung von 2,6-Dibromchinon-4-chlorimid getränkt und an der Luft getrocknet wurde. 1 min. pyrolysieren. Filtrierpapier entfernen und mit 1–2 Tropfen verd. Ammoniak betupfen.
Blaufärbung gilt als Nachweis für vernetztes Epoxydharz.

c) Auswertung
Aldehydtest *und* Phenoltest positiv = mit aromatischen Aminen vernetztes Epoxydharz
nur Aldehydtest positiv = unvernetztes Epoxydharz

Foucry-Teste (91)
Spezifisch für Epoxydharze auf Basis 4,4'-Dioxydiphenylpropan.

a) Umsetzung mit Nitriersäure
Gepulvertes Material in 1 ml konz. Schwefelsäure lösen, 1 ml konz. Salpetersäure (Dichte 1,4) zugeben, gut vermischen und einige Minuten stehen lassen. Dann wenige Tropfen davon in Überschuß von 5%iger Natronlauge gießen.
Orangerote Färbung zeigt Epoxydharz auf Basis des Diphenylolpropans an.
Nicht-phenolische Epoxydharze, Formaldehydharze (Phenol, Harnstoff, Melamin), Alkydharze und Diphenylolpropan stören nicht. Nur Phenylglycidyläther gibt positive Reaktion; Polycarbonate zeigen goldgelbe Farbe.

b) Umsetzung mit Deniges-Reagens
Wenig gepulvertes Material in 1 ml konz. Schwefelsäure lösen, mit 5 ml Deniges-Reagens (s.u.) versetzen, gut durchschütteln und 30 min. stehen lassen. Orangefarbene Fällung zeigt Epoxydharz an.
Außer bei Phenylglycidyläther keine Störung bekannt.

Deniges-Reagens: 10 ml konz. Schwefelsäure + 50 ml Wasser + 2,5 g Quecksilber(II)-oxid in der Hitze lösen. Ggf. filtrieren.

4.17.2. Quantitative Bestimmungen

Bestimmung von Epoxydharzen sowie von modifizierten Epoxydharzen nach Swann und Esposito (92)
0,5 g Harz einwägen und nach Lösen in wenig Methyläthylketon im Meßkolben auf 100 ml auffüllen. 3 ml dieser Lösung (15 mg Harz) in einem 25-ml-Erlenmeyer-Kolben bei 105–110 °C eindampfen. Abkühlen, 3 ml konz. Schwefelsäure zugeben, Kolben mit Calciumchlorid-Röhrchen verschließen und 30 min. auf 40 °C erhitzen, bis alles gelöst ist. Dann 2 ml einer frisch hergestellten Lösung von 0,15 g Paraformaldehyd in 9 ml konz. Schwefelsäure + 1 ml Wasser zugeben und weitere 30 min. auf 40 °C erwärmen. Ohne abzukühlen in etwa 150 ml Wasser unter heftigem Rühren

(91) *Rudd, H. W.* u. *J. J. Zonsveld,* Peintures, pigments, vernis Bd. 33 (1957) S. 35.
(92) *Swann, M. H.* u. *G. G. Esposito,* Anal. Chem. Bd. 28 (1956) S. 1006.

eingießen, Lösung in 200-ml-Meßkolben überführen (nachspülen) und mit Wasser auffüllen.
Blaufärbung erreicht nach 2 Stdn. ihr Maximum. Photometrische Absorptionsmessung bei 650 nm, Auswertung mit Hilfe einer Eichkurve.

Epoxydsauerstoff-Gehalt (93)
0,2–2 g der Probe nach zu erwartendem Epoxydsauerstoff-Gehalt (entsprechend einem Gehalt zwischen 15 und 0%) in 200-ml-Erlenmeyer-Kolben einwägen, mit 25 ml Dioxan versetzen und evtl. unter Erwärmen auf 40 °C lösen.
Bei Raumtemperatur 25 ml 0,2 n HCl/Dioxan-Lösung (s. u.) zugeben, mischen und 15 min. stehen lassen.
25 ml neutralisierte Kresolrot/Äthanol-Lösung (s. u.) zusetzen und überschüssige Salzsäure mit 0,1 n methanolischer Natronlauge bis zum ersten Violett-Ton zurücktitrieren.
Titration soll nicht weniger als 6,0 ml 0,1 n methanolischer Natronlauge erfordern, sonst Wiederholung der Bestimmung mit geringerer Einwaage.
Bestimmung der Säurezahl erforderlich.

0,2 n HCl/Dioxan-Lösung: 1,6 ml konz. Salzsäure (Dichte 1,19) in 100 ml Dioxan pipettieren (dunkle Flasche), gut vermischen. Lösung ist nicht sehr lange haltbar.
Neutralisierte Kresolrot/Äthanol-Lösung: 1 ml einer Lösung von 0,1 g trockenem Kresolrot + 2,62 ml 0,1 n Natronlauge in 100 ml 50%igem Äthanol (oder 0,1 g Kresolrot-Natriumsalz in 100 ml 50%igem Äthanol) in 100 ml 95%igem Äthanol lösen und bis zum ersten Violett-Ton mit 0,1 n methanolischer Natronlauge titrieren.

$$\text{Epoxydsauerstoff-Gehalt in Gew.-\%} = \frac{0{,}160 \cdot (\text{verbr. ml } 0{,}1 \text{ n HCl})}{\text{g Einwaage}} + 0{,}0285 \cdot \text{SZ}$$

Eponzahl in mg HCl/1 g = 22,79 · E
Oxydzahl in ml 1 n HCl/100 g = 62,50 · E
Epoxydwert in Mol Epoxyd/100 g = 0,0625 · E

$$\text{Epoxyd-Äquivalent in g/1 Mol Epoxyd} = \frac{1\,600}{E}$$

wobei E = Epoxydsauerstoff-Gehalt in Gew.-%
SZ = Säurezahl in mg KOH/1 g

Indirekte Epoxyd-Bestimmungsmethode für unlösliche Harze (94)
0,5–1,0 g Harz in 10 ml Monochlorbenzol aufschlämmen und mit 7 ml einer Lösung von 0,1 n Bromwasserstoff in wasserfreiem Eisessig im geschlossenen Erlenmeyer-Kolben rühren. Dann 10 ml einer Lösung von 0,1 m p-Kresylglycidyläther in Monochlorbenzol zugeben, weitere 3 min. rühren und dann mit HBr-Lösung zurücktitrieren.

$$\text{Mol Epoxyd/kg Harz} = \frac{\text{ml } 0{,}1 \text{ n HBr} - \text{ml } 0{,}1 \text{ m p-Kresylglycidyläther}}{\text{g Harzeinwaage}}$$

---

(93) High Polymers Vol. XII: Analytical Chemistry of Polymers, Edited by G. M. Kline, Part I: Analysis of Monomers and Polymeric Materials: Plastics — Resins — Rubbers — Fibers, S. 127—129, 1959, Interscience Publ., New York.
(94) *Durbetaki, A.J.,* Anal. Chem. Bd. 28 (1956) S. 2000.

Bestimmung von Hydroxylgruppen in Epoxydharzen

a) Acetylierung (95)
2,5–3,0 g Harz und entsprechend 4,0 – 1,0 g Pyridiniumperchlorat (Herstellung aus 144 g 70%iger Perchlorsäure und 120 g Pyridin unter Kühlung; zweimal aus Wasser umkristallisieren) in 300-ml-Erlenmeyer-Kolben einwägen und mit 25,0 ml Acetylierungsgemisch (12 g Essigsäureanhydrid + 88 g Pyridin) versetzen.
Gelinde im Wasserbad erwärmen, bis sich Harz gelöst hat. Anschließend 30 min. unter Rückfluß schwach kochen.
Reaktionsgemisch mit 2 ml Wasser versetzen, Kühler mit 10–15 ml Pyridin spülen, abkühlen und mit 1 n methanolischer Kalilauge gegen Phenolphthalein bis schwach Rosa zurücktitrieren.
Blindwert ist erforderlich.

$$\text{Hydroxylgruppen-Gehalt in Zentimol/1 g Harz} = \frac{5{,}569 \cdot a + b - c}{10 \cdot m} - 2 \cdot E$$

wobei a = Pyridiniumperchlorat-Einwaage in g
b = verbr. ml 1 n KOH beim Blindwert
c = verbr. ml 1 n KOH bei der Bestimmung
m = Harzeinwaage in g
E = Epoxydgruppen-Gehalt in Zentimol/1 g Harz

b) Umsetzung mit Lithiumaluminiumhydrid (96)
Probe in Tetrahydrofuran lösen und unter Stickstoff bei 0 °C mit Lithiumaluminiumhydrid umsetzen. Freiwerdenden Wasserstoff gasometrisch messen. Blindprobe ist erforderlich.
Nach Berücksichtigung eventuell anwesender anderer aktiver Wasserstoffatome Umrechnung auf Hydroxyl-Gehalt vornehmen. Nähere Einzelheiten sind der Originalarbeit zu entnehmen.

α-Glykol-Gehalt in Epoxydharzen (97)
0,3–0,5 g der Probe (nicht mehr als 0,3 mMol α-Glykol) mit 25 ml Chloroform versetzen, Kolben im Eisbad kühlen und 25 ml Perjodat-Reagens (s. u.) unter Rühren zugeben.
150 min. im Eisbad stehen lassen, dann 100 ml Eiswasser zugeben, Kolben verschließen und 30 Sekunden kräftig schütteln. Mit 5 ml 10%iger Schwefelsäure und 15 ml einer 20%igen wäßrigen Kaliumjodidlösung versetzen und mit 0,1 n Thiosulfat-Lösung gegen Stärke als Indikator titrieren. Am Endpunkt ist Verschließen des Kolbens und kräftiges Schütteln erforderlich.
Blindprobe ist unumgänglich.
α – Glykol-Gehalt in Mol/100 g

$$= 0{,}005 \cdot \frac{\text{ml } 0{,}1\text{ n } Na_2S_2O_3 \text{ Blindwert} - \text{ml } 0{,}1 \text{ n } Na_2S_2O_3 \text{ Probe}}{\text{g Einwaage}}$$

Perjodat-Reagens: 2,6 g Perjodsäure-dihydrat in 475 ml Methanol lösen, mit Benzyltrimethylammoniumhydroxyd neutralisieren, 15 ml Eisessig und 5 ml Wasser zugeben und mischen.

(95) *Bring, A.* u. *F. Kadlecek,* Plaste u. Kautschuk Bd. 5 (1958) S. 43–48.
(96) *Stenmark, G. A.* u. *F. T. Weiss,* Anal. Chem. Bd. 28 (1956) S. 1784–1787.
(97) *Stenmark, G. A.* u. *F. T. Weiss,* Anal. Chem. Bd. 30 (1958) S. 381–383.

4.18. Polyoxyalkene

Unter den Sammelbegriff Polyoxyalkene fallen Polyoxymethylen (Polyformaldehyd), Polyoxyäthylen (auch Polyäthylenoxyd, Polyglykol oder Polyäthylenglykol genannt), Polyoxypropylen (Polypropylenoxyd), Polyoxybutylen (Polybutylenoxyd, Polybutylenglykol) u. a.
Auf dem Kunststoffgebiet besitzt bisher die größte Bedeutung das Polyoxymethylen, das auch als Polyformaldehyd oder Polyacetal bekannt ist. Es ist als Spritzgußmasse oder verarbeitet in Form von Blöcken, Rohren und Stäben auf dem Markt.
Polyoxyäthylen – obgleich im Aufbau ähnlich wie Polyoxymethylen – zeigt ein von diesem unterschiedliches Verhalten. Es ist wasserlöslich und findet dementsprechend nur dort Verwendung, wo die Wasserlöslichkeit nicht stört, z. B. für wasserlösliche Verpackungsfilme, als Textilsteifen, Schlichtemittel, Schutzkolloide u. dgl. Die Anwendungen sind ähnlich denen des Polyvinylalkohols und des Polyvinylpyrrolidons.

Verhalten beim Erhitzen und in der Flamme
Polyoxymethylen schmilzt und zersetzt sich; es brennt nach dem Entzünden mit bläulicher Flamme weiter. Die Dämpfe reagieren neutral; Geruch nach Formaldehyd.

Löslichkeit
Für Polyoxymethylen ist außer Dimethylsulfoxid kein Lösungsmittel bekannt; es ist unbeständig gegen Mineralsäuren. Polyoxyäthylen löst sich in Wasser und Äthanol.

Verseifungszahl < 20

4.18.1. Qualitative Nachweise

Polyoxymethylen
Formaldehyd-Nachweis mit Chromotropsäure.
Kleine Probe mit ca. 2 ml konz. Schwefelsäure und einigen Kristallen Chromotropsäure 10 min. auf 60–70 °C erhitzen. Kräftig violette Färbung zeigt Formaldehyd an. Blindprobe erforderlich.

Nachweise für Polyoxyäthylene nach Benk (98)

a) Einen Tropfen der wäßrigen Lösung mit 20 mg Codeinbase und 0,5 ml konz. Schwef säure versetzen. Himbeer- bis violettrote Färbung.
b) Ca. 0,5 g des Produktes in 1 ml Äthanol lösen, 0,5 ml 10 %ige äthanolische Vanill lösung und unter Umschütteln 0,5 ml konz. Schwefelsäure zugeben. Rotviolette F bung.
c) Lösung von 0,1 g des Produktes in 2 ml Wasser mit 3 ml einer 5 %igen Lösung v Pyrogallol in konz. Schwefelsäure versetzen. Goldbraune bis rötlichbraune Farbtöne.
d) Material mit Kaliumbisulfat im Glühröhrchen erhitzen. Röhrchen mit Filtrierpap abdecken, das mit einer 1 %igen Natriumnitroprussid-Lösung und 1 Tropfen Piperid getränkt wurde. Deutliche Blaufärbung, die mit Natronlauge in stumpfes Rosa u schlägt.

---

(98) *Benk, E.*, Fette u. Seifen Bd. 54 (1952) S. 85–86.

Nachweis für Polyoxyäthylen und Polyoxypropylen (99)
Pyrolyse mit sirupöser Phosphorsäure im Glühröhrchen. Abgespaltene Aldehyde mit Filtrierpapier, das mit Natriumnitroprussid getränkt wurde, nachweisen.
Polyoxyäthylene zeigen dabei Blaufärbung, Polyoxypropylene eine Orangefärbung, die in Dunkelbraun übergehen kann.
Äthylenglykol und Propylenglykol stören nicht. Glyceride geben infolge Acroleinbildung eine Blaufärbung.

4.18.2. Quantitative Bestimmungen

Bestimmung von Polyoxymethylen und Formaldehyd nebeneinander (100)

a) Freier Formaldehyd
Probe, die 0,25–0,40 mMol freien Formaldehyd enthalten soll, in 200-ml-Erlenmeyer-Kolben mit 50 ml einer 0,25%igen wäßrigen Dimedon-Lösung und 70 ml Pufferlösung (102 ml 0,2 m Essigsäure + 98 ml 0,2 m Natriumacetatlösung) versetzen und 3 Stdn. unter zeitweisem Rühren bei Raumtemperatur stehen lassen.
Niederschlag abfritten (G 4), 10mal mit je 5 ml Wasser waschen, in reinem Äthanol lösen (auf der Fritte befindliches Polyoxymethylen bleibt auch in Äthanol ungelöst) und diese Formaldimedon-Lösung mit 0,1 n Natronlauge gegen Phenolphthalein titrieren.

$$\text{Formaldehyd-Gehalt in Gew.-\%} = 0{,}300 \cdot \frac{\text{ml 0,1 n NaOH}}{\text{g Einwaage}}$$

b) Summe von Formaldehyd und Polyoxymethylen
Probe, die etwa 1,5 mMol der beiden Substanzen enthalten soll, in 300-ml-Erlenmeyer-Kolben nacheinander mit 10 ml Wasser, 50 ml 0,1 n Jodlösung und 50 ml 1 n Natronlauge versetzen und nach mäßigem Durchmischen 10 min. im Dunkeln stehen lassen. 55 ml 1 n Salzsäure zusetzen und freigesetztes überschüssiges Jod mit 0,1 n Natriumthiosulfat-Lösung titrieren. Fehler: ± 1 % rel..
Blindwert erforderlich.
Summe von Formaldehyd und Polyoxymethylen in Gew.-%

$$= 0{,}300 \cdot \frac{\text{ml 0,1 n } Na_2S_2O_3 \text{ Blindwert} - \text{ ml 0,1 n } Na_2S_2O_3 \text{ Probe}}{\text{g Einwaage}}$$

Bestimmung von wasserlöslichen Polyalkylenoxyden (101)
Die Methode ist geeignet für wasserlösliche Polyalkylenoxyde sowie deren Äther und Ester, auch für Gemische dieser Produkte mit anderen wasserlöslichen grenzflächenaktiven Stoffen, mit Ausnahme der kationaktiven.

a) Fällung als Komplex
Probe (entsprechend 1,0–1,5 g oxyalkylierten Produktes) in 100-ml-Meßkolben einwägen, in Wasser lösen und zur Marke auffüllen.

(99) *Rosen, M.J.,* Anal. Chem. Bd. 27 (1955) S. 787–790.
(100) *Bellen, Z.,* Chem. analit. (warszawa) Bd. 4 (1959) S. 13–18, ref. Z. analyt. Chem. Bd. 176 (1960) S. 379–380.
(101) *Seher, A.,* Fette, Seifen, Anstrichmittel Bd. 63 (1961) S. 617–622.

Aliquoten Teil von 10 ml in 100-ml-Becherglas überführen, 2 ml Eisessig, 2 ml einer 10%igen Bariumchlorid-Lösung und 10 ml Wasser zugeben und 15 min. auf siedendem Wasserbad erhitzen. Nach Abkühlung 10 ml einer Lösung von 5 g Natriumtetraphenylborat in 140 ml Wasser tropfenweise unter Rühren zugeben und bei freien Glykolen 15 Stdn., sonst 6–8 Stdn. stehen lassen.
Durch Glasfiltertiegel G 4 abfritten, mit insgesamt 100 ml Wasser waschen, im Vakuum über Phosphorpentoxid bei Raumtemperatur einige Stdn. trocknen. Auswägen.

b) Titration
0,1–0,15 g des Niederschlags in 200-ml-Erlenmeyer-Kolben in 5 ml Dimethylformamid lösen (evtl. erwärmen), 80 ml 0,3 m Natriumacetat-Lösung und 30 ml 0,05 m Quecksilber(I)-nitrat-Lösung zusetzen, gut umschütteln und 10 min. auf Wasserbad erhitzen. Nach Abkühlung 5–8 ml 2 n Salpetersäure und 5 ml Eisen(III)-ammoniumsulfat (als Indikator) zugeben und mit 0,1 n Ammoniumrhodanid-Lösung bis Orange titrieren.
Blindwert erforderlich.
Polyalkylenoxyd-Gehalt im Komplexniederschlag in Gew.-% = P

$$P = 97 \cdot \frac{\text{ml 0,1 n } NH_4SCN \text{ Blindwert} - \text{ml 0,1 n } NH_4SCN \text{ Probe}}{\text{g Niederschlageinwaage}}$$

Polyalkylenoxyd-Gehalt der Probe in Gew.-%

$$= \frac{\text{g Niederschlag} \cdot P}{\text{g Einwaage des aliqu. Teils}} = 10 \cdot \frac{\text{g Niederschlag} \cdot P}{\text{g Probeneinwaage}}$$

Bestimmung fester Polyoxyäthylene in biologischem Material (102)
Reaktion mit Silikowolframsäure (gravimetrisch) oder mit Phosphormolybdänsäure (kolorimetrisch). Einzelheiten sind der Originalliteratur zu entnehmen.

Bestimmung von Polyoxyäthylen und Polyoxypropylen (103)
Oxydation mit Chromschwefelsäure, wobei aus Äthylenoxyd 2 Mol CO_2, aus Propylenoxyd hingegen 1 Mol CO_2 und 1 Mol Essigsäure entstehen. Bestimmung beider Oxydationsprodukte und Errechnung der Anteile an Äthylenoxyd und Propylenoxyd.
Einzelheiten der Durchführung sind der Originalarbeit zu entnehmen.

4.19. Polyester

Man muß unterscheiden zwischen

1. ungesättigten Polyesterharzen, die als Lösungen in leicht polymerisierbaren Flüssigkeiten wie Styrol, Vinylacetat, Acrylnitril und Allylestern im Handel sind,

2. Preßmassen – in Form von kittartigen und gekörnten Massen –, bestehend aus einem in Styrol gelösten ungesättigten Polyesterharz und einem Harzträger aus Glasfasern oder anorganischen Füllstoffen, und

(102) *Shaffer, C.B.* u. *F. H. Critchfield*, Anal. Chem. Bd. 19 (1947) S. 32–34.
(103) *Kotzschmar, A.*, Z. analyt. Chem. Bd. 183 (1961) S. 30–38.

3. auspolymerisierten Produkten in Form von Halbfabrikaten wie Platten, Stäben, Rohren u. dgl.
4. Polykondensationsprodukten in Form von Halb- und Fertigfabrikaten wie Granulaten, Lackrohstoffen, Klebern, Fasern.

4.19.1. Hauptsächliche Komponenten

Dicarbonsäuren

Adipin- und Sebacinsäure, Phthal-, Isophthal- und Terephthalsäure, Itacon-, Citracon- und Mesaconsäure, Bernsteinsäure, Malein- und Fumarsäure.

Polyalkohole

Äthylen-, Diäthylen- und Triäthylenglykol, 1,2- und 1,3-Propandiol, Butandiole; Glycerin, Hexantriol und Erythrite.

Lösungsmittel

(später einpolymerisiert): Styrol, Vinylacetat, Methylmethacrylat, Cyclohexen; Diallyl-maleinat und -phthalat, Triallyl-phosphat und -cyanurat, Crotonsäurevinylester, Allylmethacrylat.

4.19.2. Verhalten der ausgehärteten Polyesterharze

Verhalten beim Erhitzen und in der Flamme

Dunkelfärbung unter Zersetzung nach vorhergehendem Schmelzen; brennt nach Entzündung mit leuchtender rußender Flamme weiter, verkohlt. Süßlich aromatischer Geruch.

Löslichkeit

Polymerisationsharze weitgehend unlöslich; Quellung in Methylenchlorid, Aceton und Äthylacetat.
Polykondensationsharze löslich in Phenolen und Phenol-Tetrachloräthan-Gemischen.

Verseifungszahl

Nur in siedender äthylalkoholischer Kalilauge verseifbar, aber auch dann nur unvollständig.

4.19.3. Qualitative Nachweise

Verseifung in absolut-äthanolischer Lösung (104)

0,4–0,5 g der Probe mit 50 ml 0,5 n absolut-äthanolischer Kalilauge ohne Siedesteine 30 min. unter Rückfluß kochen (verseifen)*). Ausgefallene Kaliumsalze der Dicarbonsäuren durch Glasfiltertiegel G 3 abfritten und mit absolutem Äthanol neutral waschen, anschließend 1 Std. bei 110 °C trocknen. Evtl. auswägen.
Kaliumsalz-Gemisch in 5 ml Wasser aufnehmen, mit 20–25 ml Äthanol versetzen und über eine Säule mit Ionenaustauscher I (Merck) geben. Solange mit absolutem Äthanol eluieren, bis die abtropfende Lösung nicht mehr sauer reagiert. (Ionenaustauscher nach jedem Gebrauch mit Salzsäure (1 : 1) regenerieren.)

---

*) Terephthalate sind schwerer verseifbar, weil schlechter löslich. Ca. 0,5 g in 20 ml Äthanolamin oder 0,5 n Kaliumäthylat (aus Kalium und absolutem Äthanol) bis zur vollständigen Lösung kochen (ca. 2 Stdn.), etwas absolutes Äthanol zugeben, auf –15 °C abkühlen. Weitere Aufarbeitung des Kristallbreis wie oben.

(104) nach *Arendt, J.* u. *H.-J. Schenck*, Kunststoffe Bd. 48 (1958) S. 111–113.

Saure Lösung in Abdampfschale auffangen und zur Trockne eindampfen. Rückstand in 5 ml absolutem Äthanol lösen und etwa 5 mm^3 (1 sehr kleiner Tropfen) davon eindimensional und aufsteigend in der Laufrichtung des Papiers Nr. 2043 b (Schleicher & Schüll) chromatographieren. Laufstrecke: 25 cm. Laufzeit: 14–15 Stdn. Laufphase: Gemisch aus 300 g Phenol + 100 ml Wasser + 0,5 ml konz. Ameisensäure. Entwickeltes Chromatogramm bei 110 °C trocknen. Flecken durch Ansprühen mit einer 0,04 %igen äthanolischen Lösung von Bromkresolgrün, die mit Natronlauge schwach alkalisch (pH 8) eingestellt ist, sichtbar machen. Trocknen an der Luft oder 15 min. bei 110 °C.
Rf-Wert bzw. -Werte ermitteln.

$$\text{Rf-Wert} = \frac{\text{Entfernung des Fleckmittelpunktes von Startlinie}}{\text{Entfernung der Lösungsmittelfront von Startlinie}}$$

Zugehörige Säuren aus Tabelle ablesen.

	Rf-Wert	Nachweisgrenze ($\mu g/5\ mm^3$)
Terephthalsäure	0 – 0,1	50
Maleinsäure	0,45	5
Fumarsäure	0,55	5
Phthalsäure	0,69–0,74	10
Glutarsäure	0,76	30
Adipinsäure	0,84	30
Sebacinsäure	0,93	50

Aus der absolut-äthanolischen Verseifungslösung können die gesuchten Alkohole evtl. durch Destillation (Siedepunkte) oder besser gaschromatographisch nachgewiesen werden.

Nachweis von Phthalsäure

a) als Phthalsäureanhydrid
Erhitzen der Probe im Reagenzglas. Wenn Phthalsäure als Komponente vorhanden ist, scheiden sich im Kondensat Nadeln von Phthalsäureanhydrid ab. Ggf. aus Alkohol umkristallisieren. Schmelzpunkt: 131 °C.

b) als Thymolphthalein (105)
Kleine Probe mit dreifacher Menge Thymol und ca. 5 Tropfen konz. Schwefelsäure versetzen und 10 min. im Glycerinbad auf 120–130 °C erhitzen. Nach Abkühlung in 50 %igem Äthanol lösen und mit verdünnter Lauge alkalisch machen.
Tiefblaue Färbung zeigt Phthalsäure an. Bei Gegenwart von Nitrocellulose erfolgt eine Grünfärbung.

Nachweis von Bernsteinsäure (106)
3–4 Tropfen der Harzlösung mit ca. 1 g Hydrochinon und 2 ml konz. Schwefelsäure versetzen, über kleiner Flamme auf 190 °C erhitzen und nach Abkühlen mit 25 ml

(105) nach *Toeldte, W.,* Farben-Ztg. Bd. 45 (1940) S. 27.
(106) *Swann, M.H.,* Anal. Chem. Bd. 29 (1957) S. 1352.

Wasser verdünnen. Anschließend mit 50–75 ml Benzol ausschütteln. Rotfärbung des Benzols zeigt Bernsteinsäure an.
Zur Untermauerung Benzolphase mit Wasser waschen und anschließend mit 0,1 n wäßriger Lauge schütteln. Blaufärbung.
Störung durch o-Phthalsäure.

Nachweis von Maleinsäure (107)
Reines Maleinatharz zeigt eine weinrote, in olivbraun umschlagende Liebermann-Storch-Morawski-Reaktion. (vgl. Polyvinylacetat, Qualitative Nachweise, S. 96.)
Maleinsäureanhydrid bildet mit Dimethylanilin einen gelben Komplex, der noch 0,1 % Maleinsäureanhydrid in der Probe deutlich aufzeigt.

Nachweis von Fumarsäure (108)
Probe mit wenigen ml eines Gemisches von 4 ml 10 %iger Kupfersulfat-Lösung, 1 ml Pyridin und 5 ml Wasser versetzen.
Grünlich-blaue Kristalle zeigen Fumarsäure an.

4.19.4. Quantitative Bestimmungen

Trennung der Dicarbonsäuren, Fettsäuren und Polyole (109)

a) Verseifung
0,2–0,5 g der Probe in 300-ml-Erlenmeyer-Kolben einwägen, in 10 ml Benzol lösen, 125 ml einer 0,5 n absolut-äthanolischen Kalilauge zugeben, Kolben verschließen und 18 Stdn. auf 52 °C ± 2 grd erhitzen. Nach Abkühlen durch Glasfiltertiegel G3 abfritten, mit absolutem Äthanol waschen und bei 110 °C trocknen.

Anmerkung: Evtl. anwesendes Styrol (Copolymerisate) stört bei der Hydrolyse nicht, wenn als Lösungsmittel genügend Benzol zugesetzt wird.

b) Dicarbonsäuren
Abgefrittete Kaliumsalze in 75 ml Wasser lösen und mit Salpetersäure genau auf pH 2,0 einstellen. Lösung kann leicht trüb werden, besonders in Gegenwart von wenigen Prozent Sebacinsäure. Evtl. wenig verdünnen.
Nach 30 min. saure Lösung durch doppelten harten Filter in 100-ml-Meßkolben abfiltrieren, Filter mit Wasser nachwaschen und bis zur Marke auffüllen. Gut durchschütteln.

Entnahme folgender aliquoter Teile:

10,0 ml in 300-ml-Erlenmeyer-Kolben für Phthalsäure-Bestimmung,
10,0 ml in 250-ml-Becherglas für Sebacinsäure-Bestimmung und
25,0 ml in 250-ml-Becherglas für Malein/Fumarsäure-Bestimmung.

Alle aliquoten Teile im Trockenschrank bei 60 °C vollständig trocknen.

(107) *Hummel, D.,* Kunststoff-, Lack- und Gummi-Analyse, Textbd., S. 114, Carl Hanser Verlag, 1958.
(108) *Shreve, O.D.* u. *C.P.A. Kappelmeier,* Chemical Analysis of Resin-Based Coating Materials, Interscience, New York, 1959, S. 133.
(109) *Swann, M.H.,* Anal. Chem. Bd. 21 (1949) S. 1448–1453.

c) Phthalsäure-Bestimmung
Trocknen aliquoten Teil mit 5 ml Eisessig versetzen und 30 min. im verschlossenen Erlenmeyer auf 60 °C erhitzen. 100 ml wasserfreies Methanol zugeben und erneut 30 min. im verschlossenen Kolben auf 60 °C erwärmen.
2 ml einer 25 %igen Lösung von Bleiacetat ($Pb(CH_3COO)_2 \cdot 3\,H_2O$) in Eisessig zu der warmen Lösung zufügen und 1 Std. im verschlossenen Erlenmeyer unter öfterem Schütteln auf 60 °C erhitzen. Abkühlen. 12 Stdn. stehen lassen. Abfritten, mit absolutem Äthanol waschen und 1 Std. bei 110 °C trocknen. Auswägen.
Phthalsäureanhydrid im aliquoten Teil = 0,30254 · Auswaage

d) Sebacinsäure-Bestimmung
Trocknen aliquoten Teil mit genau 70 ml Wasser versetzen, aufkochen und 30 ml einer 2,5 %igen wäßrigen Lösung von Zinkacetatdihydrat (mit Essigsäure auf pH 6,0 eingestellt) zugeben. 1 min. kochen, abkühlen und nach 1 Std. abfritten. Mit absolutem Äthanol waschen, 1 Std. bei 110 °C trocknen und auswägen. (Wenn mehr als 2 % Sebacinsäure vorhanden sind, die beim Ansäuern der gelösten Kaliumsalze (siehe oben, Dicarbonsäuren 1. Absatz) ausfallen, dann muß dort weiter verdünnt werden bis zur Lösung. Nur auf pH 3,0 ansäuern, evtl. abfiltrieren und weitere Aufarbeitung wie oben beschrieben.)
Sebacinsäure im aliquoten Teil = 0,76134 · Auswaage

e) Malein/Fumarsäure-Bestimmung
Getrockneten aliquoten Teil in 75 ml frisch gekochtem Wasser lösen, in 100-ml-Meßkolben überführen und genau 2,5 ml einer 0,75 %igen Lösung von Brom in 50 %iger wäßriger Natriumbromid-Lösung zusetzen. Gleichzeitig Blindprobe ansetzen.
Bis zur Marke auffüllen und mischen. 24 Stdn. im Dunkeln stehen lassen, dann Absorption der Lösung bei 425 nm gegen Blindprobe messen. Auswertung mit Hilfe einer Eichkurve. Bestimmbar 1–6 mg Malein- und/oder Fumarsäure.

f) Fumarsäure-Bestimmung bei Abwesenheit von Sebacin- und Bernsteinsäure
Aliquoten Teil der abfiltrierten sauren Lösung (siehe S. 121, b) Dicarbonsäuren 1. Absatz) in 250-ml-Becherglas auf 90 ml verdünnen und 10 ml einer 5 %igen Lösung von Quecksilber(I)-nitrat-monohydrat in 2 n Salpetersäure zugeben. Kräftig rühren. Nach einigen Stdn. abfritten, mit 100 ml Wasser nachwaschen und 1 Stunde bei 110 °C trocknen. Auswägen.
Auswaage soll 50–150 mg betragen.
Fumarsäure im aliquoten Teil = 0,2252 · Auswaage

g) Fumarsäure-Bestimmung bei Anwesenheit von Sebacin- oder Bernsteinsäure
Aliquoten Teil der abfiltrierten sauren Lösung (S. 121, b) Dicarbonsäuren 1. Absatz) in 100-ml-Erlenmeyer-Kolben bei 60 °C im Trockenschrank trocknen, genau 10 ml Eisessig zugeben und bis zur vollständigen Lösung erhitzen. 1 g Cadmiumacetatdihydrat trocken zusetzen, Kolben verschließen und 18 Stdn. unter öfterem Schütteln im Trockenschrank auf 70 °C erwärmen.
Dann 50 ml absolutes Äthanol zugeben und erneut 30 min. unter öfterem Schütteln auf 70 °C erwärmen. Abfritten, mit absolutem Äthanol waschen und 1 Std. bei 110 °C trocknen. Auswägen. Auswaage soll 25–250 mg betragen.
Fumarsäure im aliquoten Teil = 0,25396 · Auswaage

h) Maleinsäure-Bestimmung
Maleinsäure wird berechnet als
Gew.-% Maleinsäure = Gew.-% Malein/Fumarsäure – Gew.-% Fumarsäure

i) Bestimmung von Adipin- oder Bernsteinsäure
Es dürfen keine anderen Dicarbonsäuren anwesend sein!
Abgefrittete Kaliumsalze (S. 121) in Wasser lösen, mit Essigsäure auf pH 5,5 einstellen, ggf. filtrieren und im Meßkolben auf 100 ml verdünnen.
Aliquoten Teil entnehmen und bei Adipinsäure auf 95 ml, bei Bernsteinsäure auf 245 ml verdünnen.
5 ml einer 20%igen wäßrigen Silbernitrat-Lösung zugeben und im Dunkeln 18 Stdn. stehen lassen, öfter umschwenken. Abfritten, mit Äthanol waschen und bei 110 °C trocknen. Auswägen. Auswaage soll möglichst 100 mg betragen.
Adipinsäure im aliquoten Teil = 0,40598 · Auswaage
Bernsteinsäure im aliquoten Teil = 0,35579 · Auswaage

k) Isophthalsäure- und Terephthalsäure-Bestimmung
Abgefrittete Kaliumsalze (siehe oben, Verseifung) bei 150 °C trocknen, in 50 ml Wasser lösen, filtrieren, auf pH 3,5 einstellen und 1 Std. stehen lassen. Ausgefallene Iso- und/oder Terephthalsäure abfritten, waschen, trocknen und auswägen.

l) Fettsäuren
Das nach der Verseifung erhaltene Filtrat (S. 121) auf dem Wasserbad vom organischen Lösungsmittel befreien (Volumen von 250 ml durch Zugabe von Wasser stets beibehalten), in Scheidetrichter überführen, mit 20%iger Schwefelsäure ansäuern (bis Kongopapier gebläut wird) und Fettsäuren verschiedene Male mit Äther extrahieren. Ätherauszüge mit Wasser waschen, Äther abdampfen (CO_2-Schutzgas), 10 min. bei 110 °C und anschließend bis zur Gewichtskonstanz über Schwefelsäure im Exsikkator trocknen. Auswägen.

$$\text{Fettsäuren in Gew.-\%} = 100 \cdot \frac{\text{Auswaage}}{\text{Einwaage}}$$

m) Polyalkohole
Die ausgeätherte saure wäßrige Lösung (siehe oben, Fettsäuren) auf pH 7 einstellen und auf dem Dampfbad auf 75 ml einengen. Abkühlen und in 100-ml-Meßkolben abfiltrieren.
Glycerin und Glykole lassen sich in aliquoten Teilen durch Oxydation mit Perjodat, Pentaerythrit durch Umsetzung mit Benzaldehyd quantitativ bestimmen (110). Einzelheiten sind der Originalliteratur zu entnehmen.

Bestimmung des Styrol- und ungesättigten Polyesteranteils bei in Styrol gelösten, nicht gehärteten Polyesterharzen (111)
Styrol und andere Monomere lassen sich aus der Lösung bestimmen, wenn man mit Benzol verdünnt und unter Rühren in einen Überschuß von Petroläther eingießt. Es

---

(110) *Jones, J. R.* jr. in: High Polymers Vol. XII: Analytical Chemistry of Polymers, Part I: Analysis of Monomers and Polymeric Materials: Plastics – Resins – Rubbers – Fibers. 1959, Interscience Publ. New York, S. 25–31.
(111) *Saechtling, H.*, Kunststoff-Bestimmungstafel, 4. Aufl., 1963, Carl Hanser Verlag, München.

bildet sich ein Niederschlag des ungesättigten Polyesters, während Styrol in Lösung bleibt.

Verseifen des ungesättigten Polyesters
1 Gew.-Teil Polyester mit 2 Gew.-Teilen Wasser in einem Autoklaven aus VA-Stahl nach Aufdrücken von 30–40 atm. Kohlendioxid 3–6 Stdn. auf 200–300 °C erhitzen. Aus dem Reaktionsgemisch abgeschiedene Di- oder Polycarbonsäuren absaugen, mit eiskaltem Wasser nachwaschen und nach Trocknung auswägen.
Beim Eindampfen der Mutterlauge können Verluste an Glykolen durch reichlichen Zusatz von Äthanol vermieden werden.

4.20. Polycarbonate

Polycarbonate (aromatische Polyester der Kohlensäure) sind als Spritzguß- bzw. Strangpreßmassen und als Halbfabrikate in Form von Platten und Rohren im Handel.

Verhalten beim Erhitzen und in der Flamme
Polycarbonate schmelzen, die Dämpfe reagieren anfangs schwach sauer (abgespaltenes CO_2), dann neutral. Sie brennen mit leuchtender, rußender Flamme unter Blasenbildung und Verkohlung, außerhalb der Flamme erlöschen sie. Geruch phenolartig.

Löslichkeit
In Chlorkohlenwasserstoffen, Cyclohexanon, Dimethylformamid und Kresol löslich; in üblichen Lösungmitteln nur quellbar.

Verseifungszahl < 200

4.20.1. Qualitative Nachweise

Nachweis des Kohlensäureesters
Alle Polycarbonate geben beim Kochen (Verseifung) mit wasserfreier äthanolischer Kalilauge Kaliumcarbonat, das auskristallisiert. Abfiltrieren. Ansäuern der Kristalle führt zu CO_2-Entwicklung. Identifizierung mit 1 Tropfen Barytwasser als Trübung.

Farbreaktion mit p-Dimethylamino-benzaldehyd (112)
0,1–0,2 g der Probe in Reagensglas erhitzen und Pyrolysat in Glaswattebausch auffangen.
Pyrolysat gibt in 1 %iger methanolischer Lösung von p-Dimethylamino-benzaldehyd nach Zugabe von 1 Tropfen konz. Salzsäure eine tiefblaue Färbung, die mit Methanol oder Aceton verdünnbar ist. (Polyamide zeigen eine bordeauxrote Farbe, die nicht in Blau umschlägt.)
Pyrolysat des Polycarbonats gibt ferner mit HCl-Dampf eine intensive Rotfärbung, die aber in Methanol unlöslich ist.

---
(112) *Placzek, L.*, Kunststoffe Bd. 50 (1960) S. 174.

Gibbs'sche Indophenolprobe
Als Alkohol-Komponente liegt den meisten Polycarbonaten das Bisphenol A (4,4'-Dihydroxy-diphenyl-2,2-propan) zugrunde, das mit Hilfe der Gibbsschen Indophenolprobe durch Pyrolyse als Phenol nachgewiesen werden kann.
Durchführung siehe Phenolharze, Qualitative Nachweise (S. 65).

Nachweis von Bisphenol A in Polycarbonaten
Verseifung mit wasserfreier alkoholischer Kalilauge. Bisphenol A und Kaliumcarbonat kristallisieren aus. Nachweis des Bisphenol A nach Umkristallisation aus Alkohol durch Bestimmung des Schmelzpunktes (153–156 °C) bzw. eines Mischschmelzpunktes.

4.21. Polyamide

Unter Polyamiden werden Polykondensationsprodukte entweder aus Diaminen und Dicarbonsäuren mit je mindestens 4 Methylengruppen (z. B. Hexamethylendiamin und Adipinsäure) oder aus Aminocarbonsäuren bzw. deren Lactamen mit mindestens 5 Methylengruppen (z. B. Aminoundecansäure oder Caprolactam) verstanden.
Handelsformen sind Spritzgußmassen und Halbzeuge wie Blöcke, Tafeln, Stäbe, Rohre und Bänder sowie Folien. Außerdem weitgehende Verwendung auf dem Fasergebiet.

Verhalten beim Erhitzen und in der Flamme
Polyamide schmelzen, zersetzen sich bei weiterer Erhitzung. Sie brennen nach Entzünden mit bläulicher Flamme und gelbem Rand unter Abtropfen wie Siegellack weiter. Geruch ähnlich verbranntem Horn, Dämpfe alkalisch.

Löslichkeit
In üblichen Lösungsmitteln unlöslich; löslich in konz. Ameisensäure, Phenolen, Methanol/$CaCl_2$, Schwefelsäure und α-Cyanhydrin. Unterschiedlich löslich in mehrwertigen Alkolen.
Copolyamide wie 6/6,6 sind löslich in Äthylenchlorhydrin, Trichloräthanol und Methylenchlorid/80 %iges wäßr. Methanol (7/3)

Verseifungszahl < 20

4.21.1. Qualitative Nachweise

Erkennung von Polyamidtypen (Handelsprodukten) durch Schmelzpunktbestimmung
Am geeignetsten ist eine Schmelzpunktbestimmung im Heiztischmikroskop unter polarisiertem Licht.

6-Polyamid (aus ε-Caprolactam)	Schmp. 215–220 °C
11-Polyamid (aus 11-Aminoundecansäure)	„ 184–186
6,6-Polyamid (AH-Salz, aus Adipinsäure und Hexamethylendiamin)	„ 250–260
6,10-Polyamid (SH-Salz, aus Sebacinsäure und Hexamethylendiamin)	„ 210–215

Mischpolyamid aus 6,6-Polyamid (60%)
und 6-Polyamid (40%) Schmp. 180–185 °C
Mischpolyamid aus 6,6- und 6-Polyamid (33%)
und adipinsaurem p,p'-Diamino-bicyclohexylmethan (67%) „ 175–185

Unterscheidung von Polyamiden durch Lösen in mehrwertigen Alkoholen.
Etwa 100 mg in 10 ml des Alkohols kurz unterhalb der Siedetemperatur lösen. Abkühlen bis zur Bildung eines Niederschlags. Vorsichtiges sehr langsames Erwärmen (Ölbad), dabei Ermittlung der Temperatur, bei der gerade klare Lösung entsteht.

	Lösungstemperatur °C in		
	Äthylenglykol	Propylenglykol	Glycerin
Polyamid 6	135	129	168
Polyamid 11	unlöslich	145	unlöslich
Polyamid 6,6	153	153	195
Polyamid 6,10	156,5	139,5	unlöslich

Unterscheidung verschiedener Polyamid-Faserstoffe durch unterschiedliche Löslichkeit in Salzsäure. (112a)

	Löslichkeit in	
	14%iger HCl	30%iger HCl
Polyamid 6	löslich	löslich
Polyamid 6,6	unlöslich	löslich
Polyamid 11	unlöslich	unlöslich

Hydrolyse (113)
Besonders geeignete Nachweisreaktion für Polyamide, die aus Dicarbonsäuren und Diaminen aufgebaut sind, wie am 6.6-Polyamid als Beispiel gezeigt wird.
5 g Polyamid in 50 ml 20%iger Salzsäure 4 Stdn. unter Rückfluß kochen (vollständige Lösung), dunkle Lösung durch Kochen mit Aktivkohle oder Bleicherde säubern und filtrieren. Adipinsäure mittels Äther extrahieren, Äther abdampfen und aus Wasser umkristallisieren. Schmelzpunktbestimmung.
Salzsaure Lösung auf Wasserbad eindampfen, sirupösen Rückstand in heißem Alkohol lösen, mit Aktivkohle kochen und filtrieren. Nach Abkühlung Isolierung des auskristallisierten Hexamethylendiamin-dihydrochlorids. Schmelzpunktbestimmung und evtl. Ermittlung des Chlor-Gehaltes.

Adipinsäure Schmp. 152 °C
Sebacinsäure „ 133 °C
Pimelinsäure „ 105 °C
Azelainsäure „ 106 °C
Hexamethylendiamin-dihydrochlorid „ 248 °C (37,56% Cl)
ε-Aminocapronsäure-hydrochlorid „ 122–125 °C (21,2% Cl)
11-Aminoundecansäure-hydrochlorid „ 145–147 °C (14,9% Cl)

(112a) *Koch, P.A.*, Faserstofftabellen, Z.f.d. gesamte Textilind. 62 (1960) S. 239–242.
(113) *Wagner, H., H. F. Sarx:* Lackkunstharze, 4. Aufl., 1959, S. 262, Carl Hanser Verlag, München.

Unterscheidung von Polyamiden, Polyurethanen und Harnstoffharzen (114)
Reaktion A: Substanz trocken im Glühröhrchen erhitzen, pH-Papier während der Reaktion in der Öffnung des Röhrchens.
Reaktion B: Substanz mit konz. Salzsäure unter Rückfluß kochen.
Reaktion C: Substanz mit 60%iger Schwefelsäure maximal 1 Stunde unter Rückfluß kochen.
Reaktion D: Substanz einige Stunden mit Lösung von 2% Dinitrofluorbenzol und 2% Natriumhydrogencarbonat in 66%igem Äthanol erwärmen.

Auswertung

	Polyamide	Polyurethane	Harnstoffharze
Rkt. A	schwach alkalisch	neutral oder schwach sauer	schwach alkalisch
Rkt. B	Lösung ohne Gasentwicklung	max. 20% löslich, fällt nach mehreren Std., beim Abkühlen z. T. wieder aus	braune Lösung
Rkt. C	Lösung ohne Gasentwicklung	Lsg. unter starker CO_2-Entwicklung, Ausfällung beim Abkühlen	dunkelbraune Lösung
Rkt. D	leuchtend gelbe Färbung	farblos	–

Über qualitative Nachweise vgl. auch (114a) DIN 53 746

4.21.2. Quantitative Bestimmungen

Hydrolyse
Die unter Qualitative Nachweise (S.126) angegebene Hydrolyse kann auch zur quantitativen Bestimmung benutzt werden.
Beim Vorliegen von polymerisierten Aminocarbonsäuren treten diese als Hydrochloride beim Einengen der salzsauren Lösung auf. Copolymere sind schwieriger zu trennen.
Adipin- und Sebacinsäure lassen sich nach *Clasper* und *Haslam* (115) trennen.
Aminocapronsäure-hydrochlorid läßt sich in Gegenwart von Hexamethylendiamin-dihydrochlorid titrieren (116, 117).

Hydrolyse und potentiometrische Titration (118)
Geeignet für Homopolymere wie 6-, 6,6- oder 6,10-Polyamide. Nicht anwendbar für Copolymere oder Gemische, aber brauchbar, um den Polyamid-Gehalt bei Gegenwart nicht-polyamidischer Verbindungen zu fixieren.

(114) s.u.a. *Winterscheidt, H.*, Seifen, Öle, Fette, Wachse Bd. 80 (1954) S. 310–312, 382–383, 404.
(114a) DIN 53746
(115) *Clasper, M.* u. *J. Haslam*, Analyst Bd. 74 (1949) S. 224.
(116) *Haslam, J.* u. *M. Clasper*, Analyst Bd. 76 (1951) S. 33
(117) *Haslam, J.* u. *S. D. Swift*, Analyst Bd. 79 (1954) S. 82.
(118) *Ecochard, F.* u. *N. Duveau*, Makromol. Chem. Bd. 7 (1951) S. 148.

Probe mit überschüssiger Salzsäure hydrolysieren und anschließend mit Lauge potentiographisch titrieren.

6,6- und 6,10-Polyamide:
1. Stufe = Überschuß an Salzsäure,
2. Stufe = Neutralisation der freien Adipin- oder Sebacinsäure.
Hexamethylendiamin-dihydrochlorid stört nicht.

6-Polyamide:
1. Stufe = Überschuß an Salzsäure,
2. Stufe = Titration der Carboxylgruppe des Aminocapronsäurehydrochlorids.

Feuchtigkeitsbestimmung (119)
300-ml-Erlenmeyer-Kolben mit trockenem m-Kresol ausspülen, dann 100-ml m-Kresol vorlegen (m-Kresol farbfrei und weniger als 0,1 % Wassergehalt). Titration mit *Karl-Fischer*-Lösung. Anschließend 1,5–3,0 g der Probe in Lösungsmittel einwägen, unter Schütteln oder Rühren lösen (etwa 8 Stunden) und dann erneut mit *Karl-Fischer*-Lösung titrieren.

$$\text{Wasser-Gehalt in Gew.-\%} = 0{,}1 \cdot f \cdot \frac{\text{ml KFL Probe} - \text{ml KFL Blindprobe}}{\text{g Einwaage}}$$

wobei KFL = *Karl-Fischer*-Lösung
f = Stärke der KFL in mg H_2O/ml Reagens

4.22. Polyurethane

Polyurethane sind Polyadditionsprodukte aus polyfunktionellen Isocyanaten und Polyalkoholen bzw. hydroxylgruppenhaltigen Polyestern. Je nach Wahl der Komponenten lassen sich Preßmassen, faserbildende Stoffe, Klebstoffe, Lacke sowie Schaumstoffe und kautschukähnliche Produkte herstellen.

Verhalten beim Erhitzen und in der Flamme
Bei starkem Erhitzen schmelzen Polyurethane und zersetzen sich dann. Sie brennen nach Entzündung mit leuchtender Flamme. Stechender Geruch (Isocyanat), Dämpfe reagieren alkalisch.

Löslichkeit
Unvernetzte Polyurethane sind löslich in Methylenchlorid, heißem Phenol und Dimethylformamid, vernetzte Polyurethane dagegen nur in Dimethylformamid.

Verseifungszahl Polyurethane auf Polyätherbasis < 100
Polyurethane auf Polyesterbasis > 200

(119) High Polymers Vol. XII: Analytical Chemistry of Polymers, Edited by G. M. Kline, Part I: Analysis of Monomers and Polymeric Materials: Plastics—Resins—Rubbers—Fibers, S. 284. 1959, Interscience Publ., New York

4.22.1. Qualitative Nachweise

Pyrolyse

a) Umsetzung mit Natriumnitrit (120)
Bei Pyrolyse erfolgt eine partielle Rückbildung der Isocyanate. Probe trocken im Reagenzglas erhitzen, entstehende Schwaden in wasserfreies Aceton einleiten und mit 1 Tropfen einer 10 %igen Natriumnitrit-Lösung versetzen. Meist orange bis braunrote Färbung zeigt Polyurethan an.
Färbung stark von Konzentration und Zeit abhängig.

b) Umsetzung mit Nitrobenzol-diazonium-fluorborat (121, 123)
Pyrolysedämpfe gegen ein trockenes Filtrierpapier leiten, das anschließend mit ca. 1 %iger methanolischer 4-Nitrobenzoldiazonium-fluorborat-Lösung (Nitrazol CF extra, Farbwerke Hoechst) angefeuchtet wird. An der auftretenden Farbe kann das zur Herstellung des Polyurethans verwendete Diisocyanat erkannt werden:

violett	1,5-Naphthylendiisocyanat
rotbraun	2,4- und 2,6-Toluylendiisocyanat oder dimeres Toluylendiisocyanat
beige	1,4-Phenylendiisocyanat
gelb	4,4'-Diphenylmethandiisocyanat

Der Nachweis ist nicht immer eindeutig.

Nachweis von Polyester-Polyurethanen (122, 123)
Oberfläche des Polyurethan-Teils mit einigen Tropfen 2 n methanolischer Kalilauge (mit Phenolphthalein angefärbt) benetzen. Auf die gleiche Stelle anschließend einige Tropfen einer gesättigten methanolischen Hydroxylaminhydrochlorid-Lösung auftragen, wobei die rosa Farbe des Phenolphthaleins nicht verschwinden darf. Mindestens 10 sec. warten, dann mit einigen Tropfen 1 n Salzsäure ansäuern, bis die rosa Farbe verschwindet, und einige Tropfen einer 3 %igen wäßrigen Eisen(III)-chlorid-Lösung hinzufügen.
Bei Polyurethanen auf Esterbasis tritt Violettfärbung der benetzten Stelle ein.

Elastomere auf Basis von Isocyanaten (123, 123a)

a) Identifizierung des Isocyanats
Ca 3 g der feingeschnittenen Probe in möglichst wenig konz. Schwefelsäure bei 60–65 °C unter Kohlensäureentwicklung lösen. Nach Kühlung in Kältebad aus festem Kohlendioxid in Methanol mit 2 ml Wasser verdünnen und mehrmals mit Äther evtl. vorhandene Dicarbonsäuren des verwendeten Polyesters extrahieren (Identifizierung siehe Polyester, Qualitative Nachweise S. 120).
Unter Kühlen mit festem Kaliumhydroxid auf pH 9–10 einstellen und mehrmals mit warmem Benzol extrahieren. Die im Extrakt vorhandenen Diamine werden papierchromatographisch identifiziert:

---

(120) *Blank, H.*, Kunststoffe Bd. 37 (1947) S. 102.
(121) Bundesgesundheitsbl. 6 (1963) Nr. 22, S. 350 Untersuchung von Bedarfsgegenständen aus Gummi im Sinne von § 2 Nr. 1 des Lebensmittelgesetzes.
(122) Mobay Chemical Co., Technical Information Bulletin Nr. 13–F 5, Jan. 16 (1959).
(123) *Paffrath, H. W.* u. *H. Ostromow* in: Kunststoff-Handbuch Bd. VIII Polyurethane, *Vieweg, R.* u. *A. Höchtlen* (1966) S. 413–416 Carl Hanser Verlag, München
(123a) DIN 53 621 Teil 9

Aufsteigend auf Papier Schleicher & Schüll Nr. 2043 b mit einem Gemisch aus gleichen Volumenteilen wäßrigem Ammoniak (10 %ig) und tert. Natriumcitrat-Lösung (8 %ig) chromatographieren. Auftragsmenge soll 3 Tüpfel von 2 mm Durchmesser aus 0,05 molarer Lösung in Benzol oder einem anderen geeigneten Lösungsmittel betragen. Chromatogramm mit einer ca. 1 %igen Lösung von 4-Nitrobenzol-diazonium-fluorborat (Nitrazol CF extra, Farbwerke Hoechst) in wenig Essigsäure enthaltendem Methanol schwach besprühen. Laufzeit: 5,5 Stunden.

	Rf-Wert	*Farbe*
1,4-Diaminobenzol (aus 1,4-Phenylen-diisocyanat)	0,72	gelbbraun
2,4- bzw. 2,6-Diamino-1-methyl-benzol (aus 2,4- bzw. 2,6-Toluylendiisocyanat)	0,68	carminrot
4,4'-Diamino-diphenylmethan (aus 4,4'-Diphenylmethandiisocyanat)	0,58	gelb
4,4'-Diamino-di-o-tolylmethan (aus 4,4'-Di-o-tolylmethan-diisocyanat)	0,53	gelb
1,5-Naphthylendiamin (aus 1,5-Naphthylen-diisocyanat)	0,38	blauviolett
4,4'-Diamino-diphenyl (aus 4,4'-Diphenyl-diisocyanat)	0,29	gelb

b) Art des Polyesters

Resorcinschmelze als erster Hinweis.

Einige mg des obigen Ätherextraktes mit gleicher Menge Resorcin und einigen Tropfen konz. Schwefelsäure im Reagenzglas schwach erhitzen, bis klare, rotbraune Lösung entsteht. Abkühlen, mit Wasser verdünnen und in ca. 20 ml 1 n Natronlauge eingießen. Phthalsäure ergibt stark gelbgrüne Fluoreszenz, Adipinsäure eine tief weinrote Färbung und Sebacinsäure keine eindeutige Reaktion bzw. schwache gelbgrüne Fluoreszenz.

Papierchromatographie der Dicarbonsäuren

Aufsteigend auf Papier Schleicher & Schüll Nr. 2043 b, Streifen von 50 cm Länge chromatographieren. Startpunkt 2 cm von unterem Rand entfernt.

Lösungsmittel: Pyridin / n-Butanol / Ammoniak 25 % / Wasser (5 : 5 : 1 : 4 Vol.) mit Kammersättigung. Ammoniak-Gehalt nimmt ständig ab; deshalb Lösungsmittel nach fünfmaliger Benutzung erneuern.

Im Abstand von 1–2 cm auf der Startlinie nebeneinander zu prüfende Substanz und Testgemisch mehrmals auftragen. Der sich bildende Kreis darf einen maximalen Durchmesser von höchstens 2 mm haben.

Substanz als 0,1 molare Lösung zehnmal auftragen, um sie auf dem Papier anzureichern und zwischendurch unter Infrarotlampe trocknen. Als Testgemisch dienen die reinen Säuren (0,1 molar in Aceton). Laufzeit: ca. 20 Stdn.

Nach der Laufzeit Streifen trocknen und mit Indikatorlösung (2,38 g Natriumtetraborat-dekahydrat und 0,3 g Methylrot in Wasser zu 1000 ml lösen) besprühen. Säuren erscheinen rot auf weißem Grund. Rf-Werte der Säuren sind bei variierender Steighöhe der Lösungsmittelfront und unterschiedlicher Laufzeit etwas verschieden:

	Laufzeit (Stdn.)	22,5	26	26	20	39
	Steighöhe (cm)	30,8	37,5	38	30	39
Citronensäure	Rf-Werte	0,11	0,15	0,16	0,11	0,26
Maleinsäure		0,23	0,25	0,28	0,22	0,34
Adipinsäure		0,28	0,30	0,33	0,25	0,40
Phthalsäure		0,34	0,36	0,39	0,32	0,45
Azelainsäure		0,42	0,43	0,47	0,41	0,54
Sebacinsäure		0,48	0,49	0,52	0,47	0,58

c) Alkohol-Komponenten (124)
Abtrennung der Polyol-Komponenten geschieht zweckmäßig durch Austausch aller Kationen und Anionen an geeigneten Ionenaustauschern. Nach Verdampfen des alkoholischen Eluats bleiben Polyole quantitativ zurück und werden durch Farbreaktionen nachgewiesen (125).

Unterscheidung zwischen Polyester- und Polyäther-Polyurethanen durch Verseifung (126, 123)
Ca. 0,5 g der fein zerkleinerten Probe mit 50 ml 1 n äthanolischer Kalilauge 3 Stdn. unter Rückfluß kochen. Rücktitration mit 1 n Salzsäure gegen Phenolphthalein. Blindprobe ist erforderlich.

$$\text{Verseifungszahl} = 56{,}1 \cdot \frac{\text{ml 1 n HCl Blindprobe} - \text{ml 1 n HCl Probe}}{\text{g Einwaage}}$$

Polyurethane auf Esterbasis ergeben eine VZ von weit über 200, solche auf Polyätherbasis eine VZ von unter 100.

Unterscheidung zwischen Polyester- und Polyäther-Polyurethanen durch Farbtest
Ungefähr 50 mg der zerkleinerten Probe werden im Reagenzglas mit 5–6 Tropfen einer 2 n Lösung von Kaliumhydroxid in Methanol und 2–3 Tropfen einer gesättigten Lösung von Hydroxylammoniumchlorid in Methanol versetzt. 20–40 sec. auf 50 °C erhitzen, nach einer weiteren Minute Reaktionszeit mit 1 n Salzsäure ansäuern und mit 1 Tropfen einer wäßrigen 3 %igen Eisen(III)-chlorid-Lösung versetzen. Bei Anwesenheit von Polyester färbt sich das Gemisch violett; bei Abwesenheit von Polyester bleibt die Lösung hellgelb gefärbt und es ist mit großer Wahrscheinlichkeit ein Polyäther die Basis für das Produkt.

Unterscheidung von Polyamiden, Polyurethanen und Harnstoffharzen
Siehe Polyamide, Qualitative Nachweise S. 127.

---

(124) *Bandel, G.* u. *W. Kupfer* in: *R. Houwink* u. *A. J. Staverman*, Chemie und Technologie der Kunststoffe, Bd. III Typisierung und Prüfung der Kunststoffe, S. 241, Akademische Verlagsgesellschaft Geest & Portig KG, Leipzig, 1963.
(125) s. a. *Zahn, H.* u. *H. Wolf*, Melliand Textilber. Bd. 32 (1951) S. 317–321, 927–928; *E. Schröder*, Plaste u. Kautschuk Bd. 9 (1962) S. 121–123.
(126) Bundesgesundheitsbl. 6 (1963) Nr. 22, S. 350 Untersuchung von Bedarfsgegenständen aus Gummi im Sinne von § 2 Nr. 1 des Lebensmittelgesetzes.

4.22.2. Quantitative Bestimmungen

Bestimmung organischer Isocyanate und Isothiocynate (127)
Probe in Dioxan lösen, mit überschüssigem n-Butylamin versetzen und überschüssiges Amin mit Mineralsäure zurücktitrieren.
Reaktionszeit: 45 min. Fehler: kleiner als ± 0,4 %

4.23. Celluloseester (außer Cellulosenitrat)

Anwendung in der Kunststoff-Industrie haben die Celluloseacetate, -acetobutyrate und -propionate gefunden.
Für die Herstellung von Spritzguß- und Strangpreßmassen werden das Triacetat und das 2– 2,5-Acetat sowie die Acetobutyrate verwendet. Sie liegen vor als granulierte Massen mit verschiedenem Weichmacher-Gehalt (im allgemeinen 20–30 %). In Form von Halbzeugen sind die Celluloseester als Tafeln, Blöcke, Rohre, Profile und Folien auf dem Markt; außerdem finden sie für Kleber und Lacke, Celluloseacetat auch für die Faserherstellung Verwendung.
Es sei noch darauf hingewiesen, daß die Handelsprodukte der Celluloseester teils beabsichtigt, teils durch die Herstellung bedingt stets Reste an Hydroxylgruppen enthalten.

Verhalten beim Erhitzen und in der Flamme
Celluloseester brennen leicht, ohne außerhalb der Flamme zu erlöschen. Beim Brennen schmilzt das Material und tropft ab. Die Flamme ist dunkelgelb, bei Acetobutyrat mit blauem Rand.
Geruch der Acetate nach Essigsäure, der Acetobutyrate außerdem typisch nach Buttersäure (ranzige Butter). Die Dämpfe reagieren sauer.

Löslichkeiten
Celluloseacetate löslich in Eisessig, Ameisensäure und Gemisch Methylenchlorid/Methanol 9/1.
Cellulosetriacetat löslich in Chloroform, weniger löslich in Aceton.
Cellulose-2,5-acetat wenig löslich in Chloroform, gut löslich in Aceton.
Cellulosediacetat gut löslich in heißem Alkohol, weniger in Aceton.
Celluloseacetobutyrat löslich in Aceton/Benzol und Methylenchlorid.
Cellulosetripropionat löslich in Benzol, Methylenchlorid, Chloroform, Estern und Ketonen.

Verseifungszahl > 200

---

(127) *Siggia, S.* u. *J. G. Hanna,* Anal. Chem. Bd. 20 (1948) S. 1084.

4.23.1. Qualitative Nachweise

Nachweis von Cellulose

a) Anilinacetat-Reaktion (128)
Wenige mg des zu untersuchenden Materials im Mikrotiegel mit 1 Tropfen sirupöser Phosphorsäure vorsichtig auf ca. 40 °C erwärmen. Tiegel mit Filtrierpapier abdecken, das mit Anilinacetat (10 % Anilin in 10 %iger Essigsäure) getränkt wurde. Meist tritt sofort eine rosa bis rote Färbung ein.
Störung durch alle Substanzen, die unter diesen Bedingungen Furfurol oder dessen Derivate bilden wie Lignin, alle Zucker, Furanharze, Pflanzengummi auf Kohlehydratbasis usw..

b) Molisch-Reaktion
Probe in Aceton lösen, mit 2–3 Tropfen einer 2 %igen äthanolischen Lösung von α-Naphthol versetzen und mit konz. Schwefelsäure unterschichten. Roter bis rotbrauner Ring an der Phasengrenze zeigt Cellulose (Glucose) an.
Störungen wie bei der Anilinacetat-Reaktion.

Nachweis von Acetaten und Propionaten nach Feigl
Siehe Polyvinylacetat, Qualitative Nachweise (S. 96).

Unterscheidung von Acetaten und Acetobutyraten
Kunststoff mit 1 n äthanolischer Kalilauge 1 Std. unter Rückfluß kochen (verseifen), anschließend Alkohol abdestillieren, Rückstand mit wenig Wasser aufnehmen, Cellulose abfiltrieren und Lösung einengen.
Rückstand der eingedampften Lösung mit Äthanol/konz. Schwefelsäure (1 : 1) versetzen und in einer Kolonne gebildete Ester abdestillieren (Sandbad).

Essigsäureäthylester	Siedepunkt	77 °C
Buttersäureäthylester	,,	120 °C

4.23.2. Quantitative Bestimmungen

Kolorimetrische Bestimmung von Cellulose-Derivaten mit Anthron (129)
Geeignet für Celluloseacetat, -acetobutyrat und Äthylcellulose. Probe mit 10 ml Schwefelsäure (3 : 1) aufnehmen, Lösung mit 0,5 ml einer 0,5 %igen äthanolischen Anthron-Lösung versetzen, Kolben verschließen und 20 min. auf 90 °C erhitzen. Nach Abkühlen Absorptionsmessung bei 625 nm. Auswertung des Ergebnisses durch Vergleich mit Standards (Eichkurve).

Essigsäure-Gehalt in Celluloseacetat
Material mindestens 2 Stdn. bei 105 °C trocknen. Nach Abkühlen 2,000 g in 300-ml-Erlenmeyer-Kolben einwägen, 50 ml 0,5 n äthanolische Kalilauge zugeben, Kolben verschließen und 48 Stdn. bei 20 °C ± 1 grd stehen lassen.

---

(128) *Feigl, F.*, Tüpfelanalyse Bd. II, Org. Teil, 4. deutsche Aufl., 1960, Akademische Verlagsges. Frankfurt/M., S. 494.
(129) *Swann, M.H.*, Anal. Chem. Bd. 29 (1957) S. 1505–1506.

Anschließend 20 ml 0,5 n Salzsäure zugeben, Stopfen und Kolbeninnenwand mit insgesamt 100 ml dest. Wasser spülen und 30 min. auf 50 °C erwärmen. Überschüssige Salzsäure bei dieser Temperatur mit 0,5 n Natronlauge gegen Phenolphthalein zurücktitrieren. Blindprobe erforderlich (50 ml 0,5 n äthanolische Kalilauge nach 48 Stunden mit 55 ml 0,5 n Salzsäure versetzen und bei 50 °C mit 0,5 n Natronlauge zurücktitrieren).

Essigsäure-Gehalt in Gew.-% = 1,50 · (Q – A)

wobei Q = tatsächlich zugefügte ml 0,5 n KOH
= 55 ml 0,5 n HCl – ml 0,5 n NaOH im Blindversuch

A = verbrauchte ml 0,5 n HCl
= 20 ml 0,5 n HCl – ml 0,5 n NaOH (Rücktitration)

Acetyl- und Butyryl-Gehalt in Cellulose-acetobutyraten (130)

a) Acetobutyrate mit weniger als 35 % Butyryl-Gehalt
3 g der Probe mit 100 ml 0,5 n Natronlauge 48–72 Stdn. auf 40 °C erhitzen, dann 50 ml Phosphorsäure (68 ml 85 %ige Phosphorsäure mit Wasser auf 1000 ml verdünnt) zugeben und freie Säuren im Vakuum bis zur Trockne abdestillieren. Nach Abkühlung 25 ml Wasser zum Rückstand geben und erneut im Vakuum bis zur Trockne abdestillieren. Erneute Zugabe von 25 ml Wasser zum Rückstand und Vakuumdestillation ein zweites Mal wiederholen. Destillat mit Wasser auf 250 ml auffüllen.

b) Acetobutyrate mit mehr als 35 % Butyryl-Gehalt:
3 g der Probe mit 100 ml Äthanol und 100 ml 0,5 n Natronlauge 48–72 Stdn. bei Raumtemperatur stehen lassen, dann Cellulose abfiltrieren und im Vakuum bis zur Trockne abdestillieren.
Rückstand mit 50 ml Phosphorsäure (68 ml 85 %ige Phosphorsäure mit Wasser auf 1000 ml verdünnt) und 100 ml Wasser versetzen und freie Säuren im Vakuum bis zur Trockne abdestillieren. Nach Abkühlung 25 ml Wasser zum Rückstand geben und erneut im Vakuum bis zur Trockne abdestillieren. Erneute Zugabe von 25 ml Wasser zum Rückstand und Vakuumdestillation ein zweites Mal wiederholen. Destillat mit Wasser auf 250 ml auffüllen.

c) Weitere Aufarbeitung unabhängig vom Butyryl-Gehalt
Zunächst 25 ml des Destillats mit 0,1 n Natronlauge gegen Phenolphthalein titrieren. NaOH-Verbrauch = M
Dann 30 ml des Destillats 2 Min. lang mit 15 ml
säure- und wasserfreiem n-Butylacetat ausschütteln und 25 ml der extrahierten wäßrigen Phase mit 0,1 n Natronlauge titrieren. NaOH-Verbrauch = M_1.

K = proz. Verteilungskoeffizient der dest. Säuren = $100 \cdot \frac{M_1}{M}$

Gleiche Manipulationen nochmals an Standardsubstanzen vornehmen, um die proz. Verteilungskoeffizienten der reinen Säuren (Essigsäure k_a und Buttersäure k_b) zu ermitteln. Säurekonzentration jeweils ca. 0,1 n.

(130) ASTM Standards, D 817–65

$$B = \frac{K - 100 \cdot k_a}{k_b - k_a} \qquad A = 100 - B$$

wobei B = Mol.-% Buttersäure
A = Mol.-% Essigsäure
K = proz. Verteilungskoeffizient der Säuren im Destillat
k_a = proz. Verteilungskoeffizient der Essigsäure
k_b = proz. Verteilungskoeffizient der Buttersäure

d) Bestimmung des „scheinbaren Acetyl-Gehaltes"
Bei weniger als 35 % Butyral-Gehalt werden 1,9 g der Probe in einen 500-ml-Erlenmeyer-Kolben eingewogen und in 150 ml Aceton und 5–10 ml Wasser gelöst; bei unlöslichen Proben in 70 ml Aceton aufgeschlämmt, 30 ml Dimethylsulfoxid zugegeben und nach Lösung weitere 50 ml Aceton zugefügt.
Dann 30 ml 1 n Natronlauge zugeben und 30 Min. bei Gebrauch von Dimethylsulfoxid 2 Stunden bei Raumtemperatur stehen lassen und anschließend nach Zugabe von 100 ml heißem Wasser den Überschuß an NaOH mit 1 n Schwefelsäure zurücktitrieren. Leichten Überschuß an Schwefelsäure einstellen und nach 10 Min. mit 0,1 n Natronlauge bis schwach Rosa titrieren.
Blindprobe erforderlich.

„Scheinbarer Acetyl-Gehalt" in Gew.-%

$$= \frac{4{,}305\,(\text{ml } 1\text{n}H_2SO_4 \text{ Blindprobe} - 1\text{ml } 1\text{n}H_2SO_4 \text{ Probe}) - 0{,}43\,(\text{ml } 0{,}1 \text{ n NaOH Blindprobe} - \text{ml } 0{,}1 \text{ n NaOH Probe})}{\text{g Einwaage}}$$

Bei 35–45 % Butyryl-Gehalt 0,5 g der Probe in 250-ml-Erlenmeyer-Kolben einwägen, in 100 ml Aceton/Methanol (1:1) lösen und 40 ml 0,5 n Natronlauge und 20 ml Wasser unter gutem Schütteln zugeben.
Bei über 45 % Butyryl-Gehalt 0,5 g der Probe in 100 ml Pyridin/Methanol (1:1) lösen, dann 30 ml 0,5 n methanolische Natronlauge langsam zugeben und schließlich mit 20 ml Wasser in 2-ml-Anteilen versetzen, bis die Lösung trübe wird.
Bei beiden Verfahren über Nacht bei Raumtemperatur stehen lassen und den Überschuß an NaOH mit 0,5 n Salzsäure zurücktitrieren.
Bei beiden Verfahren sind Blindproben erforderlich.

„Scheinbarer Acetyl-Gehalt" in Gew.-%

$$= 2{,}15 \cdot \frac{\text{ml } 0{,}5 \text{ n HCl Blindprobe} - \text{ml } 0{,}5 \text{ n HCl Probe}}{\text{g Einwaage}}$$

e) Berechnung des Acetyl- und Butyryl-Gehaltes
Acetyl-Gehalt in Gew.% = A · „scheinbarer Acetyl-Gehalt"
Butyryl-Gehalt in Gew.% = $\frac{71}{43}$ · B · „scheinbarer Acetyl-Gehalt".

Acetyl- und Propionyl-Gehalt in Celluloseacetopropionaten (130)
Verfahren völlig analog dem bei der Bestimmung von Acetyl- und Butyryl-Gehalt in Celluloseacetobutyraten.

$$P = \frac{K - 100\,k_a}{k_p - k_a} \qquad A = 100 - P$$

wobei P = Mol.-% Propionsäure
A = Mol.-% Essigsäure
K = proz. Verteilungskoeffizient der Säuren im Destillat
k_p = proz. Verteilungskoeffizient der Propionsäure
k_a = proz. Verteilungskoeffizient der Essigsäure

Acetyl-Gehalt in Gew.-% = A · „scheinbarer Acetyl-Gehalt"

Propionyl-Gehalt in Gew.-% = $\frac{57}{43}$ · P · „scheinbarer Acetyl-Gehalt"

4.24. Cellulosenitrate (Nitrocellulosen)

Cellulosenitrate werden je nach Verwendungszweck mit verschieden hohem Gehalt an Stickstoff hergestellt.
Für die Celluloid-Herstellung werden Nitrocellulosen mit 10,6–11,2% Stickstoff unter Zusatz von Gelatinierungsmitteln, im allgemeinen Campher, verwendet. Celluloid ist als Halbzeug in Form von Tafeln, Rohren, Stäben und Profilen auf dem Markt.
Für die Herstellung von gegossenen Filmen werden Nitrocellulosen mit etwa 12% Stickstoff verarbeitet, desgleichen für Lacke.

Verhalten beim Erhitzen und in der Flamme
Nitrocellulose brennt heftig unter Verpuffung und Zersetzung; Flamme ist hell, braune Dämpfe. Geruch nach Stickoxiden, bei Celluloid auch nach Campher. Die Dämpfe reagieren stark sauer.

Löslichkeit
bei Stickstoff-Gehalt von < 12%: löslich in Ketonen und Alkohol-Äther-Mischungen,
bei Stickstoff-Gehalt von > 12%: löslich in Ketonen, Estern und Alkohol-Äther-Mischungen.

Verseifungszahl > 200

4.24.1. Qualitative Nachweise

Nachweis von Nitrocellulose (Molisch-Reaktion)
Probe in Aceton lösen, mit 2–3 Tropfen einer 2%igen äthanolischen Lösung von α-Naphthol versetzen und mit konz. Schwefelsäure unterschichten. Grüner Ring an der Phasengrenze zeigt Nitrocellulose an (Unterschied gegenüber anderen Celluloseestern).

Nachweis von Nitrocellulose durch Tüpfeltest nach Feigl (130a)
Kleine Menge der Probe mit ca. 0,3 g Benzoin im Reagenzglas in ein auf 140 °C vorgeheiztes Glycerinbad bringen und ggf. bis 160 °C weitererhitzen. Reagenzglas mit Filtrierpapier, das mit Grießschem Reagens (s.u.) getränkt ist, abdecken.
Roter Fleck zeigt Nitrogruppen an.
Probe mit ca. 0,3 g Thiobarbitursäure und 1–2 Tropfen 85 %iger Phosphorsäure versetzen. Reagenzglas in ein auf 130 °C vorgeheiztes Glycerinbad bringen. Orangefärbung gilt als Cellulose-Nachweis.
Erfassungsgrenze: 0,5 mg Nitrocellulose, Celluloid, Kollodium oder pigmentierter Nitrocellulose-Lack.

Grießsches Reagens: 1 % Sulfanilsäure in 25 %iger Essigsäure und 0,3 % α-Naphthylamin in 30 %iger Essigsäure werden zu gleichen Volumenteilen vor Gebrauch gemischt.

Diphenylamin-Probe
Weichmacher und ggf. Harze durch Extraktion entfernen.
Probe mit 0,5 n wäßriger Kalilauge kochen und nach Abkühlen mit verd. Schwefelsäure ansäuern und filtrieren. Lösung mit Diphenylamin-Lösung (s. u.) unterschichten. Blauer Ring an der Phasengrenze deutet auf Nitrocellulose.
Probe ist sehr empfindlich.

Diphenylamin-Lösung: 10 ml konz. Schwefelsäure + 3 ml Wasser + 10 mg Diphenylamin.

4.24.2. Quantitative Bestimmungen

Stickstoff-Gehalt

a) gravimetrisch als Nitron-nitrat (131)
Ca. 0,2 g Nitrocellulose in 200-ml-Erlenmeyer-Kolben einwägen, mit 5 ml 30 %iger Natronlauge und 10 ml 3 %igem Wasserstoffsuperoxid versetzen, Rückflußkühler aufsetzen, zuerst vorsichtig erwärmen und dann einige min. bis zum Klarwerden der Lösung kochen. Danach 40 ml Wasser und 10 ml 3 %iges Wasserstoffsuperoxid durch den Rückflußkühler zugeben, im Wasserbad auf 50 °C erwärmen und bei dieser Temperatur 40 ml 5 %ige Schwefelsäure zufließen lassen und anschließend auf 80 °C erwärmen.
Die 80 °C warme Lösung mit 12 ml Nitronacetat-Lösung (s. u.) versetzen, 30–45 min. abkühlen lassen und mindestens 2 Stdn. im Kühlschrank auf wenig über 0 °C abkühlen.
Glasfiltertiegel G 3 und Saugflasche ebenfalls kühlen.
Niederschlag eiskalt abfritten, wegen dessen Löslichkeit mit dem Filtrat überspülen und mit möglichst kleinen Portionen Eiswasser (insgesamt 10–12 ml) nachwaschen. Scharf absaugen. Niederschlag 45 min. bei 110 °C trocknen und nach Abkühlen als $C_{20}H_{16}N_4 \cdot HNO_3$ auswägen.

$$\text{Stickstoff-Gehalt in Gew.-\%} = 3{,}732 \cdot \frac{\text{Auswaage}}{\text{Einwaage}}$$

Nitronacetat-Lösung: 10 g Nitron und 5 ml Eisessig, auf 100 ml mit Wasser aufgefüllt.

(130a) *Feigl, F.* Chemist-Analyst 52 (1963) S. 47–48
(131) *Kast, H.* u. *L. Metz,* Chem. Untersuchung der Spreng- u. Zündstoffe, 2. Aufl. 1944, S. 85 u. 221.

b) titrimetrisch mit Eisen (II)-sulfat (132)
0,5 g Nitrocellulose in 20 ml Aceton lösen, dann unter heftigem Rühren durch tropfenweise Zugabe von 20 ml Wasser wieder ausfällen und auf weniger als 4 ml eindampfen.
Unter heftigem Schütteln und Eiskühlung 100 ml konz. Schwefelsäure zugeben, wobei die ersten 10 ml Schwefelsäure innerhalb 1 min. langsam zugetropft werden sollen. Klare Lösung mit Eisensulfat-Lösung (s. u.) nicht schneller als 2 ml/min. titrieren.

$$\text{Stickstoff-Gehalt in Gew.-\%} = 0{,}443 \cdot \frac{\text{ml Eisensulfat-Lösung}}{\text{g Einwaage}}$$

Eisensulfat-Lösung: 176 g $FeSO_4 \cdot 7\,H_2O$ in 400 ml Wasser und 500 ml 60%iger Schwefelsäure lösen und auf 1000 ml mit Wasser auffüllen.

Kolorimetrische Bestimmung von Cellulose-Derivaten mit Anthron
Siehe Celluloseester (außer Cellulosenitrat), Quantitative Bestimmungen S. 133

Kolorimetrische Nitrocellulose-Bestimmung nach Swann (133)
Probe, die ca. 40 mg Nitrocellulose enthalten soll, in 10 ml Aceton lösen und mit 10 ml 10%iger wäßriger Kalilauge 1 Std. unter Rückfluß erhitzen. Anschließend im Meßkolben auf 50 ml mit Aceton-Wasser-Gemisch (2 : 1) auffüllen. Absorptionsmessung bei 425 nm.
Auswertung der Messung durch Vergleich mit Standards (Eichkurve)

4.25. Celluloseäther (Methyl-, Äthyl- und Benzylcellulose, Celluloseglykolat)

Methylcellulosen werden insbesondere für Buchbinder- und Tapetenkleister sowie Malerleime verwendet, außerdem als Verdickungsmittel und Schutzkolloide z. B. für Kunststoff-Dispersionen. Äthylcellulosen finden als Lackrohstoffe und – da gut plastisch verformbar – als Spritzgußmassen Verwendung.
Benzylcellulose wird für gleiche Zwecke wie Äthylcellulose verwendet. Beide Produkte sind auf Grund des hohen Preises nur wenig eingesetzt.

Verhalten beim Erhitzen und in der Flamme
Celluloseäther schmelzen und verkohlen; sie brennen nach Entzünden weiter, Methylcellulose mit gelber leuchtender Flamme, Äthylcellulose mit wenig leuchtender Flamme unter Abtropfen und Benzylcellulose mit leuchtender, rußender Flamme. Dämpfe reagieren neutral. Geruch bei Methyl- und Äthylcellulose vorwiegend nach verbranntem Papier, bei Benzylcellulose nach Bittermandeln.

Löslichkeit
Methylcellulose: löslich in Wasser, unlöslich in üblichen organischen Lösungsmitteln.
Äthylcellulose: löslich in Benzol, Äther, Ketonen, Estern, Alkoholen und Chlorkohlenwasserstoffen.
Benzylcellulose: löslich in Benzol, Methylenchlorid, Ketonen und Estern.

Verseifungszahl < 20

(132) *Murakami, T.,* Jap. Analyst Bd. 9 (1960) S. 100–105; s. a. Analytic. Abstracts Bd. 8 (1961) 4732.
(133) *Swann, M. H.,* Anal. Chem. Bd. 29 (1957) S. 1504–1505.

4.25.1. Qualitative Nachweise

Nachweis von Cellulose

a) Molisch-Reaktion
Siehe Celluloseester (außer Cellulosenitrat), Qualitative Nachweise (S. 133).
Als Lösungsmittel kann ggf. Wasser genommen werden.

b) Anilinacetat-Probe
Siehe Celluloseester (außer Cellulosenitrat), Qualitative Nachweise (S. 133).

Nachweise von Methylcellulose und Celluloseglykolat (134)
Je nach Methylierungsgrad ist Methylcellulose in Wasser und Äthylenchlorhydrin mehr oder weniger löslich. Wäßrige Lösungen koagulieren in der Hitze. Glykolate sind ebenfalls gut wasserlöslich.
Methylcellulose gibt mit 10%iger Tanninlösung selbst noch in einer 0,1%igen Lösung einen gut filtrierbaren, flockigen Niederschlag. Sehr empfindlich. Reaktion bei Celluloseglykolat negativ.
Lösungen von Methylcellulose zeigen mit Jod-Jodkali-Lösungen violettbraune bis braune Färbungen, die auf Zusatz von starker Lauge wieder verschwinden.
Sehr wenig Methylcellulose, mit einigen Kristallen Skatol und 3–5 ml konz. Salzsäure versetzt, zeigt beim Erhitzen auf 60–70 °C zunächst eine gelbe Färbung, die bald in Violett übergeht.
Methylcellulose und Celluloseglykolat lassen sich durch die Tannin-Probe (s.o.) und durch Reaktion mit Zephirol (Dimethyl-alkyl-benzyl-ammoniumchlorid) unterscheiden, wobei Glykolate einen Niederschlag ergeben, Methylcellulose hingegen nicht.

Nachweis von Äthylcellulose (135)
Probe mit 1 Tropfen Bichromat-Lösung (1 g $K_2Cr_2O_7$ + 60 ml Wasser + 7,5 ml konz. Schwefelsäure) versetzen und auf 100 °C erhitzen. Öffnung des Glühröhrchens mit Filtrierpapier bedecken, das mit einer Mischung von gleichen Teilen 20%iger wäßriger Morpholin-Lösung und 5%iger wäßriger Natriumnitroprussid-Lösung getränkt ist.
Blaufärbung zeigt Äthylcellulose an.

Nachweis von Benzylcellulose (136)
Ca. 2 g des Cellulose-Derivates mit 10 ml Essigsäureanhydrid und 2 Tropfen konz. Schwefelsäure 30 min. unter Rückfluß kochen. Dann 20 ml Wasser zugeben und nochmals 20 min. unter Rückfluß kochen. Anschließend mit Wasserdampf 100 ml Destillat übertreiben, dieses mit Lauge schwach alkalisch machen und 15 min. unter Rückfluß kochen.

---

(134) *Neu, R.,* Seifen, Öle, Fette, Wachse Bd. 76 (1950) S. 445–446; Fette u. Seifen, Bd. 52 (1950) S. 23.
(135) *Feigl, F.,* Tüpfelanalyse Bd. II, Org. Teil, 4. deutsche Aufl., 1960; Akademische Verlagsges. Frankfurt/M., S. 186.
(136) *Hummel, D.,* Kunststoff-, Lack- u. Gummi-Analyse, Textbd., 1958, S. 131, Carl Hanser Verlag, München.

Mit Äther extrahieren, ätherische Lösung mit Wasser waschen und – ohne zu trocknen – Äther abdestillieren.
Rückstand mit 5 ml 20 %iger Kalilauge versetzen und 20 min. auf siedendem Wasserbad erwärmen. Insgesamt 2 g festes Kaliumpermanganat in kleinen Portionen in die heiße Lösung eintragen, mit etwas Wasser verdünnen und filtrieren. Nach Ansäuern fällt aus der Lösung Benzoesäure aus. Umkristallisation aus Wasser. Schmelzpunkt 121 °C.
In 2 g Lack sind noch 5 % Benzylcellulose nachweisbar.

4.25.2. Quantitative Bestimmungen

Kolorimetrische Bestimmung von Cellulose-Derivaten mit Anthron
Siehe Celluloseester (außer Nitrocellulosen), Quantitative Bestimmungen (S. 133).

Methoxyl-Gehalt in Methylcellulose (137, 138)
Bestimmung in Zeisel-Apparatur (138). Wäscher halb mit wäßriger Aufschlämmung von rotem Phosphor füllen. Absorptionsvorlagen mit 10 ml 10 %iger Natriumacetat-Lösung und 10–12 Tropfen Brom beschicken.
50–60 mg Methylcellulose in Gelatinekapsel einwägen und in Zersetzungskölbchen (gefüllt mit 19–20 ml 57 %iger Jodwasserstoffsäure und Siedesteinchen) geben. Kühler aufsetzen, Apparatur verschließen und langsam Kohlensäure einleiten.
Im Ölbad 40 min. auf 150 °C erhitzen.
Vorlagen in Erlenmeyer-Kolben überführen, der 10 ml Natriumacetat-Lösung (220 g im Liter) enthält, und auf 125 ml mit Wasser verdünnen. Vorlage tropfenweise mit Ameisensäure versetzen, um Brom zu reduzieren. Zum Schluß 6 Tropfen Ameisensäure als Überschuß zugeben. Dann 3 g Kaliumjodid und 15 ml Schwefelsäure (1 : 9) zufügen und mit 0,1 n Thiosulfat-Lösung gegen Stärke titrieren.
Blindprobe erforderlich.

Methoxyl-Gehalt in Gew.-%

$$= 0{,}0517 \cdot \frac{\text{ml } 0{,}1 \text{ n } Na_2S_2O_3 \text{ Probe} - \text{ ml } 0{,}1 \text{ n } Na_2S_2O_3 \text{ Blindprobe}}{\text{g Einwaage}}$$

Äthoxyl-Gehalt in Äthylcellulose (138, 139)
Apparatur und Verfahren wie bei Bestimmung des Methoxyl-Gehaltes in Methylcellulose.

Äthoxyl-Gehalt in Gew.-%

$$= 0{,}0751 \cdot \frac{\text{ml } 0{,}1 \text{ n } Na_2S_2O_3 \text{ Probe} - \text{ ml } 0{,}1 \text{ n } Na_2S_2O_3 \text{ Blindprobe}}{\text{g Einwaage}}$$

(137) ASTM Standards, D 1347–54 T.
(138) *Vieböck, F.* u. *A. Schwappach*, Ber. Bd. 63 (1930) S. 2818, 3207.
(139) ASTM Standards, D 914–50.

Natriumglykolat-Gehalt in Celluloseglykolat

a) nach Ericksen und Brown (140)
Probe in Wasser lösen, ansäuern und gelöstes Kupfersulfat zugeben. Mit Natronlauge neutralisieren, um Kupferüberschuß und das Kupfersalz der Carboxymethylcellulose zu fällen.
Niederschlag abfiltrieren und Glykolat im Filtrat mit Dihydroxynaphthalin kolorimetrieren.
Da ein kleiner Teil Natriumcarboxymethylcellulose im Filtrat verbleibt und auch mit Dihydroxynaphthalin reagiert, wird dieser Anteil kolorimetrisch mit Anthron bestimmt und das Ergebnis entsprechend korrigiert.

b) nach Thinius (141)
Ca. 2–3 g bei 50–60 °C mindestens 2 Stdn. getrocknetes Material in einem Gemisch von 82 Vol.-% Methanol und 18 Vol.-% konz. Salzsäure bei 25 °C ca. 15 Stdn. (über Nacht) stehen lassen, dann durch Filtrieren oder Zentrifugieren von der Säure abtrennen, mit 66 %igem Methanol (Methanol/Wasser 2:1) neutral waschen (Lackmuspapier auf Faser drücken) und 5–6 Stdn. bei 50–60 °C trocknen.
Quantitativ in einem Gemisch aus 50 ml Wasser und 25–50 ml 0,5 n Lauge lösen (mindestens 3 Stdn. erforderlich) und überschüssige Lauge mit 0,1 n Salzsäure gegen Phenolphthalein zurücktitrieren. Blindprobe erforderlich.

Natriumglykolat-Gehalt in Gew.-%

$$= 0{,}9904 \cdot \frac{\text{ml } 0{,}1 \text{ n HCl Blindprobe} - \text{ml } 0{,}1 \text{ n HCl Probe}}{\text{g Einwaage}}$$

Benzoxyl-Gehalt in Benzylcellulose (142)
Benzylcellulose mit Essigsäureanhydrid und geringer Menge konz. Schwefelsäure verseifen und anschließend Essigsäure und Benzylacetat mit überhitztem Wasserdampf abdestillieren. Destillat neutralisieren, mit Natronlauge verseifen und überschüssiges Alkali mit Säure zurücktitrieren.

$$C_6H_5CH_2O\text{-Gehalt in Gew.-\%} = 10{,}71 \cdot \frac{\text{ml } 1 \text{ n Lauge} - \text{ml } 1 \text{ n Säure}}{\text{g Einwaage}}$$

4.26. Silikone

Silikone stellen hochmolekulare Stoffe dar, bei denen Silicium und Sauerstoff als aufbauende Kettenglieder dienen. Es sind eine ganze Reihe von Silikonen entwickelt worden als Harze, Öle, Fette, kautschukähnliche Stoffe, Imprägniermittel, Überzüge und Trennmittel.

---

(140) *Ericksen, P.H.* u. *B. F. Brown* in: High Polymers, Vol. XII: Analytical Chemistry of Polymers, Edited by G. M. Kline, Part I: Analysis of Monomers and Polymeric Materials: Plastics – Resins – Rubbers – Fibers, S. 113, Interscience Publ., New York, 1959.
(141) *Thinius, K.,* Analytische Chemie der Plaste (Kunststoff-Analyse), 1952, S. 92, Springer-Verlag.
(142) *Meunier, L.* u. *M. Gonfard,* C. r. (1932) S. 1014, 1839; Rév. gén. Matieres plastiques Bd. 8, (1933) S. 591.

Silikonharze sind Kondensationsprodukte auf Basis von Methylphenylpolysiloxanen, die als Vorkondensat gelöst in organischen Lösungsmitteln zum Verbraucher kommen und nach Auftragen warm gehärtet werden.
Silikonöle entstehen bei der Polykondensation von Dimethyldichlorsilan und Trimethylchlorsilan.
Silikonkautschuk entsteht bei der Vernetzung von Methylpolysiloxanen mit Peroxiden in Gegenwart von Füllstoffen wie feinverteilter Kieselsäure.

Verhalten beim Erwärmen und in der Flamme
Bei kleiner Flamme keine Veränderung, bei starker Flamme Veraschung zu SiO_2, evtl. unter starker Volumenvergrößerung.

Löslichkeit
Lösungsmittel für gehärtete oder vernetzte Produkte sind nicht bekannt. Silikonöle sind in allen gebräuchlichen Lösungsmitteln löslich.

4.26.1. Qualitative Nachweise

Silicium-Nachweis
Veraschen der Probe (evtl. in Gegenwart von Schwefelsäure) und üblicher Nachweis von Silicium in der Asche mittels Wassertropfenprobe (Calciumfluorid + Schwefelsäure + Asche gelinde erwärmen, Zersetzung des sich bildenden SiF_4 an einem Wassertropfen, Trübung durch SiO_2-Bildung.).
Zu beachten ist bei gefüllten und pigmentierten Erzeugnissen, daß diese auch Silicium in Form von Silikaten oder SiO_2 enthalten können. Wenn möglich, Polymeres durch Lösen in z.B. Aceton/Toluol abtrennen und erst dann auf Silicium prüfen.
Auch Pyrolyse unter Schutzgas kann erfolgreich sein, wenn die dabei auftretenden Polysiloxane nach entsprechender Hydrolyse einem Silicium-Nachweis unterworfen werden.

Nachweis von Silikonen auf Textilien (143)
100–200 mg der zerkleinerten Probe mit 2–3 ml konz. Schwefelsäure versetzen und schütteln. Es erfolgt normale Benetzung der Reagensglaswand.
Kontinuierlich erhitzen und alle 3–5 sec. schütteln. Wenn der Schwefelsäurefilm an der Glaswand sofort wieder abreißt (ähnlich Wasser auf Metalloberfläche), gilt der Silikon-Nachweis als positiv.
Bei übermäßigem Erhitzen verschwindet der Effekt wieder.

4.26.2. Quantitative Bestimmungen

Silicium-Bestimmung mittels Oxinat-Fällung (144)

a) Peroxid-Aufschluß in Parr-Bombe
2–3 g Natriumperoxid mit 0,05–0,1 g Zucker vermischen, Probe (entsprechend 15–40 mg Silicium) in Gelatinekapsel zugeben, Bombe mit Na_2O_2 füllen, verschließen und Boden der Bombe rasch mit kräftiger Flamme auf Rotglut erhitzen.

---

(143) *Fink, G.v.*, Melliand Textilber. Bd. 39 (1958) S. 1262.
(144) *McHard, J. A., P. C. Servais* u. *H. A. Clark*, Anal. Chem. Bd. 20 (1948) S. 325–328.

Heiße Bombe mit Wasser abschrecken, öffnen, Deckel mit Wasser waschen und Waschwässer in 400-ml-Monel- oder -Nickel-Becher sammeln. Mit Wasser auf 100–125 ml auffüllen, Bombe einlegen und Kuchen lösen. Bombe erst mit Wasser, dann mit konz. Salzsäure abspülen. Becherinhalt auf 250–275 ml mit Wasser auffüllen und mit konz. Salzsäure ansäuern, bis sich gerade das Nickelhydroxid löst. In 500-ml-Meßkolben überführen und zur Marke auffüllen. (Bei Paralleloperationen soll stets gleiche Menge HCl angewandt werden.)

b) Fällung
50 ml der obigen Lösung als aliquoten Teil in 250-ml-Kolben pipettieren, 15 ml 18 %ige Salzsäure und 50 ml Wasser zugeben und mischen.
15 ml 20 %ige Ammoniummolybdat-Lösung (20 g Ammoniummolybdat in 80 ml Wasser und 1–2 ml 14 %igem Ammoniak) zufügen, Kolben verschließen und 10 min. auf 75 °C ± 3 grd erhitzen. Nach Abkühlen 20 ml einer 18 %igen Salzsäure und 25 ml einer 1,5 %igen Oxin-Lösung (14 g 8-Hydroxychinolin in 20 ml Salzsäure (1 : 1) lösen und mit Wasser auf 1 000 ml auffüllen) zusetzen, Kolben verschließen und 10 min. auf 65 °C ± 3 grd erhitzen.
Nach Abkühlen Niederschlag abfritten, mit verd. Oxin-Lösung (200 ml 1,5 %ige Oxin-Lösung + 50 ml konz. Salzsäure + 750 ml Wasser) waschen und 1 Std. bei 110–120 °C, anschließend 1 Std. bei 500 °C trocknen.
Blindwert ist erforderlich.

$$\text{Si-Gehalt in Gew.-\%} = 15{,}8 \cdot \frac{\text{Auswaage} - \text{Blindwertauswaage}}{\text{Einwaage}}$$

Kolorimetrische Silicium-Bestimmung (145)

a) Aufschluß
Peroxid-Aufschluß wie im vorausgehenden Abschnitt beschrieben.
Harzlösungen ohne Aufschluß direkt verwenden.

b) Kolorimetrie
Klare Lösung mit Salzsäure genau neutralisieren, in 1000-ml-Meßkolben überführen und bis zur Marke mit Wasser auffüllen.
Aliquoten Teil von nicht mehr als 0,125 mg Silicium in 100-ml-Meßkolben pipettieren und auf ca. 50 ml auffüllen, dann 2 ml 1 n Salzsäure und 2 ml Ammoniummolybdat-Lösung (frisch im Nickelbecher hergestellte Lösung aus 20 g Ammoniummolybdat und 180 ml Wasser) zugeben und genau 2 min. stehen lassen.
Dann 50 ml Sulfit-Lösung (170 g Natriumsulfit und 830 ml Wasser) zugeben, mit dest. Wasser bis zur Marke auffüllen und nach genau 7 min. Absorption im Photometer bei 715 nm gegen Blindprobe messen.
Absorptionswert an Hand einer Eichkurve in mg Si umrechnen.

$$\text{Si-Gehalt in Gew.-\%} = \frac{\text{mg Si} \cdot 100}{(\text{ml aliquoter Teil}) \cdot \text{g Einwaage}}$$

---

(145) *Kahler, H. L.*, Ind. Eng. Chem., Anal. Ed. Bd. 13 (1941) S. 536.

4.27. Asphalte, Bitumina, Peche

Auf dem Kunststoffgebiet interessieren vor allem Kaltpreßmassen und daraus hergestellte Formteile auf Basis von Bitumen.

4.27.1. Qualitative Nachweise

Nachweis und Unterscheidung von Bitumen und Steinkohlenteerpech
Geeignet zur Untersuchung von Kaltpreßmassen (Bitumen-Preßmassen).
Ca. 15 g des zu untersuchenden Materials 2 Stdn. im Soxhlet mit Benzol extrahieren, Benzol-Extrakt eindampfen und restlos von Benzol befreien. Diesen benzollöslichen Rückstand für folgende Prüfungen verwenden:

a) Phenol-Reaktion
Durchführung siehe Phenolharze, Qualitative Nachweise „Gibbssche Indophenolprobe".
Bitumina reagieren negativ, Steinkohlenteerpeche positiv.

b) Sulfonierung
1 g Substanz mit 2 ml konz. Schwefelsäure 45 min. in siedendem Wasserbad erhitzen, anschließend den kalten Brei in 500 ml kaltes Wasser einbringen.
Sulfonierungsprodukte der Bitumina sind in kaltem Wasser nicht löslich, diejenigen des Teerpechs dagegen vollständig löslich.

c) Fluoreszenz im UV-Licht
0,1 g Substanz in 10 ml Cyclohexan lösen. Ca. 50 mm^3 davon auf Chromatographie-Papier (z. B. Nr. 2043 b der Fa. Schleicher & Schüll) geben und 1–2 min. bei 80 °C trocknen. Betrachtung der Flecke im UV-Licht.
Bitumina: dunkel- oder hellbrauner nicht fluoreszierender Kreis, der einen schmalen hellblau fluoreszierenden Außenring besitzt.
Steinkohlenteerpech: gelb bis orange fluoreszierender Kreis, der einen schmalen hellblau fluoreszierenden Außenring besitzt.
Die Außenringe bleiben bei beiden Produkten auch manchmal weg.

d) Löslichkeit
In kaltem Aceton ist Bitumen sehr wenig, Teerpech dagegen gut löslich.
In Cyclohexan lösen sich beide Produkte.

Nachweis von Teeren und Teerpechen in Asphalten
1 g der Masse mit 10 ml 1 n Natronlauge 5 min. kochen, filtrieren, ggf. durch Ausschütteln mit Kochsalz aufhellen und unter Eiskühlung mit frisch bereiteter Benzoldiazoniumchlorid-Lösung versetzen. Roter Niederschlag deutet auf viel Phenol (Teer), lediglich eine Rotfärbung auf wenig Phenol.

5. Zusatz- und Hilfsstoffe

Kunststoffe enthalten häufig Zusätze, um die Eigenschaften des Grundstoffes zu verändern oder die Verarbeitung zu erleichtern. Genannt seien Weichmacher, Stabilisatoren, Füllstoffe, Farbstoffe und Pigmente.
Häufig werden auch noch weitere Stoffe zugesetzt wie Gleitmittel, UV-Absorber, Antioxydantien, optische Aufheller, Antistatika, das Aneinanderhaften (Blocken) von Folien verhindernde Mittel u. a.
Der Nachweis solcher Stoffe ist äußerst schwierig; die Identifizierung gelingt meist nur mit Hilfe komplizierter chemischer und physikalischer Methoden, deren Durchführung des versierten Chemikers bedarf. Im Rahmen dieses Buches soll deshalb nur die an erster Stelle genannte Gruppe der Weichmacher, Stabilisatoren, Füllstoffe, Farbstoffe und Pigmente behandelt werden.
Grundsätzlich ist zu beachten, daß diese Zusatzstoffe den Nachweis des Kunststoffes erschweren können und daß deshalb im allgemeinen eine Trennung von Kunststoff und Zuschlagstoff erforderlich ist. Das gilt sowohl für die Identifizierung des einen wie die des anderen. Einige Beispiele für Trennverfahren in der Kunststoff-Analyse sind in Tafel 25 zusammengestellt.
Die Trennung von Kunststoff und Weichmacher erfolgt auf Grund der unterschiedlichen Löslichkeit der Produkte; normalerweise wird man hierfür die Ätherextraktion heranziehen. Unter den PVC-Stabilisatoren sind alle flüssigen Metallseifen und Zinnverbindungen, sowie alle metallfreien organischen Stabilisatoren ebenfalls ätherlöslich.

Ätherextraktion

Material möglichst auf unter 0,2 mm Dicke kalt walzen und in einer guten Mühle unter Kühlung mit fester Kohlensäure auf eine Teilchengröße von maximal 1 mm zerkleinern. Ätherextraktion im Soxhlet.
Einwaage: 10–100 g je nach zu erwartendem ätherlöslichem Anteil.
Extraktionsdauer: Bei stark weichmacherhaltigen Produkten mind. 24 Std., sonst mind. 48 Std.
Leeren Soxhlet-Kolben einwägen, entsprechende Zeit mit Äther extrahieren, Äther im Soxhlet abdestillieren, Kolben incl. Extrakt 1 Std. in einem Frischlufttrockenschrank bei 45 °C trocknen und Kolben incl. Extrakt zurückwägen.

$$\text{Ätherextrakt in Gew.-\%} = 100 \cdot \frac{\text{Kolbenauswaage} - \text{Kolbenleergewicht}}{\text{Materialeinwaage}}$$

Im übrigen richten sich die Extraktionsbedingungen (insbesondere die Wahl des Extraktionsmittels) nach der Art des Kunststoffes. Eine Zusammenstellung dieser Bedingungen für die wichtigsten Kunststoffe findet sich in DIN 53 738. Dort ist auch angegeben, welcher Art die zu erwartenden Extraktbestandteile sind.
Füllstoffe können organischer oder anorganischer Herkunft sein. Sie sind ebenfalls durch Löslichkeitsunterschiede von den Kunststoffen zu trennen und dann gesondert zu identifizieren.
Bei anorganischen Füllstoffen eignet sich als einfachstes Verfahren das Veraschen mit anschließendem Nachweis der anorganischen Bestandteile. Zu beachten ist hierbei, daß auch viele Stabilisatoren anorganische Bestandteile enthalten, z. B. Blei, Zinn, Zink, Cadmium, Erdalkalien u. a.. Bestimmung von Ruß in Polyäthylen siehe S. 165.

Tafel 25. Beispiele für Trennverfahren in der Kunststoff-Analyse (nach *W. Kupfer* *))

Kunststoff	Operation	Ziel des Trennverfahrens
Kautschuk- oder Butadien-Copolymerisate	Sofern Seife als Emulgator benutzt ist, wird durch Ansäuern die Dispersion gebrochen	Nach Ansäuern Fett- oder Harzsäure mit Äther extrahierbar; Latex ausgefallen
Polyacrylsäureester	Lösung in 20fache Menge Wasser einrühren	Emulgatoren, wasserlösliche Harze und Salze bleiben in Lösung, Polymerisat fällt aus
Polyacrylsäureester	Zu Lösung in Aceton Wasser geben bis zur schwachen Trübung, dann Aceton im Vakuum abdestillieren	Emulgatoren, wasserlösliche Harze und Salze bleiben in Lösung, Polymerisat fällt aus
Polyäthylen	Lösen in soviel Tetralin oder Dekalin, daß in der Wärme klare Lösung entsteht, dann kühlen	Polymerisat fällt aus, in kaltem Tetralin oder Dekalin lösliche Zusätze, Paraffin, Wachse, Harze bleiben gelöst
Polyäthylen	Lösung oder Dispersion des Kunststoffes auf ein inertes Trägermaterial (Kieselgel oder Sterchamol) bringen, Lösungsmittel verdunsten lassen. Aufeinanderfolgende Extraktion mit Benzin, Methanol, Chloroform, Wasser, Methanol oder Aceton, dann Tetralin oder Dekalin (warm)	Im Benzin: Wachse, in Methanol: Emulgatoren, in Chloroform: Montanwachse, in Wasser: Cellulose-Derivate, Polyvinylalkohol, in Tetralin oder Dekalin: Polyäthylen
Polymethacrylsäureester-Dispersionen	Einrühren der Dispersion in 20fache Menge Methanol oder Isopropanol	Polymerisat fällt aus, Emulgator und evtl. Schutzkolloid bleiben in Lösung
Polyvinylacetat	Extraktion von wäßrig-methanolischen Lösungen bzw. Dispersionen mit Pentan/Äther-Gemischen	Isolieren der Weichmacher
Polyvinylacetat	Fällen des Polymeren mit Petroläther oder Petroläther/Äther-Gemischen. Stehen lassen, gelegentlich umschwenken, 4–6maliges Erneuern des Lösungsmittels.	Isolieren der Weichmacher, auch für Spuren geeignet
Polyvinylacetat- oder Siliconöl-Dispersionen	Emulgatorwirkung durch Kälte zerstören. Dispersion mit Trockeneis oder Kohlensäureschnee ausfrieren	Polymerisat fällt aus, abfiltrieren oder abzentrifugieren
Polyvinylacetat- oder Polyacrylsäureester-Dispersionen	Salze und niedrigmolekulare Emulgatoren werden dialysiert	Im Dialysat: Salze und Emulgatoren, im Dialysierrückstand: Schutzkolloid, Polymerisat
Polyvinylchlorid	Einrühren einer konzentrierten Tetrahydrofuran-Lösung in mindestens 10fache Menge Methanol, mehrfach mit Methanol waschen oder nochmals umfällen	Weichmacher, Emulgatoren bleiben gelöst, PVC und seine Mischpolymere fallen aus
Polyvinylchlorid	Aufeinanderfolgende Extraktionen des feinzerschnittenen Materials mit CCl_4, Äther, Benzol, Methylenchlorid, Tetrahydrofuran	Isolieren von Stabilisatoren und Weichmachern, Erkennen von Mischpolymerisaten oder Polyblends

*) Z. analyt. Chem. Bd. 192 (1963) S. 219–248.

Bestimmung des Aschegehaltes

Das zu untersuchende Material wird eingewogen und im Porzellantiegel langsam auf die Glühtemperatur erhitzt. Es wird solange geglüht, bis Gewichtskonstanz erreicht ist. Nach Abkühlen auswägen.

$$\text{Aschegehalt in Gew.\%} = 100 \cdot \frac{\text{g Auswaage}}{\text{g Einwaage}}$$

Allgemeine Richtlinien für die genormte Aschebestimmung gibt ISO 3451-1976. Darin sind drei verschiedene Möglichkeiten für die Aschebestimmung vorgesehen:

Methode A: Direkte Veraschung ohne Vor- oder Nachbehandlung („Trockenasche")

Methode B: Veraschung mit anschließendem Abrauchen der Asche mit konzentrierter Schwefelsäure.

Methode C: Veraschung nach Abrauchen der Probe mit konzentrierter Schwefelsäure („Sulfatasche").

folgende Glühtemperaturen sind zu verwenden:
600 ± 25 °C, 750 ± 50 °C, 850 ± 50 °C und/oder 950 ± 50 °C.
Zur Prüfung auf Carbonate ist mindestens auf 850 ± 50 °C zu erhitzen. Viele Metallverbindungen sind mehr oder weniger flüchtig, so daß Verluste eintreten (Sulfatasche in dieser Beziehung vorteilhafter!)

Organische Füllstoffe müssen ebenfalls durch Herauslösen des Harzes isoliert werden und können durch anschließende Nachweise der Natur des Füllstoffes – Papier und Baumwolle durch Cellulose-Nachweis, Kunstfasern durch jeweiligen Nachweis des verwendeten Kunststoffes (z. B. Polyamide, Polyterephthalat) – identifiziert werden. Gute Anhaltspunkte erhält man auch durch mikroskopische Betrachtung des isolierten Füllstoffes, bei Preßstoffen auch direkt an daraus hergestellten Schliffen.
In den meisten Fällen wird aber die Identifizierung des Kunststoffes selbst wichtiger sein als die der Zuschlagstoffe.

5.1. Weichmacher

Weichmacher sollen harten Thermoplasten wie Vinylharzen, Cellulose-Derivaten und Acrylharzen eine bessere Flexibilität und Weichheit verleihen, Eigenschaften, die das nicht plastifizierte Harz nicht besitzt. Weiter reduzieren sie die Schmelzviskosität und erleichtern hierdurch die Verformung und Formgebung bei erhöhten Temperaturen. Man unterscheidet zwischen primären und sekundären Weichmachern. Die Primärweichmacher sind innerhalb gewisser Grenzen in jedem Verhältnis mit den Harzen verträglich und können als alleinige Weichmacher eingesetzt werden; sie schwitzen aus dem Endprodukt nicht aus.
Sekundärweichmacher sind relativ unlöslich in den Harzen und haben eine enger begrenzte Verträglichkeit. Sie werden aber mit Primärweichmachern zusammen ver-

wendet, entweder als Streckmittel oder um den Produkten zusätzlich bestimmte Eigenschaften zu verleihen, wie Kältebeständigkeit, verringerte Brennbarkeit usw..
Primärweichmacher sind vorwiegend Ester. Die hauptsächlich verwendeten sind Ester der Phthalsäure, Phosphorsäure, Adipinsäure, Sebazinsäure, Azelainsäure oder von Fettsäuren. Die Verträglichkeit mit den Harzen hängt von der Kettenlänge des Alkohols ab; für PVC werden Alkohole mit 8–10 Kohlenstoffatomen verwendet. Für andere Vinylharze und Cellulose werden stärker polare Ester angewandt z. T. mit kürzeren Alkoholketten wie Methyl-, Äthyl- und Butylalkohol.
Polymerweichmacher werden vor allem zur Verhinderung von Weichmacherwanderung, Flüchtigkeit und Extraktion durch Öle verwendet. Es sind im allgemeinen Polyester von aliphatischen dibasischen Säuren mit Glykolen.
Als *Sekundärweichmacher* werden häufig aliphatische, aromatische oder aliphatisch-aromatische Kohlenwasserstoffe (auch chloriert, hydriert oder nitriert) sowie Fettsäureester verwendet.
Tafel 26 gibt eine Zusammenstellung, in der die wichtigsten Weichmachergruppen und die häufigste Verwendung aufgezeigt ist.
In Tafel 27 sind die Kennzahlen wie Dichte, Brechungszahl, Verseifungszahl und Säurezahl für die einzelnen Weichmacher zusammengestellt. Es sind hier auch einzelne Weichmacher mit aufgeführt, die zwar nicht die Kunststoffe direkt betreffen, die aber für die Weichmachung von Kunststoff-Rohstoffen auf dem Lack- und Anstrichmittel-Sektor eine Rolle spielen und deshalb hier, wenn auch am Rande, interessieren können.
In den weiteren Tafeln 28, 29, 30 sind die Werte der Dichten, Brechungszahlen und Verseifungszahlen nach ihrer Größe geordnet mit Angaben der zugehörigen Weichmacher zusammengefaßt, so daß man nach Feststellung der entsprechenden Werte die in Frage kommenden Weichmacher ermitteln kann.

Tafel 26. Häufig in Kunststoffen verwendete Weichmacher

Weichmacher	Verwendung für					
	Polyvinylchlorid und Copolymerisate	Polyvinylacetat	Celluloseacetate	Cellulosenitrate	Acrylsäure-Derivate	sonstige Kunststoffe
Adipinsäureester	x	x				
Alkylsulfonsäure-(phenyl/kresyl)ester	x	x		x		Celluloseacetobutyrat, Polystyrol
Azelainsäureester	x	x	x	x		Celluloseacetobutyrat, Äthylcellulose
Campher				x		
Chlorparaffine	x	x			x	teilweise Celluloseacetat, Celluloseacetobutyrat, Äthylcellulose, Polystyrol
Citronensäureester	x	x		x		teilweise Celluloseacetat, Celluloseacetobutyrat, Äthylcellulose
Epoxyd-Weichmacher	x	x				Äthylcellulose
Fettsäureester	x	x				
Glycerinacetate		x	x	x		Celluloseacetobutyrat, Äthylcellulose
Laurinsäureester	x			x		Äthylcellulose, Polystyrol, Polyvinylbutyral
Ölsäureester				x		Äthylcellulose, teilweise Polyvinylchlorid, Polyvinylacetat
Pelargonsäureester	x			x		Äthylcellulose, Polyvinylbutyral
Phosphorsäureester						
Tributyl-		x	x	x		
Tri-n-hexyl-	x					
Tri-(2-äthylhexyl)-	x			x		
Tri-butoxyäthyl-			x	x		
Trichloräthyl-	x	x	x	x		
Triphenyl-		x	x	x		
Trikresyl-	x	x		x		
Diphenyl-kresyl-	x			x		
Diphenyl-äthylhexyl-	x	x				
Diphenyl-xylenyl-	x			x		
Phthalsäureester						
Dimethyl-		x	x			Äthylcellulose, Polyvinylbutyral
Diäthyl-		x	x			Äthylcellulose, Polyvinylbutyral
Dibutyl-		x	x	x		Äthylcellulose, Polyvinylbutyral
Diamyl-					x	Äthylcellulose, Polyvinylbutyral
Dicyclohexyl-	x	x		x	x	

Weichmacher	Verwendung für					
	Polyvinylchlorid und Copolymerisate	Polyvinylacetat	Celluloseacetate	Cellulosenitrate	Acrylsäure-Derivate	sonstige Kunststoffe
Di-(2-äthylhexyl)-	x	x		x	x	Äthylcellulose, Celluloseacetobutyrat
Di-i-decyl-	x					
Ditridecyl-	x					
Butyl-octyl-	x	x		x		
Polyester-Weichmacher	x			x		teilweise Celluloseacetat, Celluloseacetobutyrat, Polyvinylacetat
Polyglykolester	x			x		Äthylcellulose, teilweise Celluloseacetat, Celluloseacetobutyrat
Ricinolsäureester	x	x		x		Äthylcellulose, Celluloseacetobutyrat, Polyvinylacetat
Sebazinsäureester	x			x	x	Äthylcellulose, Polystyrol
Stearinsäureester	x			x		Äthylcellulose, teilweise Polyvinylacetat
Sulfonsäureamide				x		Äthylcellulose, teilweise Celluloseacetat, Celluloseacetobutyrat
Triglykol-di-2-äthylbutyrat	x	x		x	x	Celluloseacetobutyrat, Äthylcellulose, Polyvinylbutyral
Triglykol-dioctat	x	x		x	x	Celluloseacetobutyrat, Äthylcellulose, Polystyrol
Weinsäureester	x	x	x	x	x	Celluloseacetobutyrat, Äthylcellulose

Tafel 27. Kennzahlen von Weichmachern

Weichmacher	Dichte bei 20 °C	Brechungszahl bei 20 °C	Verseifungszahl (mg KOH/1 g) theor.	Verseifungszahl (mg KOH/1 g) praktisch	Säurezahl (mg KOH/1 g)	Sonstiges
Adipinsäureester						
Dibutyl-	0,956–0,961	1,435	435	437–443	< 0,2	
Butylenglykol-	1,128–1,135	ca. 1,469	561	ca. 565	0,6	
Dibutoxyäthyl-	0,997–0,999	1,441–1,442	325	322–328	< 0,1	
Di-methylcyclohexyl-	0,990–1,050	1,469–1,470	332	320–325		
Di-2-äthylhexyl-	0,923–0,928	1,447–1,449	303	305–309	< 0,15	
Diisooctyl-	0,928	1,449	303			
Dicapryl-(=1-methylheptyl-)	0,914		303			
Dinonyl-	0,915–0,927	1,448–1,453	282			
n-Octyl-decyl-	0,918	1,447*)	282			
Didecyl-	0,915–0,916	1,451–1,454	263			
Diisodecyl	0,917–0,922	1,449–1,450	263			
Propylenglykol-	ca. 1,14	1,470	603	590–595	< 2	
Benzyl-butyl-	1,045	1,487–1,488	384	375–385	< 0,2	
Benzyl-octyl-	1,00–1,01	1,482–1,483	322	310–330	ca. 0,2	
Alkylsulfonsäure-(phenyl/kresyl)-ester (Mesamoll)	1,03–1,07	1,498–1,503	–	150–180	< 0,1	
Azelainsäureester						
Di-2-äthylbutyl-	0,934	1,443*)	316		max. 1,0	
Di-2-äthylhexyl-	0,918	1,448	273	270–272	max. 1,0	
Benzolsulfonsäure-N-methylamid	1,27	1,547	0	1	ca. 1	
Benzolsulfonsäure-N-butylamid	1,149	ca. 1,525			max. 0,5	
Campher	0,964		0			Fp: 175–179 °C
Chlorparaffine						
Chlor-Gehalt 43–45 %	1,17–1,19	1,49–1,50		ca. 680 **)	0,1	
,, 52–54 %	1,28–1,34	1,51–1,53		ca. 840 **)	0	
,, 70–72 %	1,55–1,60	1,53–1,56				

Weichmacher	Dichte bei 20 °C	Brechungszahl bei 20 °C	Verseifungszahl (mg KOH/1 g)		Säurezahl (mg KOH/1 g)	Sonstiges
			theor.	praktisch		
Chlordiphenyl-Gemisch mit 57,7–58,4 % Cl (Clophen A 60)	1,63	1,648	0	0	< 0,01	Ep: 86–87 °C
Citronensäureester						
Triäthyl-	1,136 *)	1,4405 *)	609	605	0,3	
Acetyl-triäthyl-	1,135	1,4386 *)	705	655	0,3	
Tributyl-	1,045	1,443–1,445	467	462	0,1	
Acetyl-tributyl-	1,046	1,4408 *)	558	545–550	0,1	
Acetyl-tri-2-äthylhexyl	0,98	1,441	393	393	0,1	
Diglykolsäure-butylenglykolester	1,23	1,4	596		bis 20	
Diphenoxyäthylformal (Desavin)	1,128	1,5422	0	0–4		Ep: 16–18 °C
Epoxyd-Weichmacher						
Methylepoxystearat	0,930	1,452	180		1,2	4,2 % Epoxyd-O, JZ: 2,2
Butylepoxystearat	0,910–0,912	1,451–1,453	158	164	0,6	3,2 % Epoxyd-O, JZ: 2,5
n-Hexylepoxystearat	0,895–0,900	1,443–1,453	147	140	0,9	3,4 % Epoxyd-O, JZ: 4,
Octylepoxystearat	0,900–0,920	1,453–1,458	137	132–135	0,6	3,2–4,1 % Epoxyd-O; JZ: 2,5–3,0
epoxyd. Methylester v. Baumwollsaatölfettsäuren	0,918	1,449			2	3,5 % Epoxyd-O, JZ: 3,1
epoxyd. Methylester v. Sojaölfettsäuren	0,946	1,455			1	4,8 % Epoxyd-O, JZ: 2,0
epoxyd. Butylester v. Baumwollsaatölfettsäuren	0,905	1,449			2	3,4 % Epoxyd-O, JZ: 3,0
epoxyd. Butylester v. Sojaölfettsäuren	0,916	1,451			0,5	4,2 % Epoxyd-O, JZ: 1,8
epoxyd. Hexylester v. Sojaölfettsäuren	0,915	1,455			0,5	3,9 % Epoxyd-O, JZ: 2,0
epoxyd. Sojabohnenöl	0,995–1,000	1,471–1,473		178–185	max. 1	6–6,5 % Ep.-O, JZ: 4–8
epoxyd. Leinöl	1,020 *)			176	< 0,3	9 % Epoxyd-O,
hochmolekulare Epoxyd-WM	0,990–0,993	1,471–1,472		177–190	bis 2,0	

Fettsäureester							
C_{4-6} -Sre./Pentaerythrit							
(Edenol PV)	1,017–1,021	1,452–1,453	–	425–465	< 0,3		
C_{4-6} -Sre./Hexantriol							
(Elaol 1)	0,982		–	365			
(Elaol 12)	0,960		–				
C_{5-9} -Sre./Pentaerythrit							
(Plastomoll 34)	1,04	1,459	–	430	0,5		
C_{6-9} -Sre./Triäthylenglykol							
(Plastomoll KF)	0,97–0,99	1,448–1,451	–	260–300	< 0,3		
Glycerinacetate							
Monoacetat	1,20	1,448	419	ca. 460	1–2,5		
Diacetat	1,18	1,440	638	ca. 630	1–2,5		
Triacetat (Triacetin)	1,16	1,431	772	ca. 770	0,5–1,5		
Tripropionat	1,088	1,431*)					
Tributyrat	1,03 –1,04	1,433*)					
Tri-diglykolacetat	1,140–1,150	1,445	349	335–353	< 0,2		
Hexahydrophthalsäure-dioctylester	0,9586	1,4619	283	280	0,1		
Kohlensäureester							
Bis-(dimethylbenzyl-)carbonat	1,083	1,546*)	377				
Laurinsäureester							
Methoxyäthyl-	0,887–0,898		218	205–217	2,0	JZ: 13,0	
Butoxyäthyl-	0,878–0,886		187	175–185	2,0	JZ: 13,0	
Butyl-	0,857		219	207–218	2,0	JZ: 13,0	
Äthylenglykol-monolaurat	0,940–0,945		236	210–226	5,0	JZ: 15,0	Ep: 25–35°C
Diäthylenglykol-monolaurat	0,942–0,950		195	176–188	5,0	JZ: 13,0	
Diäthylenglykol-dilaurat	0,955–0,963		238	189–203	3,5	JZ: 13,0	Ep: 7–16°C
Propylenglykol-monolaurat	0,905–0,913		218	205–221	5,0	JZ: 15,0	Ep: 0–12°C
Propylenglykol-dilaurat	0,946–0,954		255	173–183	1,0	JZ: 13,0	Ep: 7–17°C
Methylen-bis-thioglykolsäurebutylester	1,09		407				

Weichmacher	Dichte bei 20 C	Brechungszahl bei 20 °C	Verseifungszahl (mg KOH/1 g)		Säurezahl (mg KOH/1 g)	Sonstiges	
			theor.	praktisch			
Ölsäureester							
Methyl-	0,865–0,870		189	182–189	5	JZ: 75	
Butyl-	0,86 –0,88	1,455	166	163–172	5	JZ: 75	
Amyl-	0,865–0,875	1,4545	159	150–158	5	JZ: 75	
Methoxyäthyl-	0,886–0,894	1,453 *)	165	164–174	2		
Methoxybutyl-	0,881–0,889		153	143–153	2		
Diäthylenglykol-monooleat	0,934–0,942		152	145–155	5	JZ: 82	
Glycerin-monooleat	0,941–0,949	1,471	158	165–176	5	JZ: 82	Ep: 12–25°C
Glycerin-trioleat	0,940–0,945		190	162–176	5	JZ: 75	Ep: 22–31°C
Tetrahydrofurfuryl-	0,92 –0,93	1,462 *)	153	153	max. 2		
Oxalsäure-di-methylcyclohexylester	1,029		398	398			
p-Oxybenzoesäure-2-äthylhexylester	ca. 1,04	ca. 1,519	224		< 0,2		
Pelargonsäureester							
Diäthylenglykoldipelargonat	0,966	1,444 *)	310		max. 2,0		
Triäthylenglykoldipelargonat	0,965	1,448	261	262	0,7		
Phosphorsäureester							
Tributyl-	0,975–0,985	1,424–1,427	211			11,67% P	
Tri-n-hexyl-	0,941	1,4346	160			8,86% P	
Tri-(2-äthylhexyl)-	0,923–0,931	1,442–1,443	129	<10	0,2–0,3	7,15% P	
Tri-butoxyäthyl-	1,020	1,434 *)	142			10,39% P	
Tri-chloräthyl-	1,422–1,428	1,467–1,479	197 (788)	460–480	< 0,8	10,86% P	
Triphenyl-	1,202 (60 C)	1,563 *)	172	115–135	0,1	9,49% P	Fp: 46–49°C
Trikresyl-	1,16 –1,18	1,551–1,560	152	100–130	0,1	8,42% P	
Diphenyl-kresyl-	1,207–1,211	1,560–1,563	165	123–140	0,1	9,12% P	
Diphenyl-äthylhexyl-	1,085–1,090	1,510	155	ca. 100	< 0,1	8,56% P	
Diphenyl-xylenyl-	1,190–1,195	1,560	159		< 0,3	8,75% P	
Trixylenyl-	1,13 –1,14	1,55	136	ca. 107	< 0,1	7,55% P	
Phthalsäureester							
Dimethyl-	1,186–1,195	1,514–1,515	578	573–582	ca. 0,1		
Diäthyl-	1,117–1,120	1,486–1,502	505	500–510	ca. 0,1		

Phthalsäureester (Forts.)						
Dipropyl-	1,074	1,4960	448	475		
Dibutyl-	1,042–1,050	1,491–1,493	407	400–407	0,1–0,2	
Diisobutyl-	**1,038–1,042**	**1,490**	**407**		**ca 0,1**	
Diamyl-	1,024–1,029	1,487–1,490	367	356–363	< 0,2	
Di-n-hexyl-	0,998–1,007	1,488–1,493	336	324–326	< 0,1	
Di-(2-äthylbutyl)-	1,012–1,016	1,488–1,490	335	335–340	max. 0,1	
Diheptyl-	0,976–0,988	1,484	310	309	0,1	
Di-n-octyl-	0,979	1,4819	287	287–290		
Diisooctyl-	**0,985**	**1,484**	**287**			
Di-(2-äthylhexyl)-	0,983–0,987	1,483–1,490	287	280–290	< 0,1	
Dicapryl-(Di-1-methylheptyl-)	0,970 *)	1,480 *)	287	275–287	0,2	
Dinonyl-	0,975–0,980	1,486–1,490	268	265–270	0,2	
Di-i-nonyl-	0,968–0,982	1,483–1,488	268	266–272	< 0,1	
Di-i-decyl-	0,965–0,969	1,484–1,485	251	250–260	< 0,1	
Didodecyl-(Dilauryl-)	0,940–0,950	1,482	223	221		Ep: 15–16°C
Ditridecyl-	0,950	1,484	212	216–218	< 0,2	
Dicyclohexyl-	1,15	1,491–1,493	339	ca. 340	ca. 0,2	Ep: 58–60°C
Di-methylcyclohexyl-	1,07–1,08	1,514–1,515	313	300–330	< 0,2	
Di-butylcyclohexyl-	1,075–1,081	1,507	370	364–374	0,8	
Di-methylglykol-	1,169–1,171	1,502–1,503	398	395–405	max. 0,1	
Di-äthylglykol-	1,12 –1,23	1,491	360	371	0,3	Ep: 31°C
Di-äthyldiglykol-	1,12 –1,14	1,492 *)	282		0,6	
Di-butylglykol-	1,06 –1,07	1,483–1,489	306	315–330	< 0,1	
Diphenyl-	1,312–1,317	1,572	350		max. 2	
Dibenzyl-	1,17 –1,18		323	318		Fp: 38–39°C
Benzyl-butyl-	1,093–1,110	1,525–1,540	359	348–365	< 0,2	
Äthylenglykol-	1,30	1,545	585	ca. 487	1	Ep: 6°C
Polyester-Weichmacher						
Adipinsäure-Basis	1,06 –1,16	1,460–1,474	–	480–600	bis 2,0	
Phthalsäure-Basis	1,05 –1,14	1,50 –1,51	–	350–480	bis 2,0	
Sebacinsäure-Basis	1,06 –1,08	1,468–1,472	–	ca. 450–460	bis 2,0	
unbek. Zusammensetzung						
Paraplex G–50 u. G–53	1,08 –1,10	1,466–1,469	–	485–500	max. 2,0	
Plastigen K	1,245	1,467	–	ca. 260–270	1–2	
Reoplex 110, 200, 220 u. 300	1,01 –1,29	1,459–1,477	–	414–454	5–14	

Weichmacher	Dicht bei 20 °C	Brechungszahl bei 20 °C	Verseifungszahl (mg KOH/1 g) theor.	Verseifungszahl (mg KOH/1 g) praktisch	Säurezahl (mg KOH/1 g)	Sonstiges
Ricinolsäureester						
Methyl-	0,925 *)	1,462	181	178	3,8	JZ: 85
Methyl-acetyl-	0,937—0,942	1,455—1,457	312	mind. 290	< 2	JZ: 75
Butyl-	0,917 *)	1,462	160	160	3,5	JZ: 77
Butyl-acetyl-	0,910—0,920	1,455—1,480	288	260—280	1—2	JZ: 60—68
Methoxyäthyl-acetyl-	0,928 *)	1,455—1,460	282	275	2,2	JZ: 68
Ricinusöl	0,950—0,970	1,477—1,479	—	175—190		JZ: 81—86 OHZ: 146—155
Sebacinsäureester						
Dibutyl-	0,935—0,943	1,442—1,443	358	350—362	< 0,1	
Dihexyl-	0,920	1,444 *)	303			Fp: 1—2°C
Di-(2-äthylhexyl)-	0,910—0,920	1,451—1,452	263	260—270	< 0,1	
Dicapryl-(Di-1-methylheptyl-)	0,9136					
Dibenzyl-	1,055 (30°C)	1,521	294			Fp: 28°C
Stearinsäureester						
Butyl-	0,850—0,865	1,444—1,445	165	170—180	0,1	Ep: ca. 16°C
Amyl-	0,855—0,865	1,44 —1,45	159	157—160	2	Fp: ca. 14°C
Methoxyäthyl-	0,874—0,880		164	169—177	0,3	Ep: 20—24°C
Butoxyäthyl-	0,874—0,882	1,446	146	148—155	1	Ep: 15—17°C
Diäthylenglykolmonostearat	0,958—0,962		151	152—161	3—4	Ep: 43—48°C
Propylenglykol-	0,938—0,942		185	141—149	20	Ep: 56—60°C
Glycerin-monostearat	0,968—0,972		157	168—176	3	Ep: 55—58°C
Glycerin-tristearat	0,968—0,972		189	160—165	5	Ep: 57—61°C
Tetrachlordibutoxybenzol	1,303	1,537	0	0	< 0,5	39,38% Cl
Tetrachlorphthalsäureester						
Dibutyl-	1,332	1,532	270			34,08% Cl
Tetrahydrophthalsäureester						
Di-(2-äthylhexyl)-	0,9685	1,4652	285			
Thiodibuttersäure-						
Di-(2-äthylhexyl)-ester	0,957—0,960	1,467—1,468	261	ca. 265	< 0,1	

Thiodiglykolsäureester							
Diheptyl-	0,996	1,464	324	336			
C_{7-9}-Alkohole	0,956	1,463	—	285			
Dibenzyl-	1,200	1,523	340	340			
Butyl-benzyl-	1,112	1,506	379	405			
Tetrahydrofurfuryl-	1,211	1,496	353	294			
p-Toluolsulfonsäureäthylester	1,158		281	280			Fp: 32 C
p-Toluolsulfonsäure-N-cyclohexylamid	1,125						Ep: 86—87°C
Triglykol-di-2-äthylbutyrat (Triglykoldihexoat)	0,9946	1,4404	324	300—342		0,2	
Triglykol-dioctat	0,962—0,968	1,444—1,448	279	250—280		0,3	
Trimellitsäureester							
Triisooctyl-	0,922	1,485					
Weinsäureester							
Diäthyl-	1,20	1,445 *)	545				
Dibutyl-	1,08 —1,10	1,447 *)	429				
Diamyl-	1,04	1,45	387				

*) bei 25° C;
**) bei 160°C in der Bombe mind. 5 Std.

Ep Erstarrungspunkt; Fp Schmelzpunkt; JZ Jodzahl (g Jod/100 g); OHZ Hydroxylzahl (mg KOH/1 g)

Tafel 28. Dichte von Weichmachern (bei 20°C)

Dichte	Weichmacher
0,850–0,865	Stearinsäurebutylester
0,855–0,865	Stearinsäureamylester
0,857	Laurinsäurebutylester
0,86 –0,88	Ölsäurebutylester
0,865–0,870	Ölsäuremethylester
0,865–0,875	Ölsäureamylester
0,874–0,880	Stearinsäure-methoxyäthylester
0,874–0,882	Stearinsäure-butoxyäthylester
0,878–0,886	Laurinsäure-butoxyäthylester
0,881–0,889	Ölsäure-methoxybutylester
0,886–0,894	Ölsäure-methoxyäthylester
0,887–0,898	Laurinsäure-methoxyäthylester
0,895–0,900	Epoxystearinsäure-n-hexylester
0,900–0,920	Octylepoxystearat
0,905	epoxyd. Butylester v. Baumwollsaatölfettsäuren
0,905–0,913	Propylenglykol-monolaurat
0,910–0,912	Epoxystearinsäurebutylester
0,910–0,920	Acetylricinolsäurebutylester
0,910–0,920	Sebacinsäure-di-(2-äthylhexyl)-ester
0,9136	Sebacinsäure-dicaprylester
0,914	Adipinsäure-dicaprylester
0,915	epoxyd. Hexylester v. Sojaölfettsäuren
0,915–0,916	Adipinsäure-didecylester
0,915–0,927	Adipinsäure-dinonylester
0,916	epoxyd. Butylester v. Sojaölfettsäuren
0,917*)	Ricinolsäurebutylester
0,917–0,922	Adipinsäure-diisodecylester
0,918	Adipinsäure-n-octyl-decyl-ester
0,918	Azelainsäure-di-(2-äthylhexyl)-ester
0,918	epoxyd. Methylester v. Baumwollsaatölfettsäuren
0,920	Sebacinsäure-dihexylester
0,92 –0,93	Ölsäure-tetrahydrofurfurylester
0,922	Trimellitsäure-triisooctylester
0,923–0,928	Adipinsäure-di-(2-äthylhexyl)-ester
0,923–0,931	Phosphorsäure-tri-(2-äthylhexyl)-ester
0,925*)	Ricinolsäuremethylester
0,928*)	Acetylricinolsäure-methoxyäthylester
0,928	Adipinsäure-diisooctylester
0,930	Epoxystearinsäuremethylester
0,934	Azelainsäure-di-(2-äthylbutyl)-ester
0,934–0,942	Diäthylenglykol-monooleat
0,935–0,943	Sebacinsäuredibutylester
0,937–0,942	Acetylricinolsäuremethylester
0,938–0,942	Stearinsäure-propylenglykolester
0,940–0,945	Äthylenglykol-monolaurat
0,940–0,945	Glycerin-trioleat
0,940–0,950	Phthalsäure-didodecylester
0,941	Phosphorsäure-tri-n-hexylester
0,941–0,949	Glycerin-monooleat
0,942–0,950	Diäthylenglykol-monolaurat
0,946	epoxyd. Methylester v. Sojaölfettsäuren
0,946–0,954	Propylenglykol-dilaurat
0,950	Phthalsäure-ditridecylester
0,950–0,970	Ricinusöl
0,955–0,963	Diäthylenglykol-dilaurat
0,956	Thiodiglykolsäure-C_{7-9}-alkoholester
0,956–0,961	Adipinsäuredibutylester
0,957–0,960	Thiodibuttersäure-di-(2-äthylhexyl)-ester
0,958–0,962	Diäthylenglykol-monostearat
0,9586	Hexahydrophthalsäuredioctylester
0,960	Fettsäure-hexantriolester
0,962–0,968	Triglykol-dioctat
0,964	Campher
0,965	Triäthylenglykol-dipelargonat
0,965–0,969	Phthalsäure-di-i-decylester
0,966	Diäthylenglykol-dipelargonat
0,968–0,972	Glycerin-monostearat
0,968–0,972	Glycerin-tristearat
0,968–0,982	Phthalsäure-di-i-nonylester
0,9685	Tetrahydrophthalsäure-di-(2-äthylhexyl)-ester
0,970*)	Phthalsäure-dicaprylester
0,97 –0,99	Fettsäure-triäthylenglykolester
0,975–0,980	Phthalsäure-dinonylester
0,975–0,985	Phosphorsäure-tributylester
0,976–0,988	Phthalsäure-diheptylester
0,979	Phthalsäure-dioctylester
0,98	Acetyl-citronensäure-tri-(2-äthylhexyl)-ester
0,982	Fettsäure-hexantriolester, Elaol 1
0,983–0,987	Phthalsäure-di-(2-äthylhexyl)-ester
0,985	Phthalsäure-diisooctylester
0,990–0,993	Epoxyd-Weichmacher, hochmolekular
0,990–1,050	Adipinsäure-di-methylcyclohexylester
0,9946	Triglykol-di-2-äthylbutyrat
0,995	epoxyd. Sojabohnenöl
0,996	Thiodiglykolsäure-diheptylester
0,997–0,999	Adipinsäure-dibutoxyäthylester
0,998–1,007	Phthalsäure-di-n-hexylester

n_D^{20}	Weichmacher
1,00 –1,01	Adipinsäure-benzyl-octylester
1,01 –1,29	Polyester-Weichmacher, Reoplex
1,012–1,016	Phthalsäure-di-(2-äthylbutyl)-ester
1,017–1,021	Fettsäure-pentaerythritester
1,020	Phosphorsäure-tri-butoxyäthyl-ester
1,020	epoxyd. Leinöl
1,024–1,029	Phthalsäure-diamylester
1,029	Oxalsäure-di-methylcyclohexyl-ester
1,03–1,04	Glycerintributyrat
1,03 –1,07	Alkylsulfonsäure-(phenyl/kresyl)-ester
1,038–1,042	Phthalsäure-diisobutylester
1,04	Fettsäure-pentaerythritester
1,04	Weinsäure-diamylester
ca. 1,04	p-Oxybenzoesäure-2-äthylhexyl-ester
1,042–1,050	Phthalsäure-dibutylester
1,045	Adipinsäure-benzyl-butylester
1,045	Citronensäure-tributylester
1,046	Acetyl-citronensäure-tributylester
1,05 –1,14	Polyester-WM, Phthalsäure-Basis
1,055 (30°C)	Sebacinsäure-dibenzylester
1,06 –1,07	Phthalsäure-dibutylglykolester
1,06 –1,08	Polyester-WM, Sebacinsäure-Basis
1,06 –1,16	Polyester-WM, Adipinsäure-Basis
1,07 –1,08	Phthalsäure-di-methylcyclohexyl-ester
1,074	Phthalsäure-dipropylester
1,075–1,081	Phthalsäure-di-butylcyclohexyl-ester
1,08 –1,10	Polyester-WM, Paraplex
1,08 –1,10	Weinsäure-dibutylester
1,083	Bis-(dimethylbenzyl-)carbonat
1,085–1,090	Phosphorsäure-diphenyl-äthyl-hexyl-ester
1,088	Glycerintripropionat
1,09	Methylenthioglykolsäurebutyl-ester
1,093–1,110	Phthalsäure-benzyl-butyl-ester
1,112	Thiodiglykolsäure-butyl-benzyl-ester
1,117–1,120	Phthalsäure-diäthylester
1,12 –1,14	Phthalsäure-di-äthyldiglykol-ester
1,12 –1,23	Phthalsäure-di-äthylglykol-ester
1,125	p-Toluolsulfonsäure-N-cyclo-hexylamid
1,128	Diphenoxyäthylformal
1,128–1,135	Adipinsäure-butylenglykol-ester
1,13 –1,14	Phosphorsäure-trixylenylester
1,135	Acetyl-citronensäure-triäthylester
1,136*)	Citronensäure-triäthylester
ca. 1,14	Adipinsäure-propylenglykol-ester
1,140–1,150	Tri-diglykolacetat
1,149	Benzolsulfonsäure-N-butylamid
1,15	Phthalsäure-dicyclohexylester
1,158	p-Toluolsulfonsäureäthylester
1,16	Glycerintriacetat
1,16 –1,18	Phosphorsäure-trikresylester
1,169–1,171	Phthalsäure-di-methylglykol-ester
1,17 –1,18	Phthalsäure-dibenzylester
1,17 –1,19	Chlorparaffin, 43–45% Cl
1,18	Glycerindiacetat
1,186–1,195	Phthalsäure-dimethylester
1,190–1,195	Phosphorsäure-diphenyl-xylenyl-ester
1,200	Thiodiglykolsäure-dibenzylester
1,20	Glycerin-monoacetat
1,20	Weinsäure-diäthylester
1,202 (60°C)	Phosphorsäure-triphenylester
1,207–1,211	Phosphorsäure-diphenyl-kresyl-ester
1,211	Thiodiglykolsäure-tetrahydro-furfuryl-ester
1,23	Diglykolsäure-butylenglykol-ester
1,245	Polyester-WM, Plastigen K
1,27	Benzolsulfonsäure-N-methylamid
1,28 –1,34	Chlorparaffin, 52–54% Cl
1,30	Phthalsäure-äthylenglykol-ester
1,303	Tetrachlordibutoxybenzol
1,312–1,317	Phthalsäure-diphenylester
1,332	Tetrachlorphthalsäure-dibutyl-ester
1,422–1,428	Phosphorsäure-trichloräthylester
1,55 –1,60	Chlorparaffin, 70–72% Cl
1,63	Chlordiphenyl-Gemisch mit 57,7–58,4% Cl

*) bei 25 °C

Tafel 29. Brechungszahlen von Weichmachern (n_D^{20})

n_D^{20}	Weichmacher
1,4	Diglykolsäure-butylenglykol-ester
1,424–1,427	Phosphorsäure-tributylester
1,431	Glycerin-triacetat
1,431	Glycerin-tripropionat
1,433	Glycerin-tributyrat

1,434 *)	Phosphorsäure-tri-butoxyäthylester
1,4346	Phosphorsäure-tri-n-hexylester
1,435	Adipinsäure-dibutylester
1,4386 *)	Acetyl-citronensäure-triäthylester
1,440	Glycerindiacetat
1,44 –1,45	Stearinsäureamylester
1,4404	Triglykol-di-2-äthylbutyrat
1,4405 *)	Citronensäure-triäthylester
1,4408 *)	Acetyl-citronensäure-tributylester
1,441	Acetyl-citronensäure-tri-2-äthylhexylester
1,441–1,442	Adipinsäure-dibutoxyäthylester
1,442–1,443	Phosphorsäure-tri-2-äthylhexylester
1,442–1,443	Sebacinsäure-dibutylester
1,443 *)	Azelainsäure-di-2-äthylbutylester
1,443–1,445	Citronensäure-tributylester
1,443–1,453	Epoxystearinsäure-n-hexylester
1,444 *)	Diäthylenglykol-dipelargonat
1,444 *)	Sebacinsäure-dihexylester
1,444–1,445	Stearinsäurebutylester
1,444–1,448	Triglykol-dioctat
1,445	Tri-diglykolacetat
1,445 *)	Weinsäure-diäthylester
1,446	Stearinsäure-butoxyäthylester
1,447 *)	Adipinsäure-n-octyl- decyl-ester
1,447 *)	Weinsäure-dibutylester
1,447–1,449	Adipinsäure-di-2-äthylhexylester
1,4479	Triäthylenglykol-dipelargonat
1,448	Azelainsäure-di-2-äthylhexylester
1,448	Glycerin-monoacetat
1,448–1,451	Fettsäure-triäthylenglykolester, Plastomoll KF
1,448–1,453	Adipinsäure-dinonylester
1,449	epoxyd. Butylester v. Baumwollsaatölfettsäuren
1,449	epoxyd. Methylester v. Baumwollsaatölfettsäuren
1,449	Adipinsäure-diisooctylester
1,449–1,450	Adipinsäure-diisodecylester
1,45	Weinsäure-diamylester
1,451	epoxyd. Butylester v. Sojaölfettsäuren
1,451–1,452	Sebacinsäure-di-(2-äthylhexyl)-ester
1,451–1,453	Epoxystearinsäurebutylester
1,451–1,454	Adipinsäure-didecylester
1,452	Epoxystearinsäuremethylester
1,452–1,453	Fettsäure-pentaerythrit-ester
1,453 *)	Ölsäure-methoxyäthylester
1,453–1,458	Octylepoxystearat
1,4545	Ölsäureamylester
1,455	Ölsäurebutylester
1,455	epoxyd. Methylester v. Sojaölfettsäuren
1,455	epoxyd. Hexylester v. Sojaölfettsäuren
1,455–1,457	Acetyl-ricinolsäure-methylester
1,455–1,460	Acetyl-ricinolsäure-methoxyäthyl-ester
1,455–1,480	Acetyl-ricinolsäure-butylester
1,459	Fettsäure-pentaerythrit-ester
1,459–1,477	Polyester-WM, Reoplex
1,460–1,474	Polyester-WM, Adipinsäure-Basis
1,4619	Hexahydrophthalsäure-dioctylester
1,462	Ricinolsäuremethylester
1,462	Ricinolsäurebutylester
1,462 *)	Ölsäure-tetrahydrofurfuryl-ester
1,463	Thiodiglykolsäure-C_{7-9}-alkohol-ester
1,464	Thiodiglykolsäure-diheptylester
1,4652	Tetrahydrophthalsäure-di-(2-äthylhexyl)-ester
1,466–1,469	Polyester-WM, Paraplex
1,467	Polyester-WM, Plastigen K
1,467–1,468	Thiodibuttersäure-di-(2-äthylhexyl)-ester
1,467–1,479	Phosphorsäure-tri-chloräthylester
1,468–1,472	Polyester-WM, Sebacinsäure-Basis
ca. 1,469	Adipinsäure-butylenglykol-ester
1,469–1,470	Adipinsäure-di-methylcyclohexylester
1,470	Adipinsäure-propylenglykolester
1,471–1,472	Epoxyd-Weichmacher, hochmolekular
1,471–1,473	epoxyd. Sojabohnenöl
1,4711	Glycerin-monooleat
1,477–1,479	Ricinusöl
1,480 *)	Phthalsäure-dicaprylester
1,4819	Phthalsäure-di-n-octylester
1,482	Phthalsäure-didodecylester
1,482–1,483	Adipinsäure-benzyl-octyl-ester
1,483–1,488	Phthalsäure-di-i-nonylester
1,483–1,490	Phthalsäure-di-(2-äthylhexyl)-ester
1,483–1,489	Phthalsäure-di-butylglykolester
1,484	Phthalsäure-diheptylester
1,484	Phthalsäure-ditridecylester
1,484	Phthalsäure-diisooctylester

1,484–1,485	Phthalsäure-di-i-decylester
1,485	Trimellitsäure-triisooctylester
1,486–1,490	Phthalsäure-dinonylester
1,486–1,502	Phthalsäure-diäthylester
1,487–1,488	Adipinsäure-benzyl-butyl-ester
1,487–1,490	Phthalsäure-diamylester
1,488–1,490	Phthalsäure-di-(2-äthylbutyl)-ester
1,4885–1,4926	Phthalsäure-di-n-hexylester
1,490	Phthalsäure-diisobutylester
1,49 –1,50	Chlorparaffin, 43–45% Cl
1,491	Phthalsäure-di-äthylglykolester
1,491–1,493	Phthalsäure-dibutylester
1,491–1,493	Phthalsäure-dicyclohexylester
1,492*)	Phthalsäure-di-äthyldiglykol-ester
1,496	Thiodiglykolsäure-tetrahydro-furfuryl-ester
1,4960	Phthalsäure-dipropylester
1,498–1,503	Alkylsulfonsäure-(phenyl/kresyl)-ester
1,50 –1,51	Polyester-WM, Phthalsäure-Basis
1,502–1,503	Phthalsäure-di-methylglykol-ester
1,506	Thiodiglykolsäure-butyl-benzyl-ester
1,507	Phthalsäure-di-butylcyclohexyl-ester
1,510	Phosphorsäure-diphenyl-äthyl-hexyl-ester
1,51 –1,53	Chlorparaffin, 52–54% Cl
1,514–1,515	Phthalsäure-dimethylester
1,514–1,515	Phthalsäure-di-methylcyclo-hexylester
ca. 1,519	p-Oxybenzoesäure-2-äthylhexyl-ester
1,521	Sebacinsäure-dibenzylester
1,523	Thiodiglykolsäure-dibenzylester
ca. 1,525	Benzolsulfonsäure-N-butylamid
1,525–1,540	Phthalsäure-benzyl-butyl-ester
1,53 –1,56	Chlorparaffin, 70–72% Cl
1,532	Tetrachlorphthalsäure-dibutyl-ester
1,537	Tetrachlordibutoxybenzol
1,5422	Diphenoxyäthylformal
1,545	Phthalsäure-äthylenglykol-ester
1,546*)	Bis-(dimethylbenzyl)-carbonat
1,547	Benzolsulfonsäure-N-methyl-amid
1,55	Phosphorsäure-trixylenylester
1,551–1,560	Phosphorsäure-trikresylester
1,560	Phosphorsäure-diphenyl-xylenyl-ester
1,560–1,563	Phosphorsäure-diphenyl-kresyl-ester
1,563*)	Phosphorsäure-triphenylester
1,572	Phthalsäure-diphenylester
1,648	Chlordiphenyl-Gemisch mit 57,7–58,4% Cl

*) bei 25°C

Tafel 30

Verseifungszahlen von Weichmachern (nach DIN 53401 mit KOH/Äthanol)

Die Verseifungszahlen der Weichmacher sind geordnet nach ihren theoretisch errechneten Werten. In Klammern sind die praktisch ermittelten Verseifungszahlen angeführt.

Weichmacher, bei denen keine Verseifungszahl errechnet werden kann (z.B. Naturstoffe oder davon abgeleitete Produkte und Polymer-Weichmacher) sind nach dem praktisch gefundenen Wert eingeordnet.

Bei Weichmachern, bei denen der praktisch gefundene Wert stark von dem theoretisch berechneten abweicht, wurde die Einordnung zusätzlich nach dem praktisch ermittelten Wert vorgenommen.

Tafel 30. Verseifungszahlen von Weichmachern

0	(unter 10)	Benzolsulfonsäure-N-methylamid Benzolsulfonsäure-N-butylamid Campher Chlordiphenyl-Gemisch mit 57,7–58,4% Cl Diphenoxyäthylformal Tetrachlordibutoxybenzol p-Toluolsulfonsäure-N-cyclohexylamid

(<10)	theor. 129	Phosphorsäure-tri-(2-äthylhexyl)-ester
(ca. 100)	theor. 155	Phosphorsäure-diphenyl-äthylhexyl-ester
(100–130)	theor. 152	Phosphorsäure-trikresylester
(ca. 107)	theor. 136	Phosphorsäure-trixylenylester
(115–135)	theor. 172	Phosphorsäure-triphenylester
(123–140)	theor. 165	Phosphorsäure-diphenyl-kresyl-ester
129	(<10)	Phosphorsäure-tri-(2-äthylhexyl)-ester
136	(ca. 107)	Phosphorsäure-trixylenylester
137	(132–135)	Epoxystearinsäure-octylester
(141–149)	theor. 185	Stearinsäure-propylenglykolester
142		Phosphorsäure-tributoxyäthylester
146	(148–155)	Stearinsäure-butoxyäthylester
147	(140)	Epoxystearinsäure-n-hexylester
(150–180)		Alkylsulfonsäure-(phenyl/kresyl)-ester
151	(152–161)	Diäthylenglykol-monostearat
152	(100–130)	Phosphorsäure-trikresylester
152	(145–155)	Diäthylenglykol-monooleat
153	(153)	Ölsäure-tetrahydrofurfurylester
153	(143–153)	Ölsäure-methoxybutyl-ester
155	(ca. 100)	Phosphorsäure-diphenyl-äthylhexyl-ester
157	(168–176)	Glycerin-monostearat
158	(165–176)	Glycerin-monooleat
158	(164)	Epoxystearinsäure-butylester
159	(150–158)	Ölsäureamylester
159	(157–160)	Stearinsäureamylester
159		Phosphorsäure-diphenyl-xylenyl-ester
160		Phosphorsäure-tri-n-hexylester
160	(160)	Ricinolsäurebutylester
(160–165)	theor. 189	Glycerin-tristearat
(162–176)	theor. 190	Glycerin-trioleat
164	(169–177)	Stearinsäure-methoxyäthylester
165	(164–174)	Ölsäure-methoxyäthylester
165	(123–140)	Phosphorsäure-diphenyl-kresyl-ester
165	(170–180)	Stearinsäurebutylester
166	(163–172)	Ölsäurebutylester
172	(115–135)	Phosphorsäure-triphenylester
(173–183)	theor. 255	Propylenglykol-dilaurat
(175–190)		Ricinusöl
(176)		epoxyd. Leinöl
(177–190)		Epoxyd-WM, hochmolekular
(178–185)		epoxyd. Sojabohnenöl
180		Epoxystearinsäure-methylester
181	(178)	Ricinolsäure-methylester
185	(141–149)	Stearinsäure-propylenglykolester
187	(175–185)	Laurinsäure-butoxyäthylester
189	(182–189)	Ölsäuremethylester
189	(160–165)	Glycerin-tristearat
(189–203)	theor. 238	Diäthylenglykol-dilaurat
190	(162–176)	Glycerin-trioleat
195	(176–188)	Diäthylenglykol-monolaurat
197	(460–480)	Phosphorsäure-tri-chloräthyl-ester
211		Phosphorsäure-tributylester
212	(216–218)	Phthalsäure-ditridecylester
218	(205–217)	Laurinsäure-methoxyäthylester

218	(205–221)	Propylenglykol-monolaurat
219	(207–218)	Laurinsäurebutylester
223	(221)	Phthalsäure-didodecylester
224		p-Oxybenzoesäure-2-äthylhexylester
236	(210–226)	Äthylenglykol-monolaurat
238	(189–203)	Diäthylenglykol-dilaurat
251	(250–260)	Phthalsäure-di-i-decylester
255	(173–183)	Propylenglykol-dilaurat
(260–270)		Polyester-WM, Plastigen K
(260–300)		Fettsäure-triäthylenglykol-ester, Plastomoll KF
261	(ca. 265)	Thiodibuttersäure-di-(2-äthylhexyl)-ester
261	(262)	Triäthylenglykol-dipelargonat
263		Adipinsäure-didecylester
263		Adipinsäure-diisodecylester
263	(260–270)	Sebacinsäure-di-(2-äthylhexyl)-ester
268	(265–270)	Phthalsäure-dinonylester
268	(266–272)	Phthalsäure-di-i-nonylester
270		Tetrachlorphthalsäure-dibutylester
273	(270–272)	Azelainsäure-di-(2-äthylhexyl)-ester
279	(250–280)	Triglykol-dioctat
281	(280)	p-Toluolsulfonsäureäthylester
282	(275)	Acetyl-ricinolsäure-methoxyäthylester
282	(284)	Adipinsäure-dinonylester
282		Adipinsäure-n-octyl-decyl-ester
282		Phthalsäure-di-äthyldiglykol-ester
283	(280)	Hexahydrophthalsäure-dioctylester
285		Tetrahydrophthalsäure-di-(2-äthylhexyl)-ester
287	(275–287)	Phthalsäure-dicaprylester
287	(280–290)	Phthalsäure-di-(2-äthylhexyl)-ester
287	(287–290)	Phthalsäure-di-n-octylester
287		Phthalsäure-diisooctylester
288	(260–280)	Acetyl-ricinolsäure-butylester
294		Sebacinsäure-dibenzylester
(294)	theor. 353	Thiodiglykolsäure-tetrahydrofurfurylester
303		Adipinsäure-dicaprylester
303	(305–309)	Adipinsäure-di-(2-äthylhexyl)-ester
303		Sebacinsäure-dihexylester
303		Adipinsäure-diisooctylester
306	(315–330)	Phthalsäure-di-butylglykolester
310	(309)	Phthalsäure-diheptylester
310		Diäthylenglykol-dipelargonat
312	(mind. 290)	Acetyl-ricinolsäure-methylester
313	(300–330)	Phthalsäure-di-methylcyclohexylester
316		Azelainsäure-di-(2-äthylbutyl)-ester
322	(310–330)	Adipinsäure-benzyl-octyl-ester
323	(318)	Phthalsäure-dibenzylester
324	(300–342)	Triglykol-di-äthylbutyrat
324	(336)	Thiodiglykolsäure-diheptylester
325	(322–328)	Adipinsäure-dibutoxyäthylester
332	(320–325)	Adipinsäure-di-methylcyclohexylester
335	(335–340)	Phthalsäure-di-(2-äthylbutyl)-ester
336	(324–336)	Phthalsäure-di-n-hexylester
339	(ca. 340)	Phthalsäure-dicyclohexylester
340	(340)	Thiodiglykolsäure-dibenzylester

349	(335–353)	Glycerin-tri-diglykolacetat
350		Phthalsäure-diphenylester
(350–480)		Polyester-WM, Phthalsäure-Basis
353	(294)	Thiodiglykolsäure-tetrahydrofurfurylester
358	(350–362)	Sebacinsäure-dibutylester
359	(348–365)	Phthalsäure-benzyl-butyl-ester
360	(371)	Phthalsäure-di-äthylglykol-ester
(365)		Fettsäure-hexantriol-ester, Elaol 1
367	(356–363)	Phthalsäure-diamylester
370	(364–374)	Phthalsäure-di-butylcyclohexyl-ester
377		Bis-(dimethylbenzyl)-carbonat
379	(405)	Thiodiglykolsäure-benzyl-butyl-ester
384	(375–385)	Adipinsäure-benzyl-butyl-ester
387		Weinsäure-diamylester
393	(393)	Acetyl-citronensäure-tri-(2-äthylhexyl)-ester
398		Oxalsäure-di-methylcyclohexylester
398	(395–405)	Phthalsäure-di-methylglykolester
407		Methylenthioglykolsäurebutylester
407	(400–407)	Phthalsäure-dibutylester
407		Phthalsäure-diisobutylester
(414–454)		Polyester-WM, Reoplex
419	(ca. 460)	Glycerin-monoacetat
(425–465)		Fettsäure-pentaerythrit-ester, Edenol PV
429		Weinsäure-dibutylester
(430)		Fettsäure-pentaerythrit-ester, Plastomoll 34
435	(437–443)	Adipinsäure-dibutylester
448	(475)	Phthalsäure-dipropylester
(ca. 450–460)		Polyester-WM, Sebacinsäure-Basis
(460–480)	theor. 197 bzw. 788	Phosphorsäure-tri-chloräthylester
467	(462)	Citronensäure-tributylester
(480–600)		Polyester-WM, Adipinsäure-Basis
(485–500)		Polyester-WM, Paraplex
(ca. 487)	theor. 585	Phthalsäure-äthylenglykol-ester
505	(500–510)	Phthalsäure-diäthylester
545		Weinsäure-diäthylester
558	(545–550)	Acetyl-citronensäure-tributylester
561	(ca. 565)	Adipinsäure-butylenglykol-ester
578	(573–582)	Phthalsäure-dimethylester
585	(ca. 487)	Phthalsäure-äthylenglykol-ester
596		Diglykolsäure-butylenglykol-ester
603	(590–595)	Adipinsäure-propylenglykol-ester
609	(605)	Citronensäure-triäthylester
638	(ca. 630)	Glycerin-diacetat
(ca. 680)*)		Chlorparaffin, 43–45 % Cl
705	(655)	Acetyl-citronensäure-triäthyl-ester
772	(ca. 770)	Glycerin-triacetat
788 bzw. 197	(460–480)	Phosphorsäure-tri-chloräthylester
(ca. 840)*)		Chlorparaffin, 52–54 % Cl

*) bei 160°C in der Bombe mind. 5 Std.

5.2. Füllstoffe

Zum Modifizieren der Eigenschaften von Kunstharzen, vielfach auch zur Verbilligung, werden diesen häufig Füllstoffe zugesetzt.
Fast alle Duroplaste enthalten Füllstoffe als Harzträger zur Verfestigung; Polyester-Kunstharze werden mit Glasfasern in Form von Vliesen, Geweben usw. verstärkt.
Auch thermoplastischen Kunststoffen werden Füllstoffe beigegeben, wenn sie nicht einer großen Beanspruchung hinsichtlich Elastizität und Biegefestigkeit unterworfen werden, wie dies z. B. bei Fußbodenbelägen der Fall ist.
Die Füllstoffe können organischer oder anorganischer Natur sein. Zu den wichtigsten anorganischen Füllstoffen gehören Gesteinsmehl, Schiefermehl, Asbest, Kreide, Kaolin, Talkum, Glimmer, Schwerspat, Kieselgur und Glasfasern in Form von Geweben, Vliesen, Matten und Rovings.
Organische Füllstoffe sind Holzmehl, Cellulose in Form von Fasern, als Papierschnitzel und Papierbahnen, ferner Gewebeschnitzel, Gewebebahnen sowie synthetische Fasern aller Art.
Härtbare Gießharze für die Herstellung von Umformungswerkzeugen enthalten häufig Aluminiumpulver, Silikate, Glaspulver oder Asbest.
Die wichtigsten Füllstoffe und ihre Hauptvorkommen in Kunststoffen zeigt Tafel 31, während Tafel 32 umgekehrt die für die wichtigsten Kunststoffgruppen meistverwendeten Füllstoffe verzeichnet.

Bestimmung des Ruß-Gehaltes in Polyäthylen
1 g der zu untersuchenden Probe im Stickstoffstrom auf 500 °C erhitzen. Nach beendeter Pyrolyse Auswaage des Rückstandes. Am vorteilhaftesten wird ein Quarzrohr verwendet, das mit der Probe im Platinschiffchen beschickt wird.

$$\text{Ruß-Gehalt in Gew.-\%} = 100 \cdot \frac{\text{Pyrolyserückstand}}{\text{Einwaage}}$$

Tafel 31. Hauptsächlich verwendete Füllstoffe, geordnet nach Kunststoffen

Kunststoffe	Füllstoffe
Härtbare Harze und Gießharze	Holzmehl, Cellulose, Baumwolle, Asbest, Glimmer, Quarz, Glas, Titandioxid, Synthetische Fasern
Polyester	Asbest, Kieselerde, Glas, Kreide, Kaolin, Calciumsilikat, Titandioxid
Epoxydharze	Asbest, Kieselerde, Kreide, Kaolin, Titandioxid
Alkydharze	Kaolin, Titandioxid
Allylharze	Glas, synthetische Fasern
Silicone	Asbest, Glas
Polyäthylen und Polypropylen	Asbest, Ruß
Polyvinylchlorid und andere Thermoplaste	Kieselerde, Kreide, Kaolin, Titandioxid, auch Asbest oder Zellstoff

Tafel 32. Hauptsächlich verwendete Füllstoffe für Kunststoffe, geordnet nach Füllstoffen

Füllstoff	Kunststoffe
Asbest	Phenoplaste, Aminoplaste, Gießharze, Furanharze, Polyester, Epoxydharze, Silicone; neuerdings auch für Thermoplaste wie Polyäthylen, Polypropylen, Polyvinylchlorid und Fluorcarbone
Glimmer	Phenoplaste, Aminoplaste
Quarzmehl	Phenoplaste, Aminoplaste
Kieselerde (Siliciumdioxid)	Phenolharze (Gießereikerne), Polyester, Epoxydharze. In Polyäthylen und Polyvinylchlorid in kleinen Mengen zur Verbesserung des Fließens.
Glas	Phenolharze, Polyester, Allylharze, Aminoplaste, Silicone
Kreide (Calciumcarbonat)	Thermoplaste wie Polyvinylchlorid, Polyäthylen, auch Polyester, Epoxydharze, Polyurethanschaum
Kaolin (Aluminiumsilikate)	Polyester, Epoxydharze, Alkydharze, Polyvinylchlorid
Calciumsilikat	Polyester, härtbare Harze
Titandioxid	Polyester, Epoxydharze, Thermoplaste, härtbare Harze
Holzmehl	Phenoplaste, Aminoplaste
Zellstoff (Papierfasern, -schnitzel, -bahnen)	Phenoplaste, Aminoplaste, Schichtpreßstoff-Erzeugnisse, auch für Thermoplaste
Baumwolle (Fasern, Schnitzel, Gewebebahnen)	Phenoplaste, Aminoplaste, Schichtpreßstoff-Erzeugnisse
Synthetische Fasern	Phenolharze, Allylharze
Ruß	Polyäthylen (auch als Lichtstabilisator), Butadien/Styrol-Copolymere, Naturkautschuk, synthetische Kautschuke

5.3. Farbstoffe und Pigmente in gefärbten Kunststoffen

Bedingt durch die leichte Einfärbbarkeit der Kunststoffe findet man auf dem Markt sehr viele Kunststoffe, transparent, opak oder gedeckt eingefärbt.
In manchen Fällen kann der Typ des verwendeten Farbstoffes oder Pigments von Interesse sein. In der Tafel 33 soll deshalb eine grobe Übersicht gegeben werden, welche Farbstoffe und Pigmente für die einzelnen Kunststoffe häufig Verwendung finden.

5.4. Stabilisatoren und sonstige Zusätze

Licht und Wärme bewirken bei Kunststoffen, insbesondere bei Thermoplasten wie z.B. Polyvinylchlorid und Polyolefinen, Zersetzung und Abbau, die durch Zusätze von Stabilisatoren, UV-Absorbern und Antioxydantien verhindert werden. Die auf dem Markt befindlichen verarbeitungsfertigen Massen sowie Fertigprodukte enthalten

Tafel 33. Pigmente und Farbstoffe

Kunststoff	Pigmente						
	anorganisch			organisch			
	Titandioxid, Eisenoxide, Chromoxide, Lithopone, Manganblau	Cadmiumsulfide und -sulfidselenide, Ultramarinblau	Chromgelb, -orange u. -grün, Strontiumchromat, Eisen-Blaupigmente	Phthalocyanine, Chinacridone, Ruß, Nickel-azo-Komplexe	Küpenfarbstoffe Benzidine	Naphtholrot	Organische Farbstoffe meist spritlöslich oder kohlenwasserstofflöslich
Aminoplaste	x	x	x	x		x	x
Cellulose-Derivate	x	x	x	x	x	x	
Fluorhaltige Kunststoffe	x	x					
Phenoplaste	x		x	x		x	x
Polyacrylsäure-Derivate	x	x		x	x		x
Polyamide	x	x					
Polyäthylen, Polypropylen	x	x		x	x	x	
Polycarbonate	x	x					x
Polyester	x	x	x		x		
Polyoxymethylen (Polyformaldehyd, Acetal)	x	x		x			
Polystyrole	x	x		x	x	x	x
Polyurethane	x	x		x	x		
Polyvinylchlorid	x	x	x	x	x		
Silicone	x	x					

daher solche Zusätze. (Im allgemeinen werden reine UV-Absorber nie allein zugesetzt, sondern immer mit Wärmestabilisatoren zusammen.)

Soweit die erforderlichen Zuschläge nicht bereits Gleiteigenschaften besitzen, werden z. T. auch noch sog. Gleitmittel als Verarbeitungshilfen eingearbeitet. Dies sind vor allem Montanwachse und synthetische höhermolekulare Stoffe (Polywachse).

In Tafel 34 werden die wichtigsten Stabilisatoren, UV-Absorber und Antioxydantien für Polyvinylchlorid, Polyolefine und Cellulosederivate aufgeführt und einige Hinweise für deren Nachweise gegeben, ohne daß auf ihre analytischen Bestimmungsmethoden näher eingegangen werden kann.

Tafel 34. Lichtstabilisatoren, Antioxydantien und PVC-Stabilisatoren

	Hinweise für die Analyse
Polyvinylchlorid	
Metallfreie Stabilisatoren	
Epoxyverbindungen	ätherlöslich
epoxydierte natürliche Öle (Sojaöl)	Nachweis von Epoxydsauerstoff (siehe S. 117)
epoxydierte ungesättigte Fettsäureester (Oleate)	
Kondensationsprodukte aus Epichlorhydrin und Bisphenol	
Monophenylharnstoff	Schmp. 147°C; theor. 61,75 % C, 5,92 % H, 11,75 % O, 20,58 % N
Diphenylthioharnstoff	Schmp. 154–155°C; theor. 68,39 % C, 5,30 % H, 12,27 % N, 14,04 % S
2-Phenylindol	Schmp. 187°C; theor. 87,01 % C, 5,74 % H, 7,25 % N
β-Aminocrotonsäureäthylester	theor. 55,79 % C, 8,58 % H, 24,78 % O, 10,85 % N
Alkylarylphosphite	Nachweis von Phosphor
Metallorganische Stabilisatoren	ätherlöslich
Dibutyl (od. Dioctyl)-zinn-mercaptide	Nachweis von Zinn und Schwefel
Dibutyl (od. Dioctyl)-zinn-mercaptoester	Nachweis von Zinn und Schwefel
Dibutyl (od. Dioctyl)-zinn-maleate	Nachweis von Zinn
Dibutyl (od. Dioctyl)-zinn-laurate	Nachweis von Zinn
Salze organischer Säuren (Seifen) als Stabilisatoren	ätherunlöslich; Nachweis des entsprechenden Metalls; Nachweis der Carbonsäure z. B. der ätherlösl. Stearinsäure (Schmp. 70°C; theor. 12,76 % H, 11,25 % O)
Barium-Cadmium-Salze (Laurate, Stearate)	
Organische Barium-Cadmium-Komplexverbindungen	
Cadmiummaleate	
Cadmiumstearat	Schmp. 95–110°C; theor. 16,55 % Cd
Magnesiumstearat	Schmp. 125°C; theor. 4,11 % Mg
Calciumstearat	Schmp. 140–150°C; theor. 6,60 % Ca
Strontiumstearat	theor. 13,39 % Sr
Bariumstearat	Schmp. 140–155°C; theor. 19,51 % Ba
Aluminiumstearate	
Zinkstearat	Schmp. 114–120°C; theor. 10,34 % Zn
Calcium-Zink-Stearate	
Bleistearat	Schmp. 102–105°C; theor. 26,77 % Pb

Bleistearat, dibasisch	Schmp. 115–130°C; theor. 50,93% Pb
Bleisalicylat	theor. 43,04% Pb
Bleiphthalat, dibasisch	theor. 76,02% Pb
Salze anorganischer Säuren als Stabilisatoren	
Bleiweiß, basisches Bleicarbonat	theor. 80,14% Pb
Bleisulfat, tribasisch	theor. 85,19% Pb
Bleiphosphit, dibasisch	theor. 83,71% Pb
Bleisilikate	
UV-Absorber	
Basisches Bleiphosphit	
Hydroxybenzophenone	
Hydroxyphenyl-benztriazole	
Salicylsäureester	
Zinn(IV)-Verbindungen evtl. mit Epoxyverbindungen	
Barium-Cadmium-Verbindungen mit Epoxyverbindungen und tertiären organischen Phosphiten	
Polyolefine	
Alkylierte Phenole, Bis- und Polyphenole	
Phenolcarbonsäureester	
Thioäther	
Organische Phosphite	
Hydroxyphenyl-benzotriazole und -isocyanate	
Hydroxybenzophenone	
Organische Nickelverbindungen	
Piperidin-Derivate	
Ruß	
Cellulose-Derivate (vor allem Nitrocellulose)	
Substituierte Phenole und Phenoläther	
Aromatische Amine	
Arylharnstoff-Derivate	
Carbazol	
Phenylbenzoat-Abkömmlinge	

6. Güte- und Abnahmekontrolle

Um die Güte eines Produktes, die Gleichmäßigkeit verschiedener Chargen und die Fabrikation der Kunststoffe beurteilen und überwachen zu können und um die Aufstellung von Spezifikationen für Typen zu ermöglichen, sind eine Reihe von Vorschriften ausgearbeitet worden.
Es gibt sehr viele sog. Hausvorschriften, die von den Hersteller-Firmen für ihre Produkte aufgestellt wurden. Verständlicherweise kann hier auf solche Sondervorschriften nicht eingegangen werden.
Es soll an dieser Stelle nur eine Übersicht der allgemeinen und genormten Vorschriften gegeben werden, die, wenn sie auch nicht ausschließlich für den Nachweis der Stoffe gebraucht werden, dennoch im Rahmen dieses Nachschlagewerkes Interesse besitzen dürften.
Bei den Nummern der DIN-Normen sind — soweit internationale Vorschriften bestehen — die entsprechenden Nummern der bisher veröffentlichten ISO-Recommendations (ISO = International Organization for Standardization) in Klammern angegeben.
Das Lebensmittelgesetz machte eine Überprüfung der Kunststoffe auf ihr physiologisches Verhalten notwendig. Auf Grund der Prüfungen wurden von der „Kommission für die gesundheitliche Beurteilung von Kunststoffen im Rahmen des Lebensmittelgesetzes" Richtlinien aufgestellt, welche Kunststoffe und Zusätze im Rahmen des Lebensmittelgesetzes erlaubt sind und mit welchen Verfahren einige Stoffe bestimmt werden. Ergänzend zu den Normen ist deshalb eine Aufstellung der entsprechenden Mitteilungen aus dem Bundesgesundheitsblatt angefügt.
Nicht eingegangen wird auf physikalische Prüfmethoden.

6.1 Normen zur analytischen Prüfung von Kunststoffen*)

6.1.1. Dichtebestimmung

DIN 51 757 Prüfung von Schmierölen, flüssigen Brennstoffen und verwandten Flüssigkeiten. Bestimmung der Dichte.

DIN 53 400 Prüfung von Weichmachern. Allgemeine Prüfungen (Dichte, Brechungszahl, Flammpunkt, Stockpunkt, Viskosität)

DIN 53 194 Prüfung von Pigmenten. Bestimmung der Rütteldichte.

DIN 53 420 Prüfung von Schaumstoffen. Bestimmung der Rohdichte.

DIN 53 466 (ISO/R 171) Prüfung von Kunststoffen. Bestimmung des Füllfaktors von Formmassen.

DIN 53 467 (ISO/R 61) Prüfung von Kunststoffen. Bestimmung der scheinbaren Dichte von Formmassen, die nicht durch einen genormten Trichter geschüttet werden können („Stopfdichte" von langfaserigen und schnitzelförmigen Formmassen)

*) Maßgebend ist die jeweils neueste Ausgabe der Norm.

DIN 53 468 (ISO/R 60) Prüfung von Kunststoffen. Bestimmung der scheinbaren Dichte von Formmassen, die durch einen genormten Trichter geschüttet werden können. („Schüttdichte" von pulverförmigen und kurzfaserigen Formmassen)

DIN 53 479 (ISO/R 1183) Prüfung von Kunststoffen und Elastomeren. Bestimmung der Dichte.

6.1.2. Viskositätsmessung

Die Viskosität gibt u. a. Aufschluß über Vorgänge bei der Strömung von Flüssigkeiten durch Rohrleitungen, Düsen usw., über bei Schmierung auftretende hydrodynamische Reibungsverluste, über die Vorgänge bei Schmierung von Lagern.
Bei Weichmachern dient die Prüfung der Viskosität zur Bestimmung des Reinheitsgrades und um die Veränderung der Viskosität eines Weichmachers mit sinkender oder steigender Temperatur festzustellen.
Bei Kunststoffen geben Viskositätszahlen, in Lösung bestimmt, ein Maß für die Kettenlängen der Moleküle. Bei PVC hat man aus der Viskosität nach Fikentscher den K-Wert berechnet, eine Relativgröße, nach der die verschieden hochmolekularen Sorten eingeteilt werden.
Die Bestimmungen der Viskositäten von Kunststoffen werden nach verschiedenen Verfahren durchgeführt. Genormte Viskosimeter sind in der nachfolgenden Zusammenstellung aufgeführt. Außerdem sind in einigen Typ-Normen Durchführungsbestimmungen genormt. Bei der ISO (International Organization for Standardization) ist man bemüht, die Prüfverfahren für Kunststoffe zu vereinheitlichen; man versucht schon jetzt bei der Aufstellung von Viskositätsnormen dem Ubbelohde-Viskosimeter den Vorzug zu geben.

DIN 51 550 Viskosimetrie. Bestimmung der Viskosität. Allgemeines

DIN 51 560 Prüfung von Mineralölen, flüssigen Brennstoffen und verwandten Flüssigkeiten. Bestimmung der Viskosität mit dem Engler-Gerät.

DIN 51 561 Prüfung von Mineralölen, flüssigen Brennstoffen und verwandten Flüssigkeiten. Bestimmung der Viskosität mit dem Vogel-Ossag-Viskosimeter.

DIN 51 562 Messung der kinematischen Viskosität mit dem Ubbelohde-Viskosimeter.

DIN 53 015 Viskosimetrie. Messung der Viskosität mit dem Kugelfall-Viskosimeter nach Höppler.

DIN 53 400 Prüfung von Weichmachern. Allgemeine Prüfungen (Dichte, Brechungszahl, Flammpunkt, Stockpunkt, Viskosität).

DIN 53 726 (ISO 174) Prüfung von Kunststoffen. Bestimmung der Viskositätszahl und des K-Wertes von Vinylchlorid-Polymerisaten in verdünnter Lösung.

DIN 53 727 (ISO 307) Prüfung von Kunststoffen. Bestimmung der Viskosität von Lösungen. Polyamide in verdünnter Lösung.

DIN 53 728 Blatt 1 (ISO/R 825) Prüfung von Kunststoffen. Bestimmung der Viskosität von Lösungen. Celluloseacetat in verdünnter Lösung.

DIN 53 728 Blatt 2 (ISO/R 600) Prüfung von Kunststoffen. Bestimmung der Viskosität von Lösungen. Polyamide in konzentrierter Lösung.

DIN 53 728 Blatt 3 (ISO/R 1228) Prüfung von Kunststoffen. Bestimmung der Viskosität von Lösungen. Polyäthylenterephthalat oder Polybutylenterephthalat in verdünnter Lösung.

DIN 53 728 Blatt 4 (ISO/R 1191) Prüfung von Kunststoffen. Bestimmung der Viskosität von Lösungen. Polyäthylen und Polypropylen in verdünnter Lösung.

In DIN 7741 Kunststoff-Formmassetypen. Polystyrol-Spritzgußmassen. Abschnitt 5.2.: Bestimmung des K-Wertes.

In DIN 7744 Kunststoff-Formmassetypen. Polycarbonat-Spritzgußmassen. Abschnitt 5.2: Bestimmung des K-Wertes.

In DIN 7745 Kunststoff-Formmassetypen. Polymethylmethacrylat. Bestimmung der Viskositätszahl in verdünnter Lösung.

6.1.3. Verhalten gegenüber Wasser, Feuchtigkeit und chemischen Substanzen

DIN 53 428 Prüfung von Schaumstoffen. Bestimmung des Verhaltens gegen Flüssigkeiten, Dämpfe, Gase und feste Stoffe.

DIN 53 471 (ISO/R 117) Prüfung von Kunststoffen. Bestimmung der Wasseraufnahme nach Lagerung in kochendem Wasser.

DIN 53 473 Prüfung von Kunststoffen. Bestimmung der Wasseraufnahme nach Lagerung in feuchter Luft.

DIN 53 476 (ISO/R 175) Prüfung von Kunststoffen, Kautschuk und Gummi. Bestimmung des Verhaltens gegen Flüssigkeiten.

DIN 53 723 Blatt 1 (ISO/R 585) Prüfung von Kunststoffen. Bestimmung des Feuchtegehaltes. Celluloseacetat (nicht weichgemacht).

DIN 53 495 (ISO/R 62) Prüfung von Kunststoffen. Bestimmung der Wasseraufnahme nach Lagerung in kaltem Wasser.

6.1.4. Brechungszahl

DIN 53 400 Prüfung von Weichmachern. Allgemeine Prüfungen (Dichte, Brechungszahl, Flammpunkt, Stockpunkt, Viskosität).

DIN 53 491 Prüfung von Kunststoffen. Bestimmung der Brechungszahl und Dispersion.

6.1.5. Verschiedene Prüfungen an bestimmten Kunststoffen

a) Phenoplast-Formmassen und -Formstoffe

DIN 53 700 (ISO/R 59) Prüfung von Kunststoffen. Bestimmung des acetonlöslichen Anteiles in Phenoplast-Formteilen.

In DIN 7708 Blatt 2 Kunststoff-Formmassetypen. Phenoplast-Preßmassen. Abschnitt 6.1.4. Harzgehalt in Novolak-Harzen.

DIN 53 704 (ISO/R 119) Prüfung von Kunststoffen. Bestimmung von freien Phenolen in Phenoplast-Formteilen.

DIN 53 707 (ISO/R 120) Prüfung von Kunststoffen. Bestimmung von freiem Ammoniak und Ammoniakverbindungen in Phenoplast-Formteilen.

DIN 53 708 (ISO/R 172) Prüfung von Kunststoffen. Nachweis von freiem Ammoniak und anderen flüchtigen Basen in Phenoplast-Formteilen.

DIN 53 709 Prüfung von Kunststoffen. Bestimmung des Säuregehaltes von warm gehärteten Preßstoffen nach Naßdampfbehandlung.

DIN 53 710 (ISO/R 308) Prüfung von Kunststoffen. Bestimmung des acetonlöslichen Anteiles in Phenoplast-Preßmassen.

In DIN 7708 Blatt 2 Kunststoff-Formmassetypen. Phenoplast-Preßmassen. Abschnitt 6.2.12. Gehalt an flüchtigen Säuren.

DIN 53 713 Prüfung von Kunststoffen. Bestimmung des Wassergehaltes von Formmassen. Destillationsverfahren.

DIN 53 748 Chemische Analyse von Phenol-Formaldehydharzen, Phenoplast-Formmassen und -Formstoffen.

b) Aminoplast-Formmassen und -Formstoffe

In DIN 7708 Blatt 3 Kunststoff-Formmassetypen. Aminoplast-Preßmassen. Abschnitt 6.2.13.3. Prüfung auf Geschmack- und Geruchfreiheit.
Abschnitt 6.2.13.4. Formaldehyd-Abgabe.

DIN 53 749 Chemische Analyse von Harnstoff-, Thioharnstoff- und Melamin-Formaldehydharzen, Aminoplast-Formmassen und -Formstoffen.

c) Polystyrole

DIN 53 718 (ISO/R 118) Prüfung von Kunststoffen. Bestimmung des methanollöslichen Anteils in Polystyrol.

DIN 53 741 Prüfung von Kunststoffen. Bestimmung flüchtiger aromatischer Kohlenwasserstoffe in Polystyrol. Gaschromatographisches Verfahren.

DIN 53 747 Prüfung von Kunststoffen. Analyse von Polystyrol und Styrol-Copolymeren.

d) Polyvinylchlorid

DIN 53 381 Blatt 1 Bestimmung der thermischen Stabilität von Polyvinylchlorid und entsprechenden Copolymeren und ihrer Mischungen mit dem Kongorot-Verfahren.
Blatt 2 Bestimmung der thermischen Stabilität von Polyvinylchlorid und entsprechenden Copolymeren und ihrer Mischungen mit dem Verfärbungsverfahren.
Blatt 3 Bestimmung der thermischen Stabilität von Polymerisaten und Copolymerisaten des Vinylchlorids sowie ihrer Mischungen. pH-Meßverfahren.

DIN 53 474 Prüfung von Kunststoffen. Bestimmung des Chlorgehaltes (für alle Cl-haltigen Kunststoffe).

DIN 53 726 (ISO/R 174) Prüfung von Kunststoffen. Bestimmung der Viskositätszahl und des K-Wertes von Polyvinylchloriden in Lösung.

DIN 53 742 Prüfung von Kunststoffen.
Bestimmung des Vinylacetatgehaltes von Copolymeren aus Vinylchlorid und Vinylacetat. Infrarotspektrographisches Verfahren.

DIN 53 743 Prüfung von Kunststoffen.
Gaschromatographische Bestimmung von Vinylchlorid in Polyvinylchlorid.

e) Polyamide

DIN 53 727 Prüfung von Kunststoffen. Bestimmung der Viskositätszahl von Polyamiden in verdünnter Lösung.

DIN 53 728 Blatt 2 (ISO/R 600) Prüfung von Kunststoffen.
Bestimmung der Viskosität von Lösungen. Polyamide in konzentrierter Lösung.

f) Celluloseester

DIN 53 723 Blatt 1 (ISO/R 585) Prüfung von Kunststoffen.
Bestimmung des Feuchtegehaltes. Celluloseacetat (nicht weichgemacht)

DIN 53 728 Blatt 1 (ISO/R 825) Prüfung von Kunststoffen.
Bestimmung der Viskosität von Lösungen. Celluloseacetat in verdünnter Lösung.

DIN 53 729 Prüfung von Kunststoffen. Bestimmung der freien Säure in nicht weichgemachtem Celluloseacetat.

DIN 53 730 Prüfung von Kunststoffen. Bestimmung des Essigsäuregehaltes von nicht weichgemachtem Celluloseacetat.

g) Polyester

DIN 16 915 Prüfung von Kunststoffen. Bestimmung der maximalen Temperatur und der Zeitdauer für die Temperaturerhöhung während des Härtens von ungesättigten Polyesterharzen.

DIN 16 945 Blatt 1. Prüfung von Kunststoffen. Reaktionsharze, Reaktionsmittel und Reaktionsharzmassen; Prüfverfahren.

DIN 16 946 Blatt 1. Gießharzformstoffe; Prüfverfahren.

DIN 53 394 Prüfung von Kunststoffen.
Bestimmung von monomerem Styrol in Reaktionsharzformstoffen auf Basis von ungesättigten Polyesterharzen. Verfahren mit Wijs-Lösung.

6.1.6. Prüfung von Weichmachern

DIN 53 400 Prüfung von Weichmachern. Allgemeine Prüfungen. (Dichte, Brechungszahl, Flammpunkt, Stockpunkt, Viskosität)

DIN 53 401 Prüfung von Weichmachern. Bestimmung der Verseifungszahl.

DIN 53 402 Prüfung von Weichmachern. Bestimmung der Säurezahl.

DIN 53 403 Prüfung von Weichmachern. Bestimmung der Lichtdurchlässigkeitszahl nach der Jodfarbskala.

DIN 53 404 Prüfung von Weichmachern. Bestimmung der Verseifungsgeschwindigkeit.

DIN 53 405 (ISO/R 177) Prüfung von Weichmachern. Bestimmung der Wanderungstendenz von Weichmachern.

DIN 53 406 Prüfung von Weichmachern. Bestimmung des Siedeverlaufes im Vakuum.

DIN 53 407 (ISO/R 176) Prüfung von Weichmachern. Bestimmung des Weichmacherverlustes aus Kunststoffen nach dem Aktivkohleverfahren.

6.1.7. Sonstiges

DIN 53 415 (ISO/R 183) Prüfung von Kunststoffen. Bestimmung der Wanderung farbgebender Stoffe.

DIN 53 491 Prüfung von Kunststoffen. Bestimmung der Brechungszahl und Dispersion.

6.2. Empfehlungen der Kommission für die gesundheitliche Beurteilung von Kunststoffen im Rahmen des Lebensmittelgesetzes

6.2.1. Gesundheitliche Beurteilung von Kunststoffen im Rahmen des Lebensmittelgesetzes

1. Mitteilung (Bundesgesundheitsbl. 1 (1958) Nr. 15, S. 235)
   III. Polyäthylen (vgl. III A)

2. Mitteilung (Bundesgesundheitsbl. 2 (1959) Nr. 16, S. 263)
   VII. Polypropylen

3. Mitteilung (Bundesgesundheitsbl. 3 (1960) Nr. 15, S. 235)
   VIII. Kunststoffrohre für Getränkeleitungen von Schankanlagen
   IX. Farbstoffe zum Einfärben von Kunststoffen für Bedarfsgegenstände
   III A. Polyäthylen (Ergänzung von III)

4. Mitteilung (Bundesgesundheitsbl. 3 (1960) Nr. 19, S. 301)
   I A. Weichmacherhaltige Kunststoffe

5. Mitteilung (Bundesgesundheitsbl. 3 (1960) Nr. 26, S. 415)
   X. Polyamide
   XI. Polycarbonat
   XII. Ungesättigte Polyesterharze

6. Mitteilung (Bundesgesundheitsbl. 4 (1961) Nr. 7, S. 106)
   XIII. Zellglas (vgl. XIII A)

7. Mitteilung (Bundesgesundheitsbl. 4 (1961) Nr. 8, S. 120)
   XIV. Kunststoff-Dispersionen
   XV. Silicone

8. Mitteilung (Bundesgesundheitsbl. 4 (1961) Nr. 13, S. 211)
   XVI. Polyvinyläther
   XVII. Polyterephthalsäureäthandiolester

9. Mitteilung (Bundesgesundheitsbl. 4 (1961) Nr. 18, S. 294)
XVIII. Melaminharzpreßmassen
XIII A. Zellglas (Ergänzung von XIII)

10. Mitteilung (Bundesgesundheitsbl. 4 (1961) Nr. 19, S. 310)
II A. Weichmacherfreies Polyvinylchlorid, weichmacherfreie Mischpolymerisate des Vinylchlorids mit überwiegendem Gehalt an Vinylchlorid und Mischungen dieser Polymerisate mit chlorierten Polyolefinen
V A. Polystyrol, das ausschließlich durch Polymerisation von Styrol gewonnen wird
VI A. Polystyrol-Mischpolymerisate und Mischungen von Polystyrol mit Polymerisaten

11. Mitteilung (Bundesgesundheitsbl. 5 (1962) Nr. 15, S. 242)
XIX. Trinkwasserleitungsrohre aus Kunststoffen

12. Mitteilung (Bundesgesundheitsbl. 5 (1962) Nr. 22, S. 352)
XX. Polyisobutylen und Mischpolymerisate

13. Mitteilung (Bundesgesundheitsbl. 5 (1962) Nr. 25, S. 403)
XXI. Bedarfsgegenstände auf Basis von Natur- und Synthesekautschuk (Festkautschuk)

14. Mitteilung (Bundesgesundheitsbl. 6 (1963) Nr. 15, S. 239)
XXII. Acryl- und Methacrylsäureester-Blockpolymerisate
XXIII. Polymethacrylate, Methacrylat-Mischpolymerisate und Mischungen von Polymethacrylaten mit Polymerisaten

15. Mitteilung (Bundesgesundheitsbl. 6 (1963) Nr. 25, S. 404)
VI B. Polystyrol-Misch- und Pfropfpolymerisate und Mischungen von Polystyrol mit Polymerisaten

16. Mitteilung (Bundesgesundheitsbl. 6 (1963) Nr. 26, S. 413)
XXIV. Ionenaustauscher für die Behandlung von Trinkwasser, das nicht für die zentrale Wasserversorgung bestimmt ist

17. Mitteilung (Bundesgesundheitsbl. 7 (1964) Nr. 9, S. 136)
XXV. Paraffine, mikrokristalline Wachse, niedermolekulare Polyolefine und Polyterpene

18. Mitteilung (Bundesgesundheitsbl. 7 (1964) Nr. 20, S. 314)
XXV A. Paraffine, mikrokristalline Wachse, niedermolekulare Polyolefine und Polyterpene. (Änderung und Ergänzung der Empfehlung XXV)

19. Mitteilung (Bundesgesundheitsbl. 7 (1964) Nr. 23, S. 360)
II B. Weichmacherfreies Polyvinylchlorid, weichmacherfreie Mischpolymerisate des Vinylchlorids und Mischungen dieser Polymerisate mit anderen Mischpolymerisaten und chlorierten Polyolefinen mit überwiegendem Gehalt an Vinylchlorid in der Gesamtmischung. (Änderung der Empfehlung II A)
XXVIII. Vernetzte Polyurethane als Klebschichten für Lebensmittelverpackungsmaterialien.

20. Mitteilung (Bundesgesundheitsbl. 7 (1964) Nr. 24, S. 379)
X A. Polyamide (Änderung der Empfehlung X)
XII A. Ungesättigte Polyesterharze (Änderung der Empfehlung XII)

21. Mitteilung (Bundesgesundheitsbl. 7 (1964) Nr. 26, S. 406)
XXIX. Getränkeschläuche aus Kunststoffen, auch für Getränkeschankanlagen
I B. Weichmacherhaltige Hochpolymere

22. Mitteilung (Bundesgesundheitsbl. 8 (1965) Nr. 6, S. 93)
XXX. Födergurte aus Guttapercha und Balata

23. Mitteilung (Bundesgesundheitsbl. 8 (1965) Nr. 7/8, S. 110)
XI A. Polycarbonat

24. Mitteilung (Bundesgesundheitsbl. 8 (1965) Nr. 10, S. 144)
I C. Weichmacherhaltige Hochpolymere (Ergänzung zu Empfehlung I B)

25. Mitteilung (Bundesgesundheitsbl. 8 (1965) Nr. 11, S. 162)
XXI A. Bedarfsgegenstände auf Basis von Natur- und Synthesekautschuk (Festkautschuk)
XXXI. Spezielle Bedarfsgegenstände aus Festkautschuk (Zusatz-Empfehlung zur Empfehlung XXI A)

26. Mitteilung (Bundesgesundheitsbl. 8 (1965) Nr. 14, S. 204)
XXXII. Bedarfsgegenstände auf Basis von Elastomeren aus Natur- und Syntheselatex und Dispersionen aus Festkautschuk.

27. Mitteilung (Bundesgesundheitsbl. 8 (1965) Nr. 25, S. 357)
XXXIII. Acetalharze

28. Mitteilung (Bundesgesundheitsbl. 9 (1966) Nr. 1, S. 11)
XXXIV. Vinylidenchlorid-Mischpolymerisate mit überwiegendem Anteil an Vinylidenchlorid.
I D. Weichmacherhaltige Hochpolymere (Zweite Ergänzung bzw. Änderung der Empfehlung I B)

29. Mitteilung (Bundesgesundheitsbl. 9 (1966) Nr. 13, S. 190)
I E. Weichmacherhaltige Hochpolymere (Änderung und Ergänzung zu der Empfehlung I B und I D)
XXXIV A. Vinylidenchlorid-Mischpolymerisate mit überwiegendem Anteil an Vinylidenchlorid. (Ergänzung zu Empfehlung XXXIV)

30. Mitteilung (Bundesgesundheitsbl. 9 (1966) Nr. 14, S. 209)
XXXV Mischpolymerisate aus Äthylen, Vinylestern und Acrylsäureestern

31. Mitteilung (Bundesgesundheitsbl. 9 (1966) Nr. 18, S. 272)
VI C. Styrol-Mischpolymerisate und Pfropfpolymerisate und Mischungen von Polystyrol mit Polymerisaten (Änderung der Empfehlung VI B)
XV A. Silicone (Ergänzung der Empfehlung XV)
XX A. Polyisobutylen und Mischpolymerisate (Änderung der Empfehlung XX)
I E. Weichmacherhaltige Hochpolymere (Berichtigung)

32. Mitteilung (Bundesgesundheitsbl. 9 (1966) Nr. 19, S. 288)
XXXII A. Bedarfsgegenstände auf Basis von Elastomeren aus Natur- und Syntheselatex und Dispersionen aus Festkautschuk

33. Mitteilung (Bundesgesundheitsbl. 9 (1966) Nr. 21, S. 322)
II C. Weichmacherfreies Polyvinylchlorid, weichmacherfreie Mischpolymerisate des Vinylchlorids und Mischungen dieser Polymerisate mit anderen Mischpolymerisaten und chlorierten Polyolefinen mit überwiegendem Gehalt an Vinylchlorid in der Gesamtmischung. (Änderung der Empfehlung II B)

34. Mitteilung (Bundesgesundheitsbl. 10 (1967) Nr. 2, S. 24)
XXXVI. Papiere, Kartons und Pappen für die Lebensmittelverpackung.

35. Mitteilung (Bundesgesundheitsbl. 10 (1967) Nr. 4, S. 57)
I F. Weichmacherhaltige Hochpolymere (Änderung der Empfehlung I B)
II D. Weichmacherfreies Polyvinylchlorid, weichmacherfreie Mischpolymerisate des Vinylchlorids und Mischungen dieser Polymerisate mit anderen Mischpolymerisaten und chlorierten Polyolefinen mit überwiegendem Gehalt an Vinylchlorid in der Gesamtmischung (Änderung der Empfehlung II C)
VI D. Styrol-Misch- und Pfropfpolymerisate und Mischungen von Styrol mit Polymerisaten (Ergänzung der Empfehlung VI C)
X B. Polyamide (Ergänzung der Empfehlung X A)
XXXIV B. Vinylidenchlorid-Mischpolymerisate mit überwiegendem Gehalt an Polyvinylidenchlorid (Änderung der Empfehlung XXXIV)

36. Mitteilung (Bundesgesundheitsbl. 10 (1967) Nr. 8, S. 120)
III B. Polyäthylen (Änderung der Empfehlungen III und III A) (vgl. auch Bundesgesundheitsbl. 10 (1967) Nr. 10 S. 155 – Druckfehlerberichtigung)
VII A. Polypropylen (Änderung der Empfehlung VII)
XXIV A. Ionenaustauscher für die Nachaufbereitung von Trinkwasser zur gewerbsmäßigen Zubereitung von Lebensmitteln (Änderung der Empfehlung XXIV)

37. Mitteilung (Bundesgesundheitsbl. 10 (1967) Nr. 10, S. 154)
XXXVII. Polybuten-(1)

38. Mitteilung (Bundesgesundheitsbl. 10 (1967) Nr. 11, S. 167)
XXV B. Hartparaffin, mikrokristalline Wachse und deren Mischungen mit Wachsen, Harzen und Kunststoffen.

39. Mitteilung (Bundesgesundheitsbl. 10 (1967) Nr. 17, S. 267)
XXXVI/1. Koch- und Heißfilterpapiere

40. Mitteilung (Bundesgesundheitsbl. 10 (1967) Nr. 20, S. 316)
XXXVIII. Milch- und Zitzenschläuche aus Kunststoffen und Gummi.

41. Mitteilung (Bundesgesundheitsbl. 10 (1967) Nr. 24, S. 379)
IX A. Farbstoffe zum Einfärben von Kunststoffen für Bedarfsgegenstände (Änderung der Empfehlung IX)

42. Mitteilung (Bundesgesundheitsbl. 11 (1968) Nr. 1, S. 9)
XXI B. Bedarfsgegenstände auf Basis von Natur- und Synthesekautschuk (Festkautschuk) Änderung der Empfehlung XXI A)

43. Mitteilung (Bundesgesundheitsbl. 11 (1968) Nr. 2, S. 24)
V B. Polystyrol, das ausschließlich durch Polymerisation von Styrol gewonnen wird (Änderung der Empfehlung V A)

44. Mitteilung (Bundesgesundheitsbl. 11 (1968) Nr. 3, S. 40)
XXXI A. Spezielle Bedarfsgegenstände aus Kautschuk (Zusatz-Empfehlung zu den Empfehlungen XXI B und XXXII A) (Änderung der Empfehlung XXXI)

45. Mitteilung (Bundesgesundheitsbl. 11 (1968) Nr. 3, S. 41)
IXL. Vernetzte Polyurethane für spezielle Bedarfsgegenstände.

46. Mitteilung (Bundesgesundheitsbl. 11 (1968) Nr. 4, S. 54)
XV B. Silicone (Änderung der Empfehlungen XV und XV A)

47. Mitteilung (Bundesgesundheitsbl. 11 (1968) Nr. 13, S. 192)
XL. Lacke und Anstrichstoffe für Lebensmittelbehälter und -Verpackungen

48. Mitteilung (Bundesgesundheitsbl. 11 (1968) Nr. 18, S. 271)
II E. Weichmacherfreies Polyvinylchlorid, weichmacherfreie Mischpolymerisate des Vinylchlorids und Mischungen dieser Polymerisate mit anderen Mischpolymerisaten und chlorierten Polyolefinen mit überwiegendem Gehalt an Vinylchlorid in der Gesamtmischung. (Änderung der Empfehlungen II C und II D)

49. Mitteilung (Bundesgesundheitsbl. 11 (1968) Nr. 22, S. 331)
I G. Weichmacherhaltige Hochpolymere (Vierte Änderung der Empfehlung I B)
V C. Polystyrol, das ausschließlich durch Polymerisation von Styrol gewonnen wird. (Änderung der Empfehlung V B)
VI E. Styrol-Misch- und Pfropfpolymerisate und Mischungen von Styrol mit Polymerisaten (Zweite Änderung der Empfehlung VI C)
XI B. Polycarbonat (Änderung der Empfehlung XI A)
XV C. Silicone (Änderung der Empfehlung XV B)

50. Mitteilung (Bundesgesundheitsbl. 11 (1968) Nr. 25/26, S. 387)
XLI. Lineare Polyurethane für Papierbeschichtungen

51. Mitteilung (Bundesgesundheitsbl. 12 (1969) Nr. 10, S. 160)
XXI C. Bedarfsgegenstände auf Basis von Natur- und Synthesekautschuk (Festkautschuk) (Änderung der Empfehlung XXI B)

6.2.2. Untersuchung von Kunststoffen, soweit sie als Bedarfsgegenstände im Sinne des Lebensmittelgesetzes verwendet werden

1. Mitteilung (Bundesgesundheitsbl. 4 (1961) Nr. 12, S. 189)
Allgemeine Analytik

2. Mitteilung (Bundesgesundheitsbl. 4 (1961) Nr. 18, S. 294)
Bestimmung von Formaldehyd in Kunststoffgefäßen aus Melaminharz

3. Mitteilung (Bundesgesundheitsbl. 5 (1962) Nr. 14 S. 223)
Bestimmung von Formaldehyd in flachen Gegenständen (Platten) mit einer Oberfläche aus Melaminharz

4. Mitteilung (Bundesgesundheitsbl. 6 (1963) Nr. 22, S. 350)
Untersuchung von Bedarfsgegenständen aus Gummi im Sinne von § 2 Nr. 1 des Lebensmittelgesetzes

5. Mitteilung (Bundesgesundheitsbl. 7 (1964) Nr. 9, S. 137)
Prüfung von Hartparaffinen und mikrokristallinen Wachsen auf alkalisch oder sauer reagierende Verunreinigungen, auf das Verhalten gegen Schwefelsäure und auf cancerogene polycyclische Kohlenwasserstoffe.

6. Mitteilung (Bundesgesundheitsbl. 8 (1965) Nr. 22/23, S. 333)
Bestimmung von monomerem Acrylnitril in Polymerisaten.

7. Mitteilung (Bundesgesundheitsbl. 9 (1966) Nr. 26, S. 408)
Prüfung von Hartparaffinen und mikrokristallinen Wachsen auf alkalisch oder sauer reagierende Verunreinigungen, auf das Verhalten gegen Schwefelsäure und auf cancerogene polycyclische Kohlenwasserstoffe.

8. Mitteilung (Bundesgesundheitsbl. 10 (1967) Nr. 5, S. 72)
Prüfung von Trinkwasserleitungsrohren aus weichmacherfreiem Polyvinylchlorid, weichmacherfreien Vinylchlorid-Mischpolymerisaten und -Polymerisatgemischen

9. Mitteilung (Bundesgesundheitsbl. 10 (1967) Nr. 7, S. 101)
Methoden zur Prüfung von Papieren, Kartons und Pappen. 1. Teil

9 A. Mitteilung (Bundesgesundheitsbl. 10 (1967) Nr. 19, S. 302)
Methoden zur Prüfung von Papieren, Kartons und Pappen. 2. Teil.

9 B. Mitteilung (Bundesgesundheitsbl. 11 (1968) Nr. 2, S. 25)
Methoden zur Prüfung von Papieren, Kartons und Pappen. 3. Teil.

9 C. Mitteilung (Bundesgesundheitsbl. 11 (1968) Nr. 19/20, S. 292)
Methoden zur Prüfung von Papieren, Kartons und Pappen. 4. Teil.

9 D. Mitteilung (Bundesgesundheitsbl. 11 (1968) Nr. 19/20, S. 293)
Methoden zur Prüfung von Papieren, Kartons und Pappen. 5. Teil.

10. Mitteilung (Bundesgesundheitsbl. 10 (1967) Nr. 13, S. 204)
Prüfung von Kunststoffen auf Farblässigkeit.

11. Mitteilung (Bundesgesundheitsbl. 10 (1967) N. 18, S. 281)
Bestimmung des Kristallitschmelzpunktes von Kunststoffen mit kristallinen Anteilen.

12. Mitteilung (Bundesgesundheitsbl. 11 (1968) Nr. 4, S. 56)
Untersuchung von Bedarfsgegenständen aus Silicon-Elastomeren.

Weitere Empfehlungen des Bundesgesundheitsamtes zur gesundheitlichen Beurteilung von Kunststoffen im Rahmen des Lebensmittelgesetzes werden bei Erscheinen jeweils im Bundesgesundheitsblatt (Springer-Verlag, Berlin-Heidelberg-New York) veröffentlicht. Daneben existiert eine spezielle Textausgabe in Form einer laufend erneuerten Loseblattsammlung:
R. Franck u. H. Mühlschlegel, Kunststoffe im Lebensmittelverkehr (Karl-Heymanns-Verlag, Köln-Berlin-Bonn-München).

Hinweise auf allgemeine Literatur

Deutscher Normenausschuß, DIN-Taschenbuch Bd. 21 Kunststoffnormen, 3. Aufl., 1962, Beuth-Vertrieb GmbH Berlin-Köln-Frankfurt (M)

H. Gnamm u. W. Sommer: Die Lösungsmittel und Weichmachungsmittel, 7. Aufl., 1958, Wiss. Verlagsgesellschaft mbH Stuttgart

J. Haslam u. H. A. Willis: Identification and Analysis of Plastics, 1965, Iliffe Books Ltd. London

High Polymers, Vol. XII Analytical Chemistry of Polymers, Ed. by G. M. Kline, Interscience Publishers New York—London
- Part I. Analysis of Monomers and Polymeric Materials: Plastics-Resins-Rubbers-Fibers. 1959
- Part II. Analysis of Molecular Structure and Chemical Groups. 1962
- Part III. Identification Procedures and Chemical Analysis. 1962

R. Houwink u. A. J. Staverman: Chemie und Technologie der Kunststoffe, Bd. III Typisierung und Prüfung der Kunststoffe, Akad. Verlagsges. Geest & Portig KG, Leipzig, 1963

D. Hummel: Kunststoff-, Lack- und Gummi-Analyse, 1958, Carl Hanser Verlag München

D.O. Hummel u. F. Scholl: Atlas der Kunststoff-Analyse Bd. I, Teil 1, Hochpolymere und Harze, 1968. Carl Hanser Verlag München Verlag Chemie Weinheim.

W. Kupfer, Kunststoff-Analyse, Z. analyt. Chem. Bd. 192 (1963) S. 219—248

H. Landolt u. R. Börnstein: Physikalisch-chemische Tabellen, 6. Aufl., Bd. 4, Teil 1 Stoffwerte und mechanisches Verhalten von Nichtmetallen, S. 456—562, Springer Verlag 1955

Modern Plastics Bd. 41, Encyclopedia Issue 1964, Sept. 1963

W. M. Münzinger: Weichmachungsmittel für Kunststoffe und Lacke, 1959, Konradin-Verlag Robert Kohlhammer Stuttgart

Hj. Saechtling: Kunststoff-Bestimmungstafel, 4. Aufl., 1963, Carl Hanser Verlag München

K. Thinius: Analytische Chemie der Plaste, Springer-Verlag Berlin-Göttingen-Heidelberg, 1952

K. Thinius: Chemie, Physik und Technologie der Weichmacher, VEB Verlag Technik Berlin, 1960

Ullmanns Encyklopädie der technischen Chemie, Hrsg. W. Foerst, 3. Aufl., 1960 ff., Urban & Schwarzenberg München-Berlin

H. Wagner u. H. F. Sarx: Lackkunstharze, 4. Aufl., 1959, Carl Hanser Verlag München

M. Wandel, H. Tengler u. H. Ostromow: Die Analyse von Weichmachern. Chemie, Physik und Technologie der Kunststoffe in Einzeldarstellungen, Bd. 11. Springer-Verlag Berlin-Heidelberg-New York, 1967

Verzeichnis der Tafeln

Tafel 1 Verbrennungs-Verhalten der Kunststoffe beim Verbrennen 16
Tafel 2 Rohdichten von Kunststoffen 22
Tafel 3 Löslichkeit von Kunststoffen 26
Tafel 4 Lösungsvermögen der Lösungsmittel 29
Tafel 5 Erweichungstemperaturen und Schmelzbereiche von Kunststoffen . . 32
Tafel 6 Brechungszahlen von Kunststoffen 34
Tafel 7 Kontaktmittel für Kunststoffe 35
Tafel 8 Säurezahlen von Kunststoffen 36
Tafel 9 Verseifungszahlen von Kunststoffen 37
Tafel 10 Jodzahlen von Kunststoffen 39
Tafel 11 Hydroxylzahlen von Kunststoffen 40
Tafel 12 Kennzahlen von Kunststoffen 42
Tafel 13 Leitelemente mit zugehörigen Kunststoffen 54
Tafel 14 Elementaranalysen von Kunststoffen und Vorprodukten 61
Tafel 15 Trennungsschema für einen einfachen Analysengang zur Identifizierung von Kunststoffen 67
Tafel 16 Untergruppen der Kunststoffe 68
Tafel 17 Dünnschichtchromatogramm von Quecksilberacetataddukten von Kunststoff-Pyrolysaten der Untergruppe LS 69
Tafel 18 Farbreaktionen nach Burchfield 86
Tafel 19 Farbreaktionen mit Mono- und Dichloressigsäure 97
Tafel 20 Reaktion nach Liebermann-Storch-Morawski 98
Tafel 21 Bedingungen für die Verseifung von Vinylchlorid-Vinylacetat-Mischpolymerisaten 99
Tafel 22 Farbreaktion chlorhaltiger Polymerer nach Behandeln mit kaltem Pyridin 108
Tafel 23 Farbreaktion chlorhaltiger Polymerer nach Behandeln mit kochendem Pyridin 108
Tafel 24 Chlor-Gehalte von Kunststoffen 109
Tafel 25 Beispiele für Trennverfahren in der Kunststoff-Analyse 146
Tafel 26 Häufige Weichmacherverwendungen in Kunststoffen 149
Tafel 27 Kennzahlen von Weichmachern 151
Tafel 28 Dichte von Weichmachern 158
Tafel 29 Brechungszahlen von Weichmachern 159
Tafel 30 Verseifungszahlen von Weichmachern 161
Tafel 31 Hauptsächlich verwendete Füllstoffe für Kunststoffe, geordnet nach Kunststoffen 165
Tafel 32 Hauptsächlich verwendete Füllstoffe für Kunststoffe, geordnet nach Füllstoffen 166
Tafel 33 Pigmente und Farbstoffe 167
Tafel 34 Stabilisatoren, UV-Absorber und Antioxydantien 168

Namenverzeichnis

Anger, V. 71, 72, 82, 88, 112
Arendt, J. 119

Bandel, G. 131
Baudisch, O. 59
Bauer, K.H. 75
Bellen, Z. 117
Benk, E. 116
Blank, H. 129
Blankertz, R. 74
Brauer, G.M. 51, 96
Braun, D. 67
Bremanis, E. 84
Bring, A. 115
Broockmann, K. 101
Brown, B.F. 141
Brown, L.H. 77
Bruner, H. 74
Burchfield, H.P. 85

Carius 57
Clark, H.A. 59, 142
Clasper, M. 127
Critchfield, F.H. 118

Deniges, G. 113
Dooper, I.R. 71
Dumas 56
Dunn, R.J. 80
Durbetaki, A.J. 114
Duveau, N. 127

Ecochard, F. 127
Ellis, H. 59
Ericksen, P.H. 141
Esposito, G.G. 78, 113

Feigl, F. 51, 53, 71, 72, 76, 82, 88, 112, 133, 137, 139
Fink, G.v. 142
Ford, J.E. 94

Gattermann, L. 53
Gonfard, M. 141
Grad, P.P. 80
Grossmann, S. 109
Gude, A. 109
Gutmacher, R.G. 90

Hanna, J.G. 132
Haslam, J. 72, 109, 127
Heiss, L. 100
Horacek, J. 95
Horowitz, E. 51
Hummel, D. 79, 89, 93, 96, 104, 105, 107, 121, 139

Jones, J.R.jr. 123
Jungreis, E. 51

Kadlecek, F. 115
Kahler, H.L. 143
Kappelmeier, C.P.A. 81, 121
Kast, H. 137
Kaufmann, H.P. 39
Kemp, A.R. 87, 89, 91
Kennett, C.J. 100, 102, 104, 105
Kjeldahl 56
Koch, P.A. 126
Kolthoff, J.M. 89, 90
Koppeschaar 73
Kotzschmar, A. 118
Krumholz, P. 53
Kupfer, W. 54, 131, 146

Lange, A. 74
Levenson, H. 80
Liebermann 75, 96, 98

Mano, E.B. 93
Martin, R.W. 74
McHard, J.A. 59, 142
Metz, L. 137
Meunier, L. 141
Meyer, W. 110
Moll, H. 75
Morawski 75, 96, 98
Müller, G. 101
Murakami, T. 138

Nawrath, G. 92
Neu, R. 139
Newlands, G. 72
Newman, S.B. 96
Niederl, J.B. 51

Ogg, C.L. 76
Ostromow, H. 129

Paffrath, H.W. 129
Peters, H. 87, 89, 91
Placzek, L. 124

Porter, W.L. 76
Probsthain, K. 81

Rath, H. 92, 100
Ried, R.M. 41
Roff, W.J. 94
Rosen, M.J. 117
Rosenthaler, L. 51
Roth, H. 56
Rudd, H.W. 113

Saechtling, H. 75, 78, 123
Sarx, H.F. 96, 126
Schenk, H.-J. 119
Scholl, F. 79, 93
Schöninger, W. 57
Schönpflug, E. 71, 92
Schröder, E. 58, 111, 131
Schurz, J. 56
Schwappach, A. 140
Seher, A. 117
Servais, P.C. 59, 142
Shaffer, C.B. 118
Shreve, O.D. 121
Siggia, S. 132
Skoda, W. 56
Sozzi, J.A. 51
Stenmark, G.A. 115
Stillmann, R.C. 41
Storch 75, 96, 98
Storfer, E. 81
Swann, M.H. 73, 78, 113, 120, 121, 133, 138
Swift, S.D. 127

Thinius, K. 141
Thomas, H.R. 74
Toeldte, W. 120

Valk, J.A.M.v.d. 71
Vieböck, F. 140
Volhard 57

Wagner, H. 96, 126
Wake, W.C. 86
Waurick, U. 58, 111
Weil, J. 73
Weiss, F.T. 115
Whettem, S.M.A. 72
Wichner, G. 79
Widmer, G. 78, 82
Wieland, H. 53
Wiele, H. 58
Wijs 38
Willits, C.O. 76
Winterscheidt, H. 94, 96, 104, 127
Wolf, H. 131
Wolff, H. 88
Wurzschmitt, B. 56

Zahn, H. 131
Zeidler, G. 88
Zeisel 100
Zonsveld, J.J. 113
Zook, E.G. 59
Zuccari, G.C. 79

Sachverzeichnis

(Die fettgedruckten Ziffern weisen auf Seiten hin, die das Stichwort hauptsächlich behandeln)

Abnahmekontrolle **170**
Acetaldehyd-Gehalt in Polyvinylpyrrolidon 105
Acetonlösliche Anteile in Phenoplasten 172
Acetylcellulose, siehe Celluloseacetat
Acetylgehalt in Celluloseestern 134
Acrylnitril/Butadien-Copolymerisate 22, 34, 37, 44, 63
Acrylnitril/Butadien/Styrol-Copolymerisate 22, 27, 29, 31, 37, 44, **90**
————, Bestimmung 90
————, Nachweise 90
Adipinsäure 120, 123, 126, 131
Adipinsäureester 47, 65
Ätherextraktion 145
Äthoxylgehalt in Äthylcellulose 140
Äthoxylinharze, siehe Epoxydharze
Äthylcellulose (s. a. Celluloseäthyläther) 22, 26, 33, 34, 37, 41, 43, 98, **138**, 149, 150
—, Nachweise 139
Alkydharze 17, 23, 26, 29, 31, 35, 37, 38, 41, 42, 47, 54, 93, 98, 165, 166
Alkylseitenketten, Best. n. Zeisel 100
Allylester 18
Allyl-Gießharze 23, 34, 42, 48
Allyl-Harze 165, 166
Allylpolymere 42
Aminoplaste 16, 26, 42, 55, **77** 166, 167
—, Normen 173
Ammoniak in Phenoplasten 173
Analysengang 11, 67
Anilinacetat-Reaktion 76, 133, 139
Anilinharze 17, 23, 33, 36, 37, 42, 55, **84**
—, Nachweise 84
Antioxydantien 168
Asche 12, 147
—, Sulfatasche 12, 147
Asphalte **144**
Azelainsäure 126, 131

Beilsteinprobe 53
Benzoxylgehalt in Benzylcellulose 141
Benzylcellulose 17, 22, 26, 33, 35, 37, 41, 43, 98, **138**
—, Nachweis 139
Bernsteinsäure 120, 123
Bernsteinsäureester 47, 65
Bisphenol A 125
Bitumina **144**
—, Nachweis 144

Blei, Best. in PVC 109
Bor, Best. 59
—, Nachweis 54
Borhaltige Kunststoffe 55
Brechungsindex, siehe Brechungszahl
Brechungszahl 12, 14, **34**, 172
Brechungszahlen von Kunststoffen 34, 42
—— Methacrylsäureestern 92
—— Weichmachern 151, 159
Brennstoffe, Dichte 170
Brom, Nachweis 52
Buna 19
—, chloriert 55
Butadien-Gehalt 89, 90, 91
—-Copolymerisate 86, 146, 166
Butadien/Acrylnitril-Copolymerisate (Schaumstoff) 22, 49
Butadien-Acrylnitril-Kautschuk 86
Butadien/Styrol-Copolymerisate (Schaumstoff) 22, 49
Butadien-Styrol-Kautschuk 86
Butylkautschuk 19, 22, 34, 37, 39, 42, 54, 86
Butyraldehyd-Gehalt in Polyvinylbutyral 102
Butyryl-Gehalt in Cellulose-acetobutyraten 134

Carbonylzahl 14, 41
—, Best. 41
Carius-Methode, Schwefel-Best. 57
Casein 17
—-Formaldehydharze 23, 35, 37, 42, 55
Celluloid 20, 23, 34, 38, 42
Cellulose 23, 32, 37, 41, 61
—, Nachweis 133, 139, 147
—, regeneriert 23, 26, 32, 33, 34, 36, 41, 43, 54
Celluloseacetat 19, 23, 26, 33, 34, 36, 38, 41, 43, 54, 61, 132, 133, 149
—, Schaumstoff 22, 49
Celluloseacetobutyrat 19, 23, 26, 33, 34, 36, 38, 43, 54, 61, 132, 133, 149
Celluloseacetopropionat 19, 23, 34, 36, 38, 44, 62
Celluloseäther 26, 30, 31, 37, 43, 54, 61, **138**
—, Best. 140
—, Nachweise 139
Celluloseäthyläther (s. a. Äthylcellulose) 29, 30, 31, 61
Cellulosebenzyläther (s. a. Benzylcellulose) 29, 30, 31, 61
Cellulosebutyrat 54

Cellulose-Derivate 133, 167, 169
Celluloseester 26, 30, 31, 35, 43, 61, 98, **132**, 174
—, Best. 133
—, Nachweise 133
Celluloseglykolat 138
Cellulosemethyläther (s. a. Methylcellulose) 29, 32, 61
Cellulosenitrat (s. a. Nitrocellulose) 23, 26, 33, 34, 36, 38, 41, 44, 62, **136**, 149
Cellulosepropionat 19, 26, 132
—, Nachweis 133
Cellulose-Sekundäracetat 23, 33, 34, 41
Cellulosetriacetat 17, 23, 26, 33, 34, 38, 40, 44, 62, 132
Cellulosetributyrat 38, 40, 44, 62
Cellulosetrinitrat 40
Cellulosetripropionat 22, 33, 34, 38, 40, 44, 62
Chlor, Best. 57, 173
—, Nachweis 52
—-Gehalte von Kunststoffen 109
Chlorbutadien-Kautschuk 86
Chloressigsäure, Farbrkt. mit Mono- u. Di- 96, 104, 108
Chlorhaltige Polymere 26, 44, 62, **106**
——, Best. 109
——, Nachweise 107
Chlorierte Polyäther 16, 23, 26, 30
Chlorkautschuk 16, 23, 26, 29, 30, 33, 35, 37, 44, 55, 98, 108, 109
Chlornaphthaline 55
Chlorparaffine 55
Citronensäure, Nachweis 131
Clophenharze 55
Cumaron- und Cumaron-Indenharze 19, 22, 27, 29, 30, 31, 35, 36, 37, 40, 45, 54, **75**, 98
————, Nachweise 75
Cyclohexanon-Formaldehyd-Harze 35, 37, 45

Dämpfe, Verhalten gegen — 172
Diallylglykolcarbonat 61
Diallylphthalat 22, 34, 61
Dicarbonsäuren in Polyestern 119
—, Best. 121
—, Nachweise 119, 130
Dichte 11, 14, 20
—, Best. 21
—, —, Normen 170, 171, 172, 174
—, scheinbare 171
Dichten von Kunststoffen 22
—— Weichmachern 151, 158
Dicyandiamid-Formaldehyd-Harze 23, 42, 55
Diisocyanate 66
Diphenylamin-Probe 137
Diphenylmethan-4,4'-diisocyanat 66
Dispersion von Weichmachern 175
Doppelbindungen, Nachweis 86
Dumas-Mehtode 56

Elastomere, Polyurethane 129
Elementaranalyse 56, 89, 91
—, Auswertung, 54, 60, **61**
Empfehlungen f. d. gesundheitliche Beurteilung von Kunststoffen 175
Engler-Gerät 171
Epoxyd-Gießharze 22, 35, 37, 45
Epoxydharze 23, 27, 29, 30, 31, 45, 54, 55, 98, **112**, 165, 166
—, Best. 113
—, Nachweise 112
—, Schaumstoff 22, 49
Epoxydsauerstoff-Gehalt 114
Erdölfraktionen, polymere 54
Erhitzen, Verhalten beim — **14**
Erweichungspunkt 14, **32**
Essigsäure in Celluloseacetat 133, 134
— in Polyvinylacetat 95

Farbreaktion mit Chloressigsäuren 97, 100, 104, 105, 108
— mit Dimethylamino-benzaldehyd 124
— nach Hummel 107
— mit Jod-Jodkalium 101
— mit Pyridin 108
— nach Winterscheidt 104
Farbstoffe **166**
— für Kunststoffe 167
Fettsäuren in Polyestern 123
Feuchte von Polyamiden 128, 174
Flamme, Verhalten von Kunststoffen in der — 15
Flammpunkt von Weichmachern 172, 174
Flüssigkeiten, Verhalten von Kunststoffen gegen — 172
Fluor 12
—, Best. 58, 111
—, Nachweis 53, 111
Fluorhaltige Polymere 27, 35, 45, 63, **110**, 166, 167
——, Best. 111
——, Nachweis 111
Formaldehyd, Best. 79, 80, 81, 83, 117, 179
—, Nachweise 72, 79, 81
— -Abgabe 83
Foucry-Teste 113
Füllfaktor 20, 170
Füllstoffe, 145, **165**, 166
Fumarsäure ..., siehe Maleinsäure ...
Fumarsäure, Best. 122

Fumarsäure, Nachweis 120, 121
Fumarsäureester 47
Furanharze 37, 45, **76**, 166
—, Hydroxyl-Gehalt 76
—, Nachweis 76
Furfurol, Best. v. freiem — 77
Furfurol-Phenol-Harze 77
Furfurol-Reaktion 84

Gase, Verhalten von Kunststoffen gegen — 172
Gibbs'sche Indophenolprobe 71, 88, 125
Gießharze, Füllstoffe für — 165, 166
—, Normen 174
Glutarsäure 120
α-Glykol-Gehalt in Epoxydharzen 115
Gütekontrolle **170**

Halogene 12
—, Best. 57
—, Nachweise 52
Harnstoff-Formaldehyd-Harze 23, 35, 36, 37, 40, 42, 55
———, Schaumstoff 22, 49
Harnstoffharze 16, 35, **78**, 98
—, Best. 79, 80
—, Nachweise 78
—, — und Unterscheidung 79, 127
Hartgewebe 23
Hartpapier 23
Harze, Füllstoffe für härtbare — 165
Harzgehalt in Novolak 172
Hilfsstoffe **145**
Hydroxylaminprobe 92
Hydroxylgehalt in Furanharzen 76
—— Phenoplasten 74
Hydroxylgruppen in Epoxydharzen 115
Hydroxylzahl 14, 39
—, Best. 40
Hydroxylzahlen von Kunststoffen 40, 42

Indophenolprobe 71, 88, 125
Isocyanate, Best. 132
—, Nachweis 129
Isophthalsäure, Best. 123
Isothiocyanate. Best. 132

Jodzahl 14, **38**
—, Best. nach Kaufmann 39
—, —— Wijs 38, 87
Jodzahlen von Kunststoffen 39

Kautschuk 55, 86, 166
Kautschuk-Copolymerisate 146
Kautschukhydrochlorid 22, 26, 30, 31, 35, 44, 55, 108

Kennzahlen 11
— von Kunststoffen 42
—— Weichmachern 151
Ketonharz 98
Kieselsäureester 55
Kjeldahl-Methode 56
Kohlensäureester, Nachweis in Polycarbonaten 124
Kohlenstoff, Best. 56
—, Nachweis 51
Kontaktmittel 35
Koppeschaar, Best. v. fr. Phenol 72
Kresolgehalt in Phenoplasten 72, 73, 74
K-Wert, Best. von Polycarbonat 172
—, —— Polystyrol 171
—, —— Polyvinylchlorid 171, 174

Lebensmittelgesetz 175
—, Untersuchungsmethoden 179
Lichtdurchlässigkeit von Weichmachern 174
Liebermann-Storch-Morawski-Reaktion 75, 96 98, 100, 104
Löslichkeit 12, 14, 25
—, Bestimmung der 25
— von Kunststoffen 26
Lösungsvermögen von Kunststoff-Lösungsmitteln 29

Maleinatharz 98
Maleinsäure, Best. 122
—, Nachweise 120, 121, 131
Maleinsäureester (s. a. Polyester, ungesättigt) 22, 36, 38, 40, 45, 47, 64, 65
Melamin-Formaldehyd-Harze 23, 35, 36, 37, 40, 42, 55
Melaminharze (s. a. Aminoplaste) 16, **82**, 98
—, Best. 82
—, Formaldehydabgabe 83
—, Nachweise 82
Merkmale 11
Methacrylsäureester 92, 93
Methanollösliche Anteile 173
Methoxyl-Gehalt in Methylcellulose 140
Methylcellulose (s. a. Cellulosemethyläther) 19, 23, 26, 34, 36, 37, 41, 43, **138**
—, Nachweis 139
Methylol-Gehalt in Phenolharzen 74
Mineralöle, Viskosität 171
Molisch-Reaktion 133, 136, 139
Morawski-Reaktion, siehe Liebermann-Storch-Morawski-Reaktion

Naphthylen-1,5-diisocyanat 66
Natriumglykolat-Gehalt in Celluloseglykolat 141

Naturharze 27, 29, 30, 31, 54
Naturkautschuk 18, 22, 27, 29, 30, 31, 34, 37, 39, 46, 54, 86, 166
–, Schaumstoff 22, 49
Nitrocellulose (s. a. Cellulosenitrat) 20, 55, **136**
–, Best. 137
–, Nachweise 136
Normen **170**

Papierchromatographie von Dicarbonsäuren 120, 130
Parr-Bombe 142
Peche **144**
Peroxid-Aufschluß 142
Phenol, Best. nach Koppeschaar 72
–, freies – in Furfurol-Phenol-Harzen 77
–, ––– Phenoplasten 173
–, –– und Kresol in Phenolharzen 72
Phenole, gebundene 73
Phenol-Formaldehyd-Harze 23, 34, 35, 37, 41, 46, **71**, 98
Phenol-Furfurol-Harze 38, 46, 54
Phenolharze 29, 71, 98, 166
–, Best. 72
–, Nachweise 71
–, Schaumstoff 22, 49
Phenolharz-Schichtstoffe 17
Phenoplaste 16, 27, 30, 46, 54, 55, 166, 167
–, Normen 172
Phosphor 12
–, Best. 58
–, Nachweis 53
Phthalatharze 29
Phthalsäure, Best. 122
–, Nachweis 120
–, Papierchromatographie 120, 130
Phthalsäureester 35, 47, 65
Pigmente **166**, 167
Pimelinsäure 126
Polyacetal, Copolymer 33
Polyacrylamid 27, 30, 32, 55, 64
Polyacrylate u. Polymethacrylate (s. a. Polyacrylsäureester u. Polymethacrylsäureester) 19, 29, 30, 31, 35, **92**, 98
–, Nachweise 92
–, – neben Alkydharzen 93
Polyacrylnitril 23, 28, 29, 30, 32, 33, 34, 37, 46, 55, 64, **93**, 98
–, Best. 94
–, Nachweise 93
–, Schaumstoff 22
Polyacrylsäure 35, 38, 46, 64
Polyacrylsäureäthylester 22, 32, 34, 46, 64
Polyacrylsäurebutylester 22, 32, 34, 46, 64
Polyacrylsäure-Derivate 27, 46, 64, **91**, 149, 167
Polyacrylsäureester 28, 36, 38, 46, 54, 146
Polyacrylsäuremethylester 23, 32, 34, 38, 46, 64
Polyacrylsäurepropylester 64
Polyadipinsäureäthylenglykolester 32, 47
Polyäther, chlorierte 16, 23, 26, 31
Polyäther-Polyurethane 131
Polyäthylen (s. a. Polyolefine) 18, 22, 28, 30, 31, 33, 34, 35, 38, 48, 54, 65, 85, 146, 165, 166, 167
–, chloriert 22, 38, 44, 98
–, Schaumstoff 22, 49
–, sulfochloriert 22, 44, 55, 86, 109
Polyäthylendisulfid 66
Polyäthylenglykol (s. a. Polyoxyäthylen) 22, 116
Polyäthylenoxyd 116
Polyäthylenpolysulfid 55
Polyäthylenterephthalat 17, 28, 33, 34, 37
Polyalkohole, Best. in Polyestern 123
–, Nachweis in Polyestern 119, 131
Polyalkylenoxide (s. a. Polyoxyalkene) 116
Polyallyldiglycolcarbonat 23, 34, 38, 48
Polyamide 17, 22, 28, 29, 30, 31, 32, 33, 35, 37, 46, 47, 55, 64, 98, **125**, 167, 174
–, Best. 127
–, Nachweise 125
Polybutadien 22, 28, 30, 31, 34, 37, 39, 47, 54, 65, **86**, 98
–, Best. in Copolymeren 87
–, Nachweis 86
Polybutylen 85
Polycarbonate 17, 22, 28, 30, 31, 32, 33, 35, 38, 47, 65, 98, **124**, 167, 172
–, Nachweise 124
Polycarbonsäureanhydride 54
Polychlorbutadien 23, 27, 30, 31, 35, 44, 55, 62, 108, 109
–, Schaumstoff 22, 49
Polychlorstyrol 55
Polydiäthyläther-polysulfide 55, 66
Polydiallylbenzolphosphonat 23, 35, 48
Polydiallylglykolcarbonat 42
Polydiallylphthalat 33, 42
Polyester 18, 22, 23, 24, 28, 29, 31, 35, 36, 37, 38, 41, 47, 48, 54, 65, 98, **118**, 165, 166, 167, 174
–, Best. 121
–, Nachweise 119
Polyester-Polyurethane 129, 131
Polyformaldehyd, siehe Polyoxymethylen 98
Polyfumarsäure-äthylenglykolester 34
Polyglykole 30, 31, 32, 54, 116
Polyharnstoffe 55

Polyimid 23
Polyinden 22, 35, 36, 37, 41, 48, 54, 65
Polyisobutylen 19, 22, 28, 30, 31, 32, 34, 35, 36, 38, 39, 41, 48, 54, 65
Polyisopren 22, 28, 30, 31, 35, 38, 48, 54, 65, 86
Polyketone 54
Polykohlensäureester 54
Polymaleinsäure-äthylenglykolester 34
Polymere Aldehyde u. Ketone 28, 30, 31, 54
Polymethacrylamid 55
Polymethacrylate, siehe Polyacrylate
Polymethacrylsäure-äthylester 22, 32, 34, 46, 64
— -butylester 22, 32, 34, 38, 46, 64
— -ester 28, 46, 54, 146
— -methylester 22, 33, 34, 36, 37, 41, 46, 64
— -propylester 64
Polymethylmethacrylat 18, 172
Polymethylpenten 22, 33, 85
Polymethylstyrol 18, 22, 29, 31, 35, 38, 48, 66
Polyolefine 28, 48, 65, **85**, 98, 169
—, Nachweise 85
Polyoxyäthylen 22, 28, 32, 34, 36, 38, 41, 48, 66, 105, 116, 117, 118
Polyoxyalkene 28, 48, 66, **116**
—, Best. 117
—, Nachweise 116
Polyoxymethylen 19, 23, 28, 30, 33, 38, 48, 66, 116, 117, 167
Polyoxypropylen 32, 117, 118
Polyphosphornitrilchlorid 55
Polyphthalsäureäthylenglykolester 32
Polyphthalsäureglycerinester 32
Polypropylen (s.a. Polyolefine) 18, 22, 28, 30, 31, 33, 34, 38, 48, 54, 65, 165, 166, 167
Polysebacinsäureäthylenglykolester 32
Polystyrol 18, 22, 28, 30, 31, 32, 35, 36, 38, 41, 48, 54, 66, **88**, 98, 149, 167
—, Best. 88
—, Nachweise 88
—, Normen 173
—, Schaumstoff 22, 50
Polysulfide (Thiokol) 23, 35, 38, 48, 66
Polytetrafluoräthylen 16, 24, 27, 33, 34, 37, 45, 55, 63, 98, **110**
Poly-tetrafluoräthylen-perfluorpropylen 27
Polythioäther 55
Polytrifluormonochloräthylen 16, 24, 27, 33, 34, 37, 44, 45, 55, 62, 63, 98, 109, **110**
Polyurethane 22, 29, 30, 33, 38, 48, 55, 66, 98, **128**, 167
—, Best. 132
— -Elastomere 86
—, Nachweise 127, 129
—, Schaumstoff 22, 50, 166
Polyvinylacetale 18, 22, 29, 30, 31, 33, 34, 36, 38, 41, 49, 54, 66, **101**
—, Best. 102
—, Nachweise 101
Polyvinylacetat 18, 22, 29, 30, 31, 32, 34, 35, 37, 38, 41, 49, 54, 66, **95**, 97, 98, 101, 146, 149
—, Best. 97
—, - in Polyvinylacetalen 102
—, Nachweise 95
Polyvinyläther 29, 30, 31, 38, 49, 54, 66, 97, 98, **99**
—, Monomeren-Anteil 100
—, Nachweis 100
Polyvinyläthyläther 22, 29, 31, 32, 34, 49, 66, 97
Polyvinylalkohol 17, 23, 29, 30, 31, 32, 33, 34, 35, 37, 38, 41, 49, 54, 66, **94**, 98
—, Best. 95
—, — in Polyvinylacetalen 101, 103
—, Nachweis 94
—, — in Polyvinylacetat 95
Polyvinylbutyläther 29, 30, 31, 66
Polyvinylbutyral (s.a. Polyvinylacetale) 17, 22, 29, 30, 31, 32, 34, 49, 66, 98, 101, 102, 149
Polyvinylcarbazol 22, 29, 30, 31, 33, 35, 38, 49, 66, 97, 104
—, Nachweise 104
—, Vinylcarbazol-Gehalt 104
Polyvinylchloracetat 23, 34, 49, 66, 97
Polyvinylchlorid (s.a. Chlorhaltige Polymere) 16, 23, 27, 29, 30, 31, 32, 33, 34, 35, 36, 38, 40, 44, 55, 62, 97, 98, **106**, 108, 109, 146, 149, 165, 166, 167, 168, 173
—, nachchloriert (s.a. Chlorhaltige Polymere) 23, 27, 29, 31, 33, 37, 44, 97, 98, 107, 108, 109
—, Schaumstoff 22, 50
Polyvinylcetyläther 97
Polyvinyldichlorid 23
Polyvinylfluorid 23, 27, 33, 45, 63, 110
Polyvinylformal (s.a. Polyvinylacetale) 18, 23, 33, 34, 49, 66, 98, 101, 102
Polyvinylidenchlorid 16, 23, 27, 29, 30, 31, 33, 35, 38, 44, 55, 62, 98, 107, 108, 109
Polyvinylidencyanid 55
Polyvinylidenfluorid 24, 27, 34, 45, 63, 110
Polyvinylisobutyläther 22, 32, 34, 49
Polyvinylisopropyläther 97
Polyvinyllauryläther 97
Polyvinylmethyläther 22, 29, 30, 31, 32, 33, 34, 49, 66, 97
Polyvinyloktadecyläther 97
Polyvinylpropionat 22, 49, 54, 66

Polyvinylpropyläther 66
Polyvinylpyridin 55
Polyvinylpyrrolidon 35, 38, 49, 55, 66, 97, **105**
—, Best. 105
—, Nachweise 105
Preßstoffe 23, 24, 37, 38, 42, 45, 46, 48, 49, 50 172
Polyxylenyle 54

Reindichte 20
Rohdichte 20
— von Kunststoffen 22, 42
—— Schaumstoffen 22, 49, 170
Rütteldichte 20, 24
— von Pigmenten 170
Ruß-Gehalt in Polyäthylen 165

Sauerstoff, Best. 56
—, Nachweis 51
Säuregehalt 173
Säuren, flüchtige 173
Säurezahl 14, 36
—, Best. 36, 174
Säurezahlen von Kunststoffen 36, 42
—— Weichmachern 151
Schaumstoffe 49, 50
—, Rohdichte 49, 170
Schellack 19
Schichtpreßstoffe 166
Schmelzbereich 12, 32
Schmelzpunkte 12, 14, 32
— von Polyolefinen 85
—— Polyamiden 125
Schmieröle, Dichte 170
Schüttdichte 20, 24, 171
Schwefel 12
—, Best. 56
—, Nachweis 52
Sebacinsäure, Best. 126
—, Nachweis 125, 131
Sebacinsäureester 47, 65
Siedepunkte von Methacrylsäureestern 92
Siedeverlauf von Weichmachern 174
Silicium 12
—, Best. 59, 142, 143
—, Nachweise 53, 142
Siliciumhaltige Polymere 50
Silikone 16, 50, 55, **141**, 165, 166, 167
—, Best. 142
—, Nachweise 142
Silikonharze 23, 24, 38, 50
—, Schaumstoff 22, 50
Silikonkautschuk 86
Silikonöl-Dispersion (Trennverfahren) 146

Stabilisatoren **166**
— für Kunststoffe 168
Stabilität, thermische 173
Stampfvolumen 20
Standöle, geschwefelt 55
Steinkohlenteerpech 144
Stickstoff 12
—, Best. 56
—, — in Nitrocellulosen 137
—, Nachweis 52
Stockpunkt von Weichmachern 171, 174
Stoffe, Verhalten von Kunststoffen gegen feste — 172
Stopfdichte 20, 24, 170
Storch-Reaktion, siehe Liebermann-Storch-Morawski-Reaktion
Styrol in Polyestern 123
—— Polystyrol 88, 173
Styrol/Acrylnitril-Copolymerisate 22, 35, 37, 44, 63
Styrol/Acrylnitril/Carbazol-Copolymere 22, 37, 44
Styrolalkydharz 98
Styrol/Butadien-Copolymerisate 22, 27, 35, 36, 37, 39, 40, 44, 63, **89**, 166
———, Best. 89
———, Nachweis 89
Styrol/Methacrylat-Copolymerisate 22
Styrol/Methylmethacrylat-Copolymerisate 35
Styrol/Methylstyrol-Copolymerisate 22
Sulfatasche 12, 147
Sulfonamid-Harze 35, 50, 55

Tashiro-Indikator 58, 112
Teer, Nachweis in Asphalt 144
Teerpeche, Nachweis 144
Terephthalsäure, Best. in Polyestern 123
—, Nachweis in Polyestern 120
Terephthalsäureäthylenglykolester, siehe Polyäthylenterephthalat
Terephthalsäureglykolester 23, 34
Thioharnstoff-Formaldehyd-Harze 35, 36, 37, 40, 42, 55
Thioharnstoffharze **81**
—, Best. 81
—, Nachweise 78, 81
Thiokol, siehe Polysulfide
Thiosulfat-Reaktion 82
Toluylen-diisocyanat 66
Trennungsgang 67
Trennverfahren 146
Triallylcyanurat 42, 61
Trockenasche, Best. 147

Ubbelohde-Viskosimeter 171
Urease, Harnstoff-Nachweis mit — 78
UV-Absorber 168

Verhalten von Kunststoffen beim Erhitzen 14
——— beim Verbrennen 16
——— gegen Dämpfe, Flüssigkeiten, Gase und feste Stoffe 172
Verseifungsgeschwindigkeit 174
Verseifungszahl 14
—, Best. 37, 174
— von Kunststoffen 37, 42
—— Weichmachern 151, 161
Vinylacetat in Vinylchlorid/Vinylacetat-Copolymeren 97
Vinylacetat/Fumarat-Copolymerisate 36, 38, 44
Vinylacetat/Maleinat-Copolymerisate 36, 38, 44
Vinylcarbazol-Gehalt 104
Vinylchlorid/Acrylnitril-Copolymerisate 16
Vinylchlorid-Copolymerisate 16, 97, 106, 149
Vinylchlorid/Vinylacetat-Copolymerisate 17, 23, 27, 29, 30, 31, 32, 34, 36, 38, 40, 45, 63, 97, 98, 108, 109
Vinylchlorid/Vinylacetat/Acrylsäurebutylester-Copolymerisat 97
Vinylchlorid/Vinylacetat/Maleinsäure-Copolymerisat 97
Vinylchlorid/Vinylacetat/Vinylalkohol-Copolymerisat 97
Vinylchlorid/Vinylisopropyläther-Copolymerisat 97
Vinylidenchlorid/Vinylchlorid-Copolymerisate 23, 33, 35, 36, 40, 45, 63, 109
Viskosimeter, Engler-Gerät 171
—, Kugelfall- 171
Viskosimeter, Ubbelohde- 171
—, Vogel-Ossag- 171
Viskosimetrie 171
Viskosität 171
Viskositätsmessung 171, 172, 174
— von Weichmachern 171, 174
Viskositätszahl, Best. 171, 172, 174
Vogel-Ossag-Viskosimeter 171
Vorproben 11
Vulkanfiber 20, 23, 26, 32, 43, 50

Wanderung farbgebender Stoffe 175
Wanderungstendenz von Weichmachern 174
Wasseraufnahme 172
Wasserstoff, Best. 56
—, Nachweis 51
Weichmacher **147**
—, Brechungszahlen 151, 159
—, Dichten 151, 158
— für Kunststoffe 149
—, Kennzahlen 151
—, Normen 174
—, Säurezahlen 151
— -Verlust 175
—, Verseifungszahlen 151, 161
—, -Wanderung 174
Wijs, Best. der Jodzahl 38
Wurzschmitt-Bombe 57
— -Methode 56

Xylol-Formaldehyd-Harze 54

Zellglas 20
Zusatzstoffe **145**